興味を広げる・深める！

観察・実験カード 5年

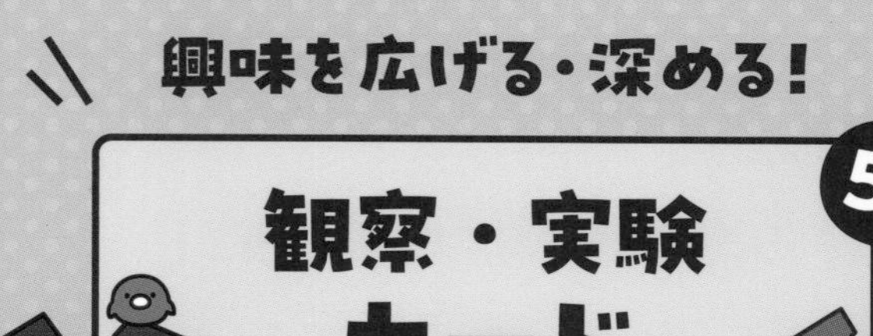

雲

何という雲かな？

雲

何という雲かな？

雲

何という雲かな？

雲

何という雲かな？

雲

何という雲かな？

雲

何という雲かな？

雲

何という雲かな？

雲

何という雲かな？

雲

何という雲かな？

雲

何という雲かな？

生物

メダカのおすとめすのどちらかな？

使い方

●切り取り線にそって切りはなしましょう。

説　明

●「雲」「生物」「器具等」の答えはうら面に書いてあります。

積乱雲(入道雲)

雨や雪をふらせるとても大きな雲。山やとうのような形をしている。かみなりをともなった大雨をふらせることもある。

巻層雲(うす雲)

空をうすくおおう白っぽいベールのような雲。この雲が出ると、やがて雨になることが多い。

巻雲(すじ雲)

せんい状ではなればなれの雲。上空の風が強い、よく晴れた日に出てくることが多い。

高積雲(ひつじ雲)

小さなかたまりが群れをなした、まだら状、または帯状の雲。この雲がすぐに消えると、晴れることが多い。

層積雲(うね雲)

波打ったような形をしている。この雲がつぎつぎと出てくると、雨になることが多い。

めす

めすとおすは、体の形で見分けることができる。

めす

せびれに切れこみがない。

しりびれの後ろが短い。

おす

せびれに切れこみがある。

しりびれの後ろが長い。

積雲(わた雲)

ドームのような形をした厚い雲。この雲が大きくなって積乱雲になると、雨や雪になることが多い。

巻積雲(いわし雲・うろこ雲)

白い小さな雲の集まりのように見える。この雲がすぐに消えると、晴れることが多い。

高層雲(おぼろ雲)

空の広いはんいをおおう。うすいときは、うっすらと太陽や月が見えることがある。この雲が厚くなると、雨になることが多い。

乱層雲(雨雲)

黒っぽい色で空一面に広がっている。雨や雪をふらせることが多い。青空は見えない。

層雲(きり雲)

きりのような雲で、低いところにできる。雨上がりや雨のふり始めに、山によくかかっている。

教科書ぴったりトレーニング

理科 5年 がんばり表

いつも見えるところに、この「がんばり表」をはっておこう。
この「ぴたトレ」を学習したら、シールをはろう！
どこまでがんばったかわかるよ。

2. 植物の発芽と成長

❶ 発芽の条件
❷ 発芽と養分
❸ 植物の成長の条

14〜15ページ	16〜17ページ
ぴったり1 2	ぴったり3
できたらシールをはろう	できたらシールをはろう

3. メダカのたんじょう

メダカのたまごの変化

18〜19ページ	20〜21ページ	22〜23ページ
ぴったり1 2	ぴったり1 2	ぴったり3
できたらシールをはろう	できたらシールをはろう	できたらシールをはろう

4. 台風と防災

台風の接近と天気

24〜25ページ	26〜27ページ
ぴったり1 2	ぴったり3
できたらシールをはろう	できたらシールをはろう

5. 植物の実や種子のでき方

❶ 花のつくり
❷ 受粉の役わり

28〜29ページ	30〜31ページ	32〜33ページ	34〜35ページ
ぴったり1 2	ぴったり1 2	ぴったり1 2	ぴったり3
できたらシールをはろう	できたらシールをはろう	できたらシールをはろう	できたらシールをはろう

8. ふりこの性質

ふりこの１往復する時間

54〜55ページ	56〜57ページ	58〜59ページ
ぴったり1 2	ぴったり1 2	ぴったり3
できたらシールをはろう	できたらシールをはろう	できたらシールをはろう

9. 電磁石の性質

❶ 電磁石の極
❷ 電磁石の強さ

60〜61ページ	62〜63ページ	64〜65ページ
ぴったり1 2	ぴったり1 2	ぴったり3
できたらシールをはろう	できたらシールをはろう	できたらシールをはろう

10. 人のたんじょう

母親のおなかの中での子どもの成長

66〜67ページ	68〜69ページ	70〜71ページ
ぴったり1 2	ぴったり1 2	ぴったり3
できたらシールをはろう	できたらシールをはろう	できたらシールをはろう

★生命のつながり

72ページ
ぴったり1
できたらシールをはろう

教科書ぴったりトレーニング　理科　5年　大日本図書版　折込①(オモテ)　（キリトリ線）

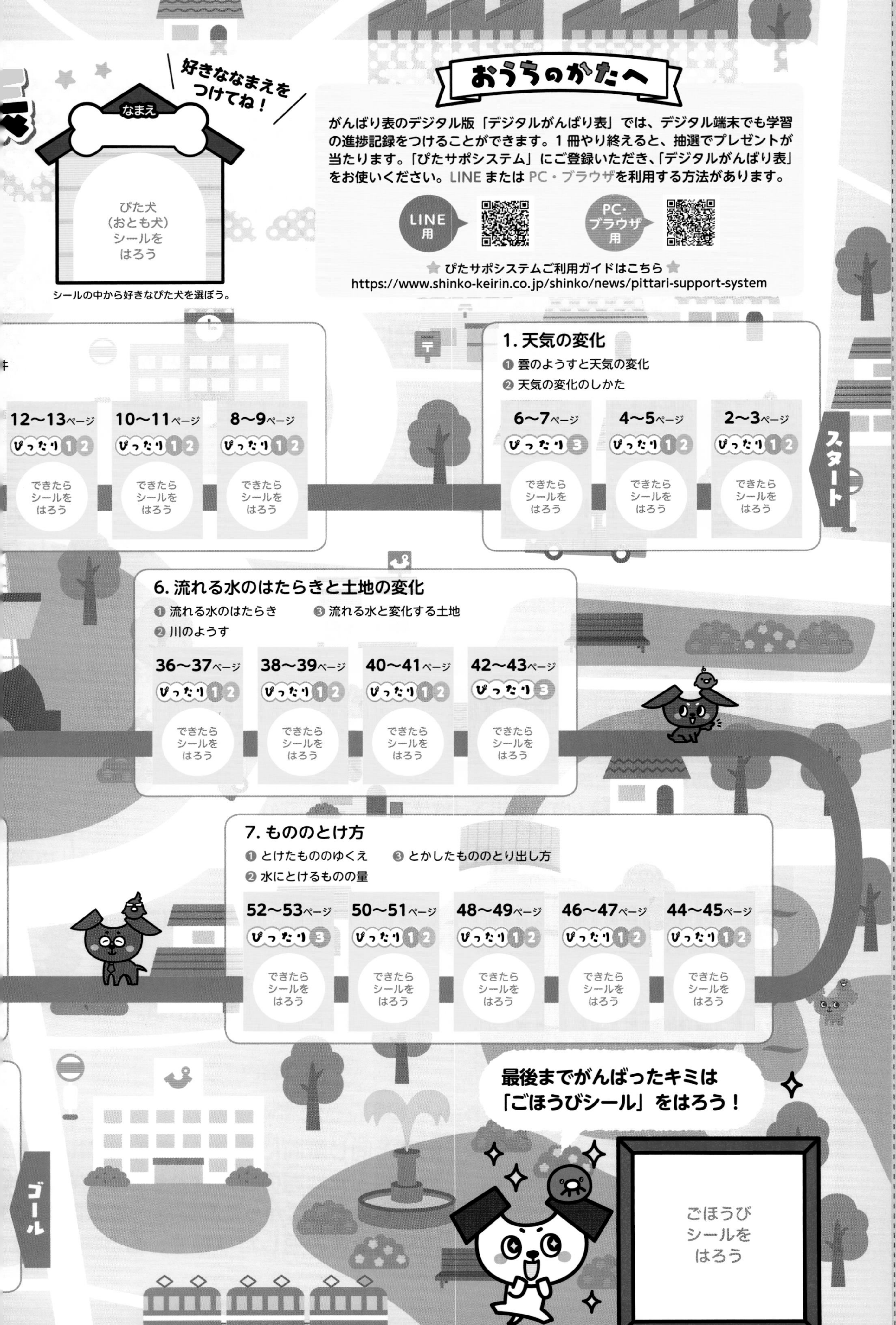

好きななまえをつけてね！
なまえ
ぴた犬（おとも犬）シールをはろう
シールの中から好きなぴた犬を選ぼう。
おうちのかたへ
がんばり表のデジタル版「デジタルがんばり表」では、デジタル端末でも学習の進捗記録をつけることができます。1冊やり終えると、抽選でプレゼントが当たります。「ぴたサポシステム」にご登録いただき、「デジタルがんばり表」をお使いください。LINEまたはPC・ブラウザを利用する方法があります。
LINE用
PC・ブラウザ用
ぴたサポシステムご利用ガイドはこちら
https://www.shinko-keirin.co.jp/shinko/news/pittari-support-system
スタート
1. 天気の変化
❶ 雲のようすと天気の変化
❷ 天気の変化のしかた
2〜3ページ ぴったり1 2 できたらシールをはろう
4〜5ページ ぴったり1 2 できたらシールをはろう
6〜7ページ ぴったり3 できたらシールをはろう
8〜9ページ ぴったり1 2 できたらシールをはろう
10〜11ページ ぴったり1 2 できたらシールをはろう
12〜13ページ ぴったり1 2 できたらシールをはろう
6. 流れる水のはたらきと土地の変化
❶ 流れる水のはたらき
❷ 川のようす
❸ 流れる水と変化する土地
36〜37ページ ぴったり1 2 できたらシールをはろう
38〜39ページ ぴったり1 2 できたらシールをはろう
40〜41ページ ぴったり1 2 できたらシールをはろう
42〜43ページ ぴったり3 できたらシールをはろう
7. もののとけ方
❶ とけたもののゆくえ
❷ 水にとけるものの量
❸ とかしたもののとり出し方
44〜45ページ ぴったり1 2 できたらシールをはろう
46〜47ページ ぴったり1 2 できたらシールをはろう
48〜49ページ ぴったり1 2 できたらシールをはろう
50〜51ページ ぴったり1 2 できたらシールをはろう
52〜53ページ ぴったり3 できたらシールをはろう
最後までがんばったキミは「ごほうびシール」をはろう！
ごほうびシールをはろう
ゴール
（キリトリ線）
教科書ぴったりトレーニング　理科　5年　折込①（ウラ）

バッチリポスター

自由研究にチャレンジ！

「自由研究はやりたい，でもテーマが決まらない…。」
そんなときは，この付録を参考に，自由研究を進めてみよう。
この付録では，『いろいろな種子のつくり』というテーマを例に，説明していきます。

①研究のテーマを決める

「インゲンマメの種子のつくりを調べたけど，ほかの植物の種子はどのようなつくりをしているのか，調べてみたい。」など，身近なぎもんからテーマを決めよう。

②予想・計画を立てる

「いろいろな植物の種子を切って観察して，どのようなつくりをしているのか調べる。」など，テーマに合わせて調べる方法と準備（じゅんび）するものを考え，計画を立てよう。わからないことは，本やコンピュータで調べよう。

③調べたりつくったりする

計画をもとに，調べたりつくったりしよう。結果だけでなく，気づいたことや考えたことも記録しておこう。

④まとめよう

調べたことや気づいたことなどを文でまとめよう。
観察したことは，図を使うとわかりやすいです。

インゲンマメとちがい，子葉に養分をふくまない種子もあるよ。

右は自由研究をまとめた例だよ。自分なりにまとめてみよう。

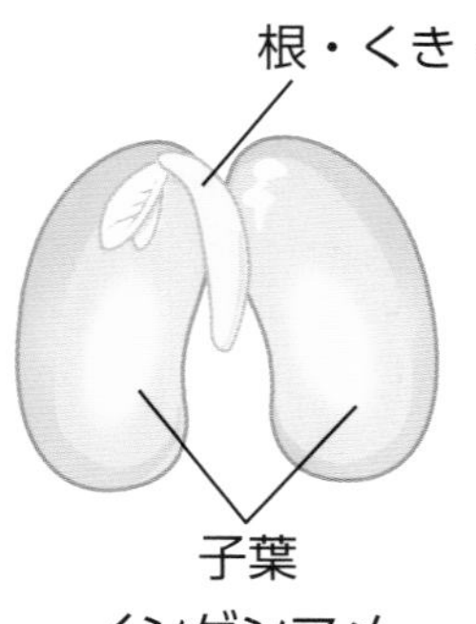

インゲンマメ

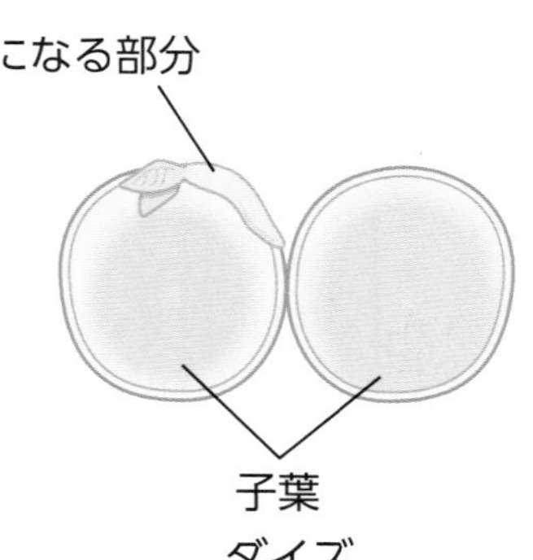

ダイズ

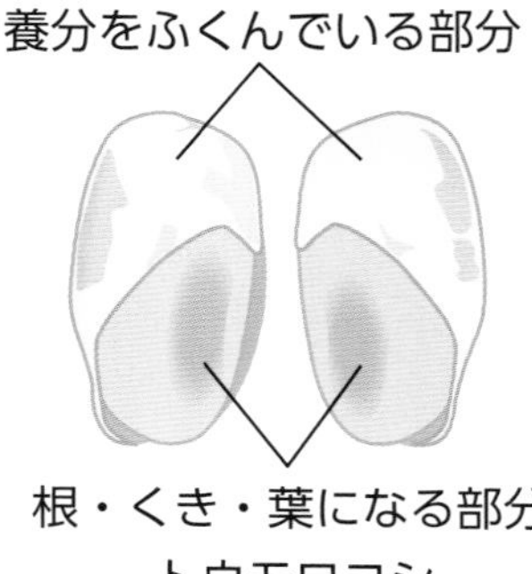

トウモロコシ

いろいろな種子のつくり

年　　組

】研究のきっかけ

学校で，インゲンマメの種子のつくりを観察して，根・くき・葉になる部分
養分をふくむ子葉があることを学習した。それで，ほかの植物の種子も，同
くりをしているのか調べてみたいと思った。

】調べ方

菜や果物などから，種子を集める。

子をカッターナイフなどで切って，種子のつくりを調べる。

】結果

イズ

根・くき・葉のようなものが観察できた。

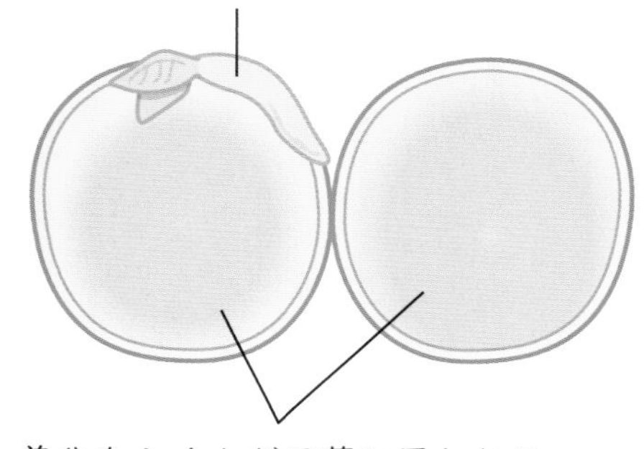

養分をふくんだ子葉と思われる。

・トウモロコシ

根・くき・葉になる部分がどこか，
よくわからなかった。

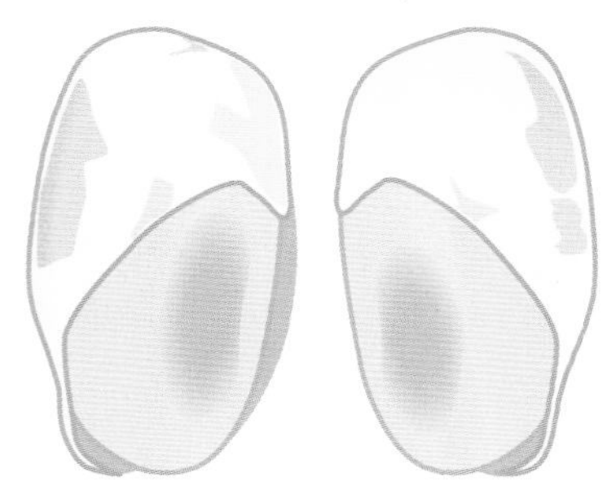

】わかったこと

イズの種子のつくりは，インゲンマメによく似ていた。トウモロコシの種子
くりを観察してもよくわからなかったので，図鑑で調べたところ，インゲン
などとちがい，子葉に養分をふくんでいないことがわかった。

生物

アブラナの花の★は、おしべかなめしべかな？

器具等

何という器具かな？

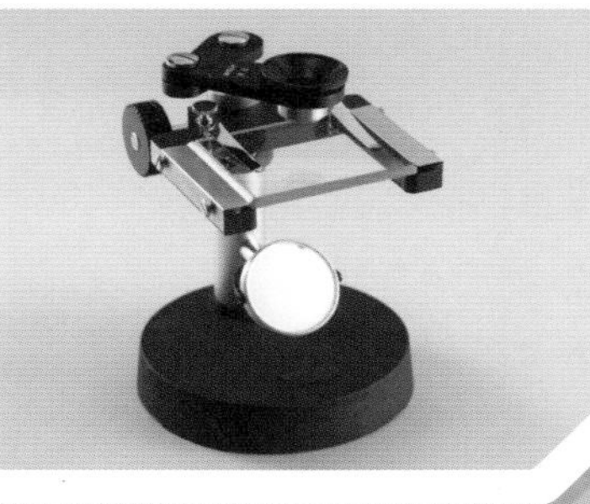

器具等

何という器具かな？

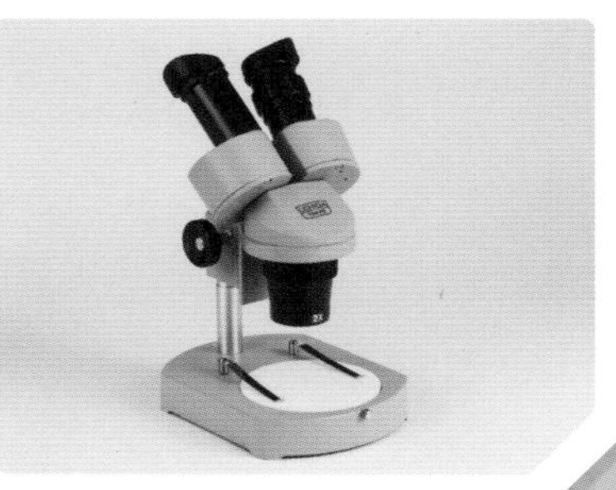

器具等

何という器具かな？

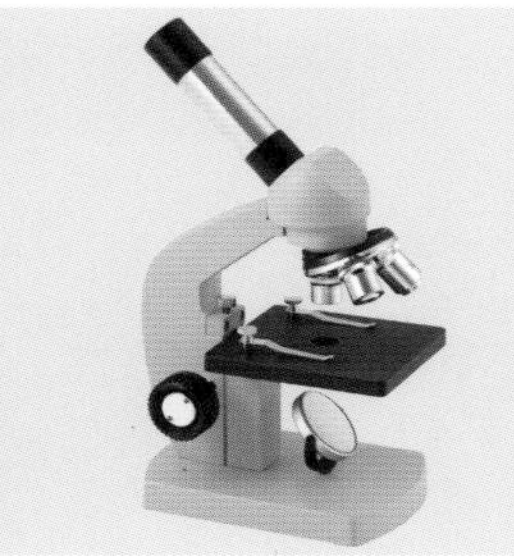

器具等

何という器具かな？

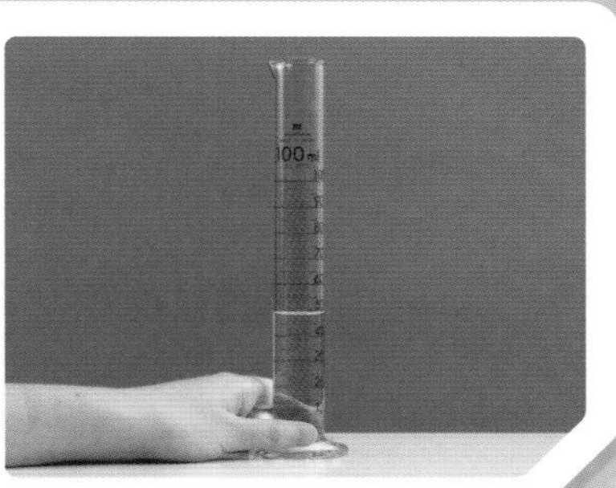

器具等

ろ過に使う、★のガラス器具と紙を何というかな？

器具等

何という器具かな？

器具等

導線（エナメル線）をまいたもの（★）を何というかな？

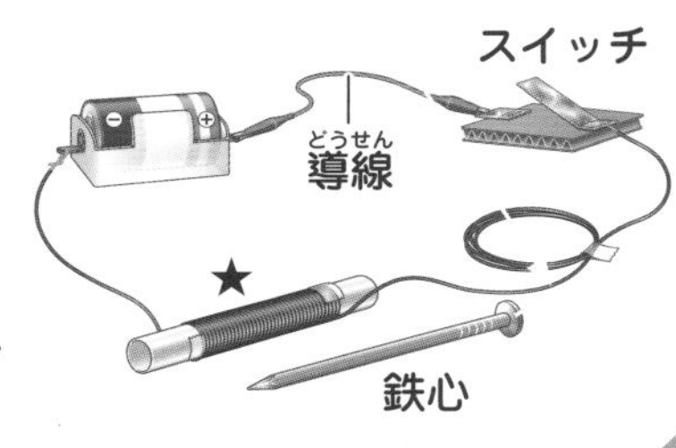

器具等

何という器具かな？

器具等

写真のような回路に電流を流す器具を何というかな？

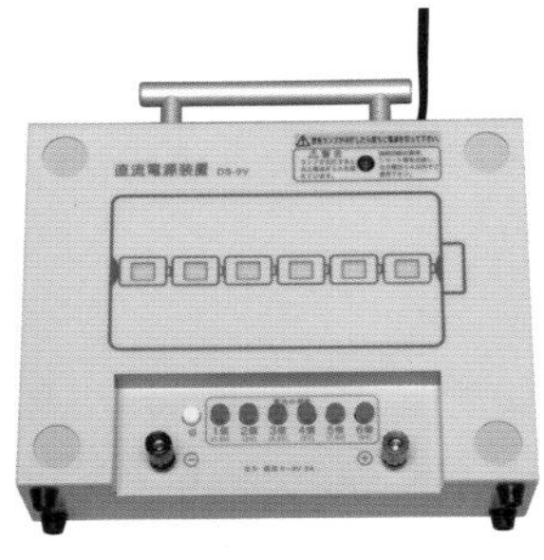

器具等

でんぷんがあるか調べるために、何を使うかな？

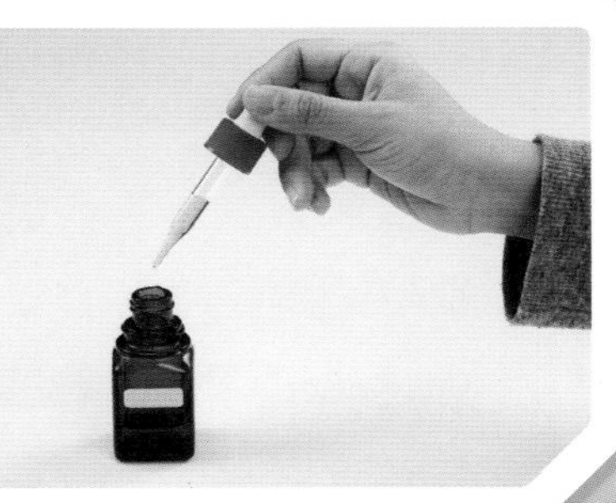

器具等

スライドガラスに観察するものをはりつけたものを何というかな？

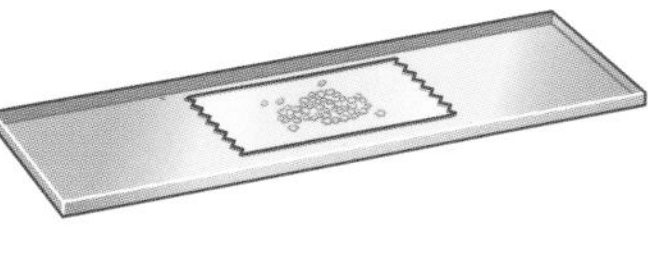

かいぼうけんび鏡

観察したいものを、10～20倍にして観察するときに使う。観察したいものとレンズがふれてレンズをよごさないようにして使う。

めしべ

アブラナの花には、めしべやおしべ、花びらやがくがある。

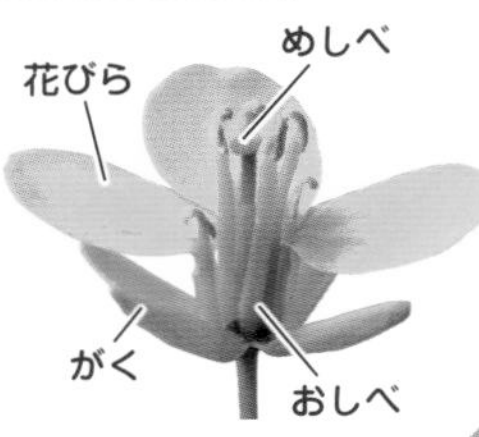

けんび鏡

観察したいものを、50～300倍にして観察するときに使う。日光が当たらない、明るい水平なところに置いて使う。

そう眼実体けんび鏡

観察したいものを、20～40倍にして観察するときに使う。両目で見るため、立体的に見ることができる。

ろうと、ろ紙

液の中にとけ切れなかったつぶがあるときは、ろ紙でこして、つぶと水よう液を分けることができる。ろ紙などを使って固体と液体を分けることをろ過という。

メスシリンダー

液体の体積を正確にはかるときに使う。目もりは、液面のへこんだ下の面を真横から見て読む。

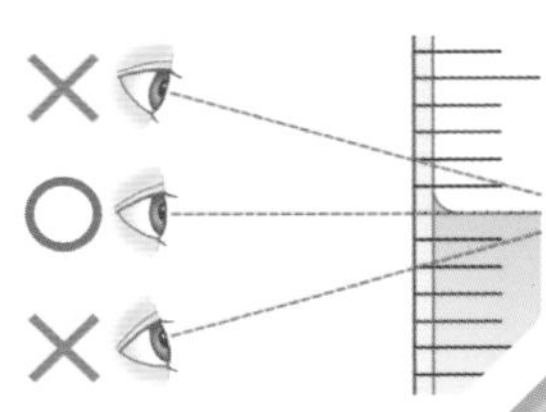

コイル

コイルに鉄心を入れ、電流を流すと、鉄心が鉄を引きつけるようになる。これを電磁石という。

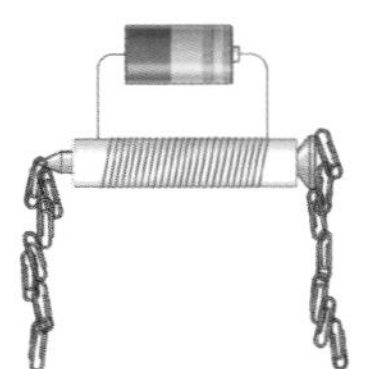

電子てんびん

ものの重さを正確にはかることができる。電子てんびんは水平なところに置き、スイッチを入れる。はかるものをのせる前の表示が「0g」となるように、ボタンをおす。はかるものを、静かにのせる。

電源そうち

かん電池の代わりに使う。回路に流す電流の大きさを変えることができ、かん電池とはちがって、使い続けても電流が小さくなることがない。

電流計

回路を流れる電流の大きさを調べるときに使う。電流の大きさはA（アンペア）という単位で表す。

プレパラート

スライドガラスに観察したいものをのせ、セロハンテープやカバーガラスでおおって、観察できる状態にしたもの。
けんび鏡のステージにのせて観察する。

ヨウ素液

でんぷんがあるかどうかを調べるときに使う。でんぷんにうすめたヨウ素液をつけると、（こい）青むらさき色になる。

理科５年
大日本図書版
たのしい理科

教科書ぴったりトレーニング
3分でまとめ動画

【写真提供】
NNP／コーベット・フォトエージェンシー／シンコーフォト／日本気象協会

3分でまとめ

学習日　月　日

1. 天気の変化

①雲のようすと天気の変化

めあて
1日の天気は雲のようすによって、どのように変わるかを確にんしよう。

教科書 4〜9ページ　答え 2ページ

次の(　)に当てはまる言葉を書くか、当てはまるものを○で囲もう。

1 「晴れ」と「くもり」の決め方をまとめよう。　教科書 6ページ

▶空全体の広さを10として、雲のしめる量が0〜8のときが(① 晴れ ・ くもり)である。

▶空全体の広さを10として、雲のしめる量が9〜10のときが(② 晴れ ・ くもり)である。

雲の量 3

特別なレンズを使って空全体を写した写真

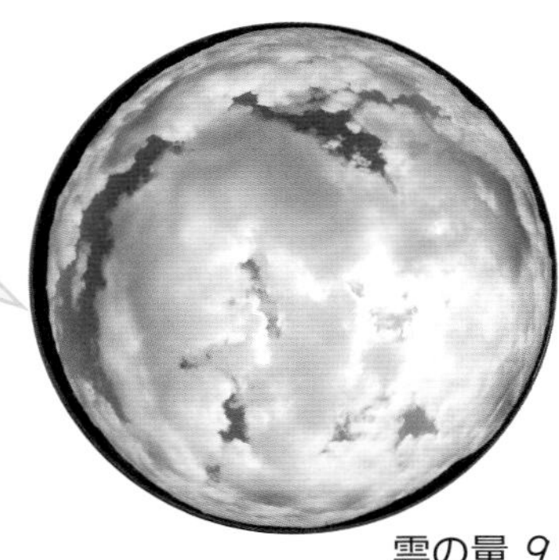
雲の量 9

晴れなのかくもりなのかは、空全体にしめる雲の量で決まるよ。

2 天気は、雲のようすとどのような関係があるのだろうか。　教科書 4〜9ページ

▶雲のようすと天気の関係を調べるときには、いつも(① 同じ ・ ちがう)場所で調べるようにする。

▶タブレットなどで雲を画像として記録するときには、同じ方向を向き、(② 飛行機 ・ 建てもの)などを入れて写すようにする。

▶天気が晴れからくもりに変わるとき、雲の量は(③ 増える ・ 減る)。

▶天気がくもりから晴れに変わるとき、雲の量は(④ 増える ・ 減る)。

▶雲にはいろいろな種類があり、乱層雲や積乱雲のような、(⑤　　　)をふらす雲もある。

乱層雲

積乱雲

乱層雲は雨雲ともよばれ、積乱雲はかみなり雲や入道雲ともよばれるよ。

ここがだいじ!
①雲の量が増えたり減ったりすることや、雲が動くことによって、天気が変化する。
②雲にはいろいろな種類があり、雨をふらす雲もある。

ぴたトリビア
雲は、できる高さと形によって、10種類に分けられます。雲の種類によって特ちょうがあり、雨がふるかどうかを知るのに、役立てることができます。

1. 天気の変化

①雲のようすと天気の変化

教科書 4〜9ページ　答え 2ページ

1 晴れとくもりの決め方をまとめます。

㋐
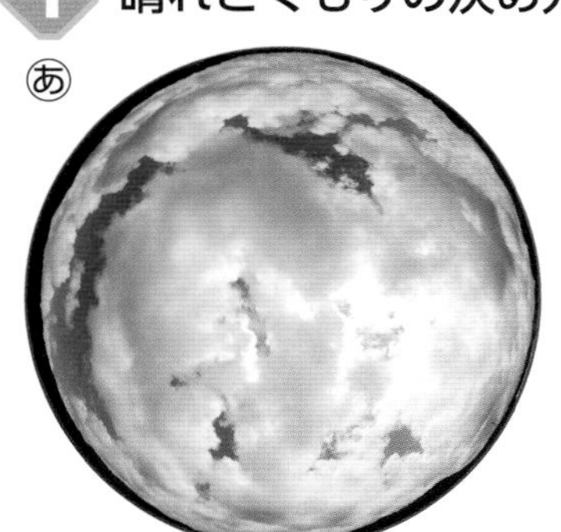
㋑

㋒
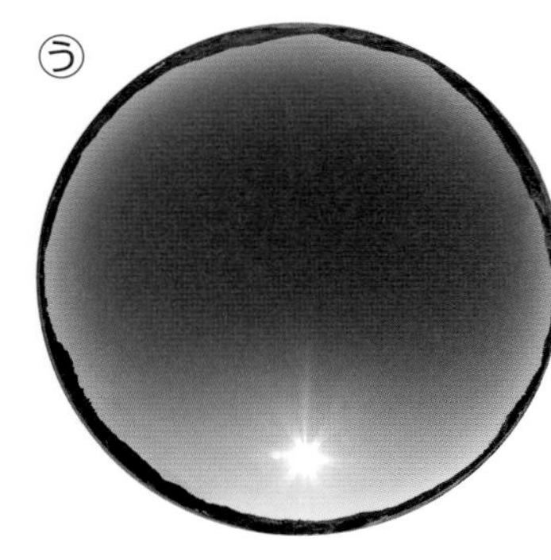

(1) 晴れの日の空全体のようすを、㋐〜㋒からすべて選びましょう。（　　　　）

(2) 空全体の広さを10として、雲のしめる量がどのようなときがくもりですか。正しいものを1つ選んで、（　）に○をつけましょう。

ア（　）5〜10
イ（　）7〜10
ウ（　）9〜10

2 天気と雲の関係を調べました。

(1) 午前と午後に雲のようす（量や形、動き）を観察して、その変化を調べるためには、同じ場所、ちがう場所のどちらで観察するとよいですか。（　　　　）

(2) 雲と天気の関係について、次の文の（　）に当てはまる言葉を書きましょう。

● 天気は、雲の（①　　　）が増（ふ）えたり減（へ）ったりすることや、雲が（②　　　）ことによって、変化する。

(3) 雨をふらす雲を2つ選んで、（　）に○をつけましょう。

ア（　）

イ（　）

ウ（　）

エ（　）

ヒント 2 (3)雨をふらす雲は、雲が厚（あつ）くて太陽の光をさえぎるので、雲の下から見ると、黒っぽく見えます。

学習日　　月　　日

1. 天気の変化

②天気の変化のしかた

めあて
天気の変化には、どのようなきまりがあるかを確にんしよう。

教科書　10～17ページ　答え　3ページ

次の(　　)に当てはまる言葉を書くか、当てはまるものを○で囲もう。

1　天気はどのように変わっていくのだろうか。

教科書　10～14ページ

雲画像では、雲が多いところほど、白っぽく見えるよ。

3月20日　午後３時の雲画像

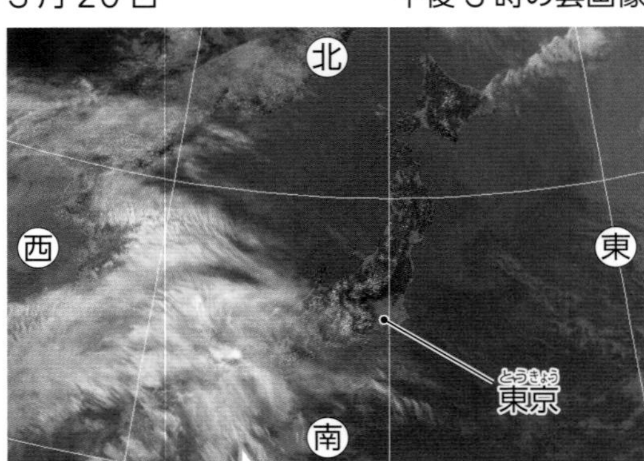

3月20日　午後２時～３時の雨量

北　西　東　南　強　↑　↑　弱

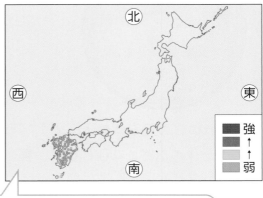

雨がふっている地いきには、(①　　　　)のかたまりがある。

東京では、3月20日には雨がふっていなくて、3月21日には雨がふっているよ。

3月21日　午後３時の雲画像

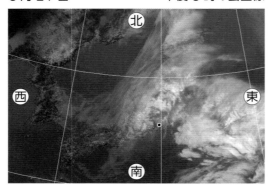

北　西　東　南

3月21日　午後２時～３時の雨量

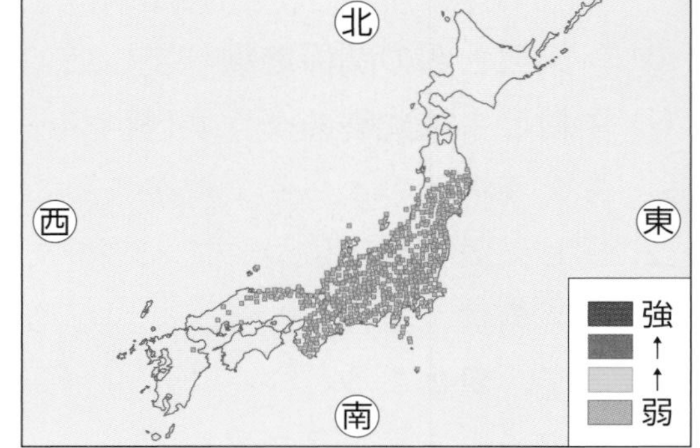

雨がふっている地いきは、(②　　　　)の動きに合わせて動く。

- 春のころの日本付近では、雲が(③　東　・　西　)から(④　東　・　西　)へと動く。そのため、天気はおよそ(⑤　東　・　西　)から(⑥　東　・　西　)へと変わっていく。

3月21日に東京で雨をふらせていた雲は、3月22日には東へ動いていって、東京の天気は晴れになると予想できるね。

- 雲や雨のふっている地いきは、(⑦　東　・　西　)から(⑧　東　・　西　)へ動くので、あるときの気象情報がわかれば、それをもとに、次の日の天気を予想することが(⑨　できる　・　できない　)。

ここがだいじ!
①春のころの日本付近では、雲が西から東へ動くので、天気もおよそ西から東へと変わっていく。

全国各地の無人の観測所で自動的に気象観測を行い、その結果を気象ちょうで集計するしくみを、「アメダス(地いき気象観測システム)」といいます。

1. 天気の変化

②天気の変化のしかた

1 3月20日と21日の雲画像(くもがぞう)と雨量を表した図をならべました。

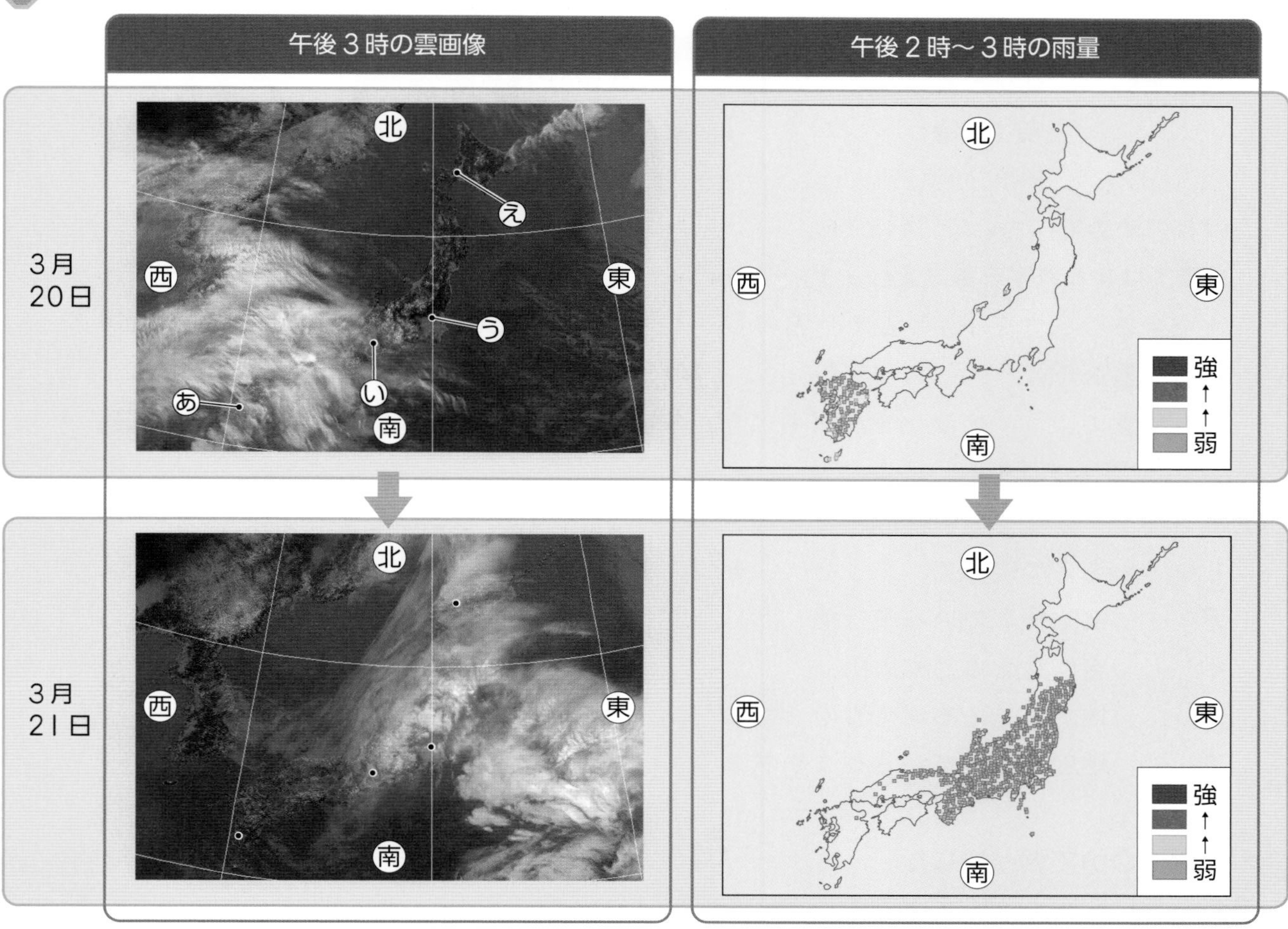

(1) 雲は、日がたつにつれてどのように動いていますか。正しいものを1つ選んで、(　)に○をつけましょう。

ア(　)北から南へ動いている。　イ(　)南から北へ動いている。
ウ(　)東から西へ動いている。　エ(　)西から東へ動いている。

(2) 雨がふっている地いきについて、正しいものを1つ選んで、(　)に○をつけましょう。

ア(　)雲がほとんどない。
イ(　)雲が少しだけある。
ウ(　)雲のかたまりにおおわれている。

(3) 3月20日には雨がふり、3月21日には雨がふらなかったところを、あ〜えから1つ選びましょう。　(　)

(4) 3月22日のいの天気は何だと予想されますか。考えられるほうの(　)に○をつけましょう。

ア(　)雨
イ(　)晴れ

ヒント 1 (3)、(4)雲の動きとともに、天気も変化します。

1. 天気の変化

時間 30 分

／100

合格 70 点

教科書 4～19ページ　答え 4ページ

1 ある日の午前10時と午後2時の天気と雲のようすを調べます。

技能 1つ5点(30点)

(1) 午前10時と午後2時の天気はそれぞれ、晴れ、くもりのどちらですか。

午前10時（　　　　）

午後2時（　　　　）

午前10時

午後2時

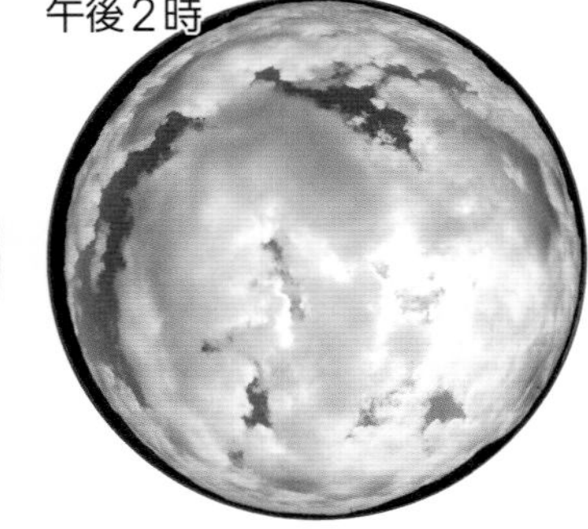

(2) 晴れの決め方について、次の文の（　）に当てはまる数字を書きましょう。

● 空全体の広さを10として、雲のしめる量が（①　　　）～（②　　　）のときが「晴れ」である。

(3) 天気や雲のようすの変化を調べるとき、午前10時と午後2時で、観察する場所は同じ場所、ちがう場所のどちらにしますか。（　　　　　）

(4) タブレットなどで雲のようすをさつえいするとき、いっしょに写すとよいものは何ですか。正しいものを1つ選んで、（　）に○をつけましょう。

ア（　）空を飛んでいる飛行機

イ（　）空に見える月や太陽

ウ（　）地上に見える建てもの

エ（　）地上を走っているバスや電車

2 雲について調べました。

1つ10点、(1)は全部できて10点(30点)

(1) 雨をふらす雲をすべて選んで、（　）に○をつけましょう。

ア（　）

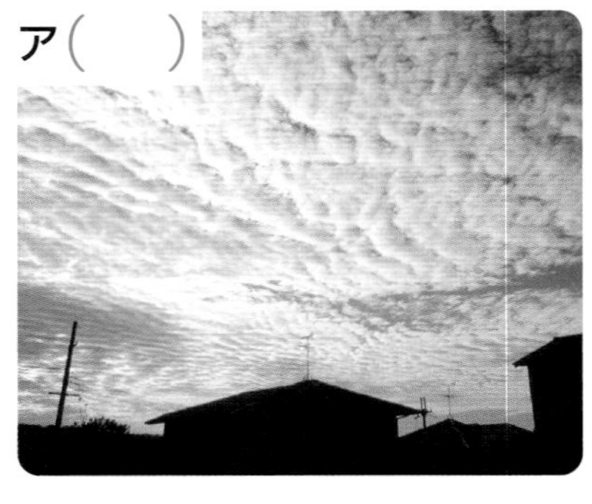

イ（　）

ウ（　）

(2) 雲と天気の関係について、正しいものを2つ選んで、（　）に○をつけましょう。

ア（　）雲があまり動かないときには、天気はしばらく変わらない。

イ（　）天気が晴れからくもりに変わると、かならず雨がふる。

ウ（　）雲が動いて雲の量が増(ふ)えると、晴れになる。

エ（　）雨がふっているときには、空が雲におおわれて暗くなっていることが多い。

よく出る

3 昨日と今日の気象情報を調べました。

思考・表現　1つ10点、(1)は全部できて10点(30点)

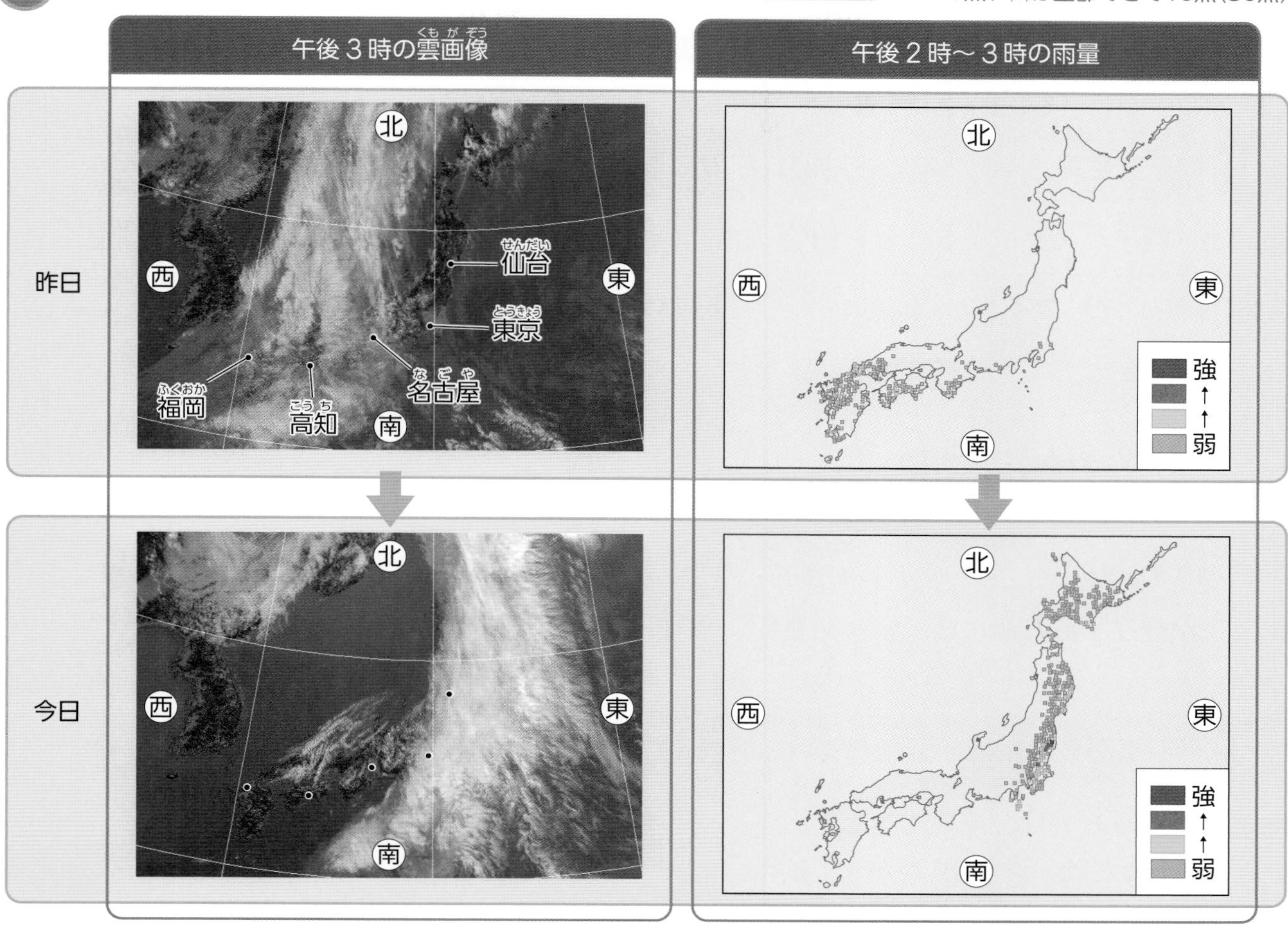

(1) 昨日の天気が晴れまたはくもりで、今日の天気が雨であるところを、雲画像の５つの都市からすべて選びましょう。（　　　　　　　　　　）

(2) 明日の東京では、雨はふりますか、ふりませんか。（　　　　　　）

(3) 記述 (2)のように予想した理由を説明しましょう。

（　　　　　　　　　　　　　　　　　　　　）

できたらスゴイ！

4 「夕焼けのときは、明日、晴れ」といういい習わしについて考えます。

1つ5点(10点)

(1) 夕焼けが見られたときの空のようすを１つ選んで、（　）に○をつけましょう。

ア（　）東の空の遠いところまで、ほとんど雲がない。

イ（　）東の空の遠いところまで、たくさんの雲がある。

ウ（　）西の空の遠いところまで、ほとんど雲がない。

エ（　）西の空の遠いところまで、たくさんの雲がある。

(2) 記述 (1)のことがわかると、次の日に晴れると予想できる理由を説明しましょう。

思考・表現

（　　　　　　　　　　　　　　　　　　　　）

ふりかえり

3がわからないときは、4ページの1にもどって確にんしましょう。
4がわからないときは、4ページの1にもどって確にんしましょう。

3分でまとめ

学習日　月　日

2. 植物の発芽と成長

①発芽の条件1

めあて
種子が発芽するために水が必要かどうかを確にんしよう。

教科書　20～24ページ　答え　5ページ

次の(　)に当てはまる言葉を書くか、当てはまるものを○で囲もう。

1 種子が発芽するために、水は必要なのだろうか。

教科書　20～23ページ

▶植物の種子から芽が出ることを(①　　　)という。

種子は発芽(②　する　・　しない　)。　種子は発芽(③　する　・　しない　)。

肥料がなくても発芽したということは、肥料は発芽に必要ないということだね。

▶種子が発芽するためには、水が必要(④　である　・　ではない　)。

2 発芽に必要な条件を調べる実験の計画を立てよう。

教科書　23～24ページ

▶実験を行うときは、条件を(①　1つだけ　・　いくつか　)変え、ほかの条件をそろえて調べる。

▶種子の発芽に水が必要かどうか調べるためには、(②　　　)の条件だけを変えて実験する。

▶種子の発芽に空気が必要かどうか調べるためには、(③　　　)の条件だけを変えて実験する。

▶種子の発芽に温度が関係しているかどうか調べるためには、(④　　　)の条件だけを変えて実験する。

水が必要かどうか調べるとき

	㋐	㋑
水	あり	なし
空気	あり	
温度	同じ温度のところ(約20℃)	

空気が必要かどうか調べるとき

	㋒	㋓
水	あり	
空気	あり	(⑤　あり　・　なし　)
温度	同じ温度のところ(約20℃)	

温度が関係しているかどうか調べるとき

	㋔	㋕
水	あり	
空気	あり	
温度	約20℃	約5℃

条件を1つだけ変えたとき、結果にちがいが出れば、変えた条件が結果にえいきょうしていることがわかるね。

①種子が発芽するためには、水が必要である。
②実験を行うときは、条件を1つだけ変え、ほかの条件はそろえて調べるようにする。

長い時間がたった種子でも、発芽することがあります。1000年以上前の種子が、発芽に必要なすべての条件をそろえたら発芽したという研究結果もあります。

学習日　月　日

2. 植物の発芽と成長

①発芽の条件1

教科書 20～24ページ　答え 5ページ

1 インゲンマメの種子から芽が出る条件を調べます。

(1) 植物の種子から芽が出ることを何といいますか。
（　　　）

(2) 種子から芽が出るのは、あ、いのどちらですか。
（　　）

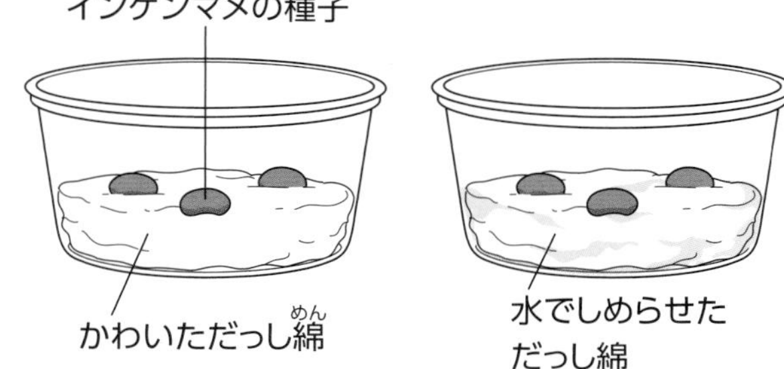

(3) 次の文は、あ、いの結果からわかることをまとめたものです。（　）に当てはまる言葉を下の［　］から選んで書きましょう。

● あ、いの実験の結果から、種子から芽が出るためには、（①　　　）が必要であることがわかる。また、（②　　　）はないが、（①）があれば芽が出るので、（②）は必要ではないことがわかる。

［ 空気　　水　　肥料　　温度 ］

2 発芽に何が必要か調べるために、実験の計画を立てます。

(1) 発芽に水が関係しているかどうかを調べる実験の計画について、正しいものを1つ選んで、（　）に○をつけましょう。

ア（　）水の条件はありとなしで変え、ほかの条件はそろえるようにする。
イ（　）水の条件はありでそろえ、ほかの条件は変えるようにする。
ウ（　）水の条件はなしでそろえ、ほかの条件は変えるようにする。

(2) 発芽に温度が関係しているかどうかを調べるときには、次の①～③のそれぞれの条件は変えますか、同じにしますか。

① 水　（　　　　）
② 空気　（　　　　）
③ 温度　（　　　　）

(3) 発芽に空気が必要かどうかを調べるために行う実験を2つ選んで、（　）に○をつけましょう。

ア（　）かわいただっし綿

イ（　）水でしめらせる。

ウ（　）水にしずめる。

エ（　）肥料を入れた水でしめらせる。

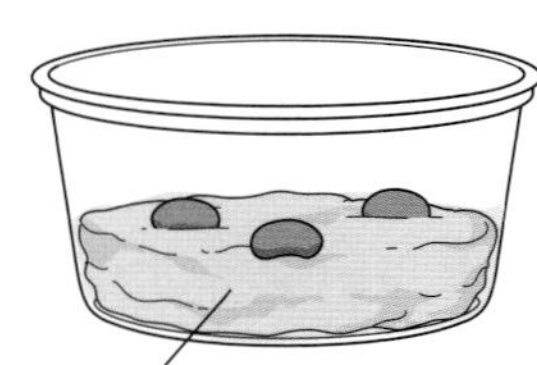

ヒント
1 (3)あではかわいただっし綿、いでは水でしめらせただっし綿、という点が変えている条件です。
2 調べようとしている条件1つだけを変え、ほかの条件はそろえます。

ぴったり1 **準備**

2. 植物の発芽と成長

①発芽の条件２

学習日　　月　　日

めあて
種子が発芽するために空気、温度が必要かどうかを確にんしよう。

教科書 25～28ページ　答え 6ページ

次の（　）に当てはまる言葉を書くか、当てはまるものを〇で囲（かこ）もう。

1 種子が発芽（はつが）するために、空気は必要なのだろうか。

教科書 25～27ページ

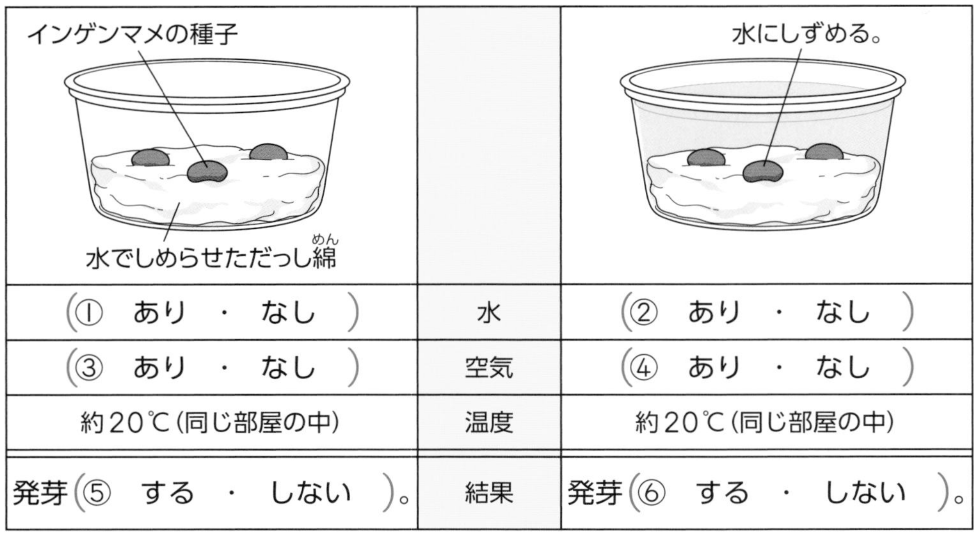

（① あり ・ なし ）	水	（② あり ・ なし ）
（③ あり ・ なし ）	空気	（④ あり ・ なし ）
約20℃（同じ部屋の中）	温度	約20℃（同じ部屋の中）
発芽（⑤ する ・ しない ）。	結果	発芽（⑥ する ・ しない ）。

▶種子が発芽するためには、空気が必要（⑦ である ・ ではない ）。

「空気あり」のほうだけ発芽したら空気が必要だといえて、両方とも発芽したら空気は必要ないといえるよ。

2 種子の発芽に、温度は関係しているのだろうか。

教科書 25～27ページ

だんボールの箱
インゲンマメの種子
水でしめらせただっし綿
冷ぞう庫の中に入れる。
水でしめらせただっし綿

（① あり ・ なし ）	水	（② あり ・ なし ）
（③ あり ・ なし ）	空気	（④ あり ・ なし ）
約20℃（部屋の中）	温度	約5℃（冷ぞう庫の中）
発芽（⑤ する ・ しない ）。	結果	発芽（⑥ する ・ しない ）。

▶種子が発芽するためには、発芽に適（てき）した温度が必要（⑦ である ・ ではない ）。

▶種子が発芽するためには、（⑧　　　　）、（⑨　　　　）、発芽に適した温度の３つの条件が必要である。

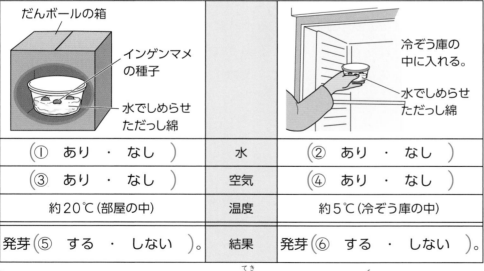

冷ぞう庫の中は暗くなるので、部屋の中に置くほうは箱をかぶせて明るさの条件（じょうけん）をそろえるよ。

①種子の発芽には、水、空気、発芽に適した温度の３つの条件が必要である。

多くの植物はインゲンマメと同じで発芽に光が必要ないですが、レタスやシソなどのように、日光に一定時間当たることで発芽しやすくなる植物もあります。

学習日　　月　　日

2. 植物の発芽と成長

①発芽の条件２

教科書 25〜28ページ　答え 6ページ

1 発芽(はつが)に必要な条件(じょうけん)を調べるために、あ、いの種子が発芽するか調べました。

(1) あ、いの種子は、それぞれ発芽しますか。

あ(　　　　　　　　)
い(　　　　　　　　)

(2) この実験から、どのようなことがわかりますか。正しいものを１つ選んで、(　)に○をつけましょう。

ア(　)発芽には水が必要である。
イ(　)発芽には空気が必要である。
ウ(　)発芽には空気が必要ではない。

あ
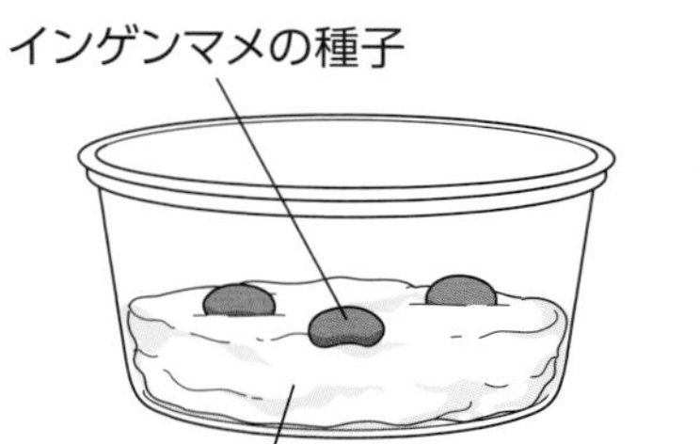

い
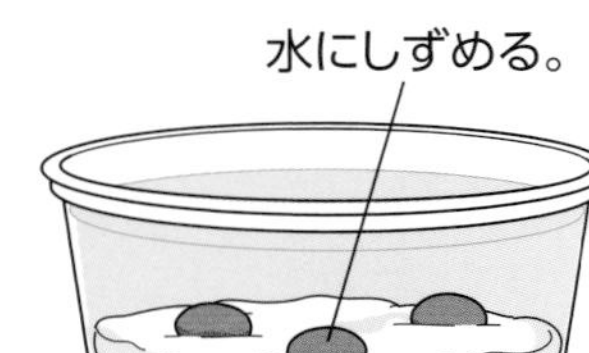

(あ、いは約 20℃の部屋の中に置く。)

2 インゲンマメの種子の発芽に温度が関係しているかどうか調べました。

(1) あ、いの種子は、どのようなだっし綿の上に置きますか。それぞれア、イから選びましょう。

あ(　　)　い(　　)

ア　かわいただっし綿
イ　水でしめらせただっし綿

あ 部屋の中(約 20℃)

い 冷ぞう庫の中(約５℃)

(2) あ、いの明るさの条件はどうしますか。正しいほうの(　)に○をつけましょう。

ア(　)同じにする。
イ(　)同じにしなくてよい。

(3) この実験では、あ、いの種子はどうなりましたか。正しいものを１つ選んで、(　)に○をつけましょう。

ア(　)どちらも発芽しなかった。
イ(　)あは発芽せず、いは発芽した。
ウ(　)いは発芽せず、あは発芽した。
エ(　)どちらも発芽した。

(4) あ、いの結果からわかることを１つ選んで、(　)に○をつけましょう。

ア(　)温度は、発芽には関係ない。
イ(　)温度は発芽に関係があり、温度が低くないと発芽しない。
ウ(　)温度は発芽に関係があり、発芽に適(てき)した温度だと発芽する。

2. 植物の発芽と成長

②発芽と養分

学習日　月　日

めあて
発芽に必要な養分が種子にふくまれているかどうかを確にんしよう。

教科書 29〜32ページ　答え 7ページ

 次の(　)に当てはまる言葉を書くか、当てはまるものを○で囲もう。

1 ヨウ素デンプン反応についてまとめよう。

教科書 31ページ

▶ヨウ素液は、(①　　　　)がふくまれているかどうかを調べるときに使う。

▶ヨウ素液を(①)にかけて青むらさき色に変化する反応を、(②　　　　)反応という。

▶(②)反応が見られれば、(①)がふくまれて(③ いる ・ いない)といえる。

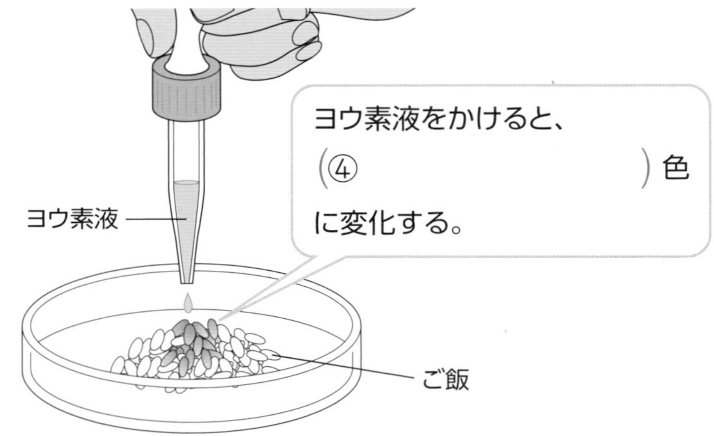

2 種子には、発芽に必要な養分がふくまれているのだろうか。

教科書 29〜32ページ

▶種子(発芽する前のインゲンマメ)

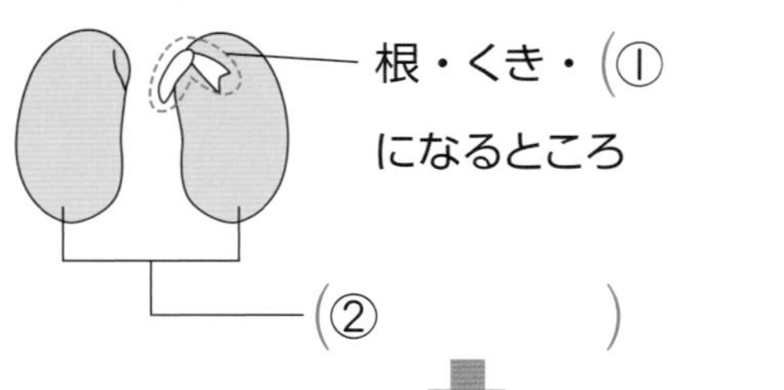

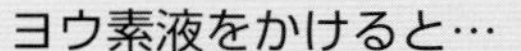

ヨウ素液をかけると…

青むらさき色に変化した。
‖
(③　　　　)がある。

▶発芽して成長したもの

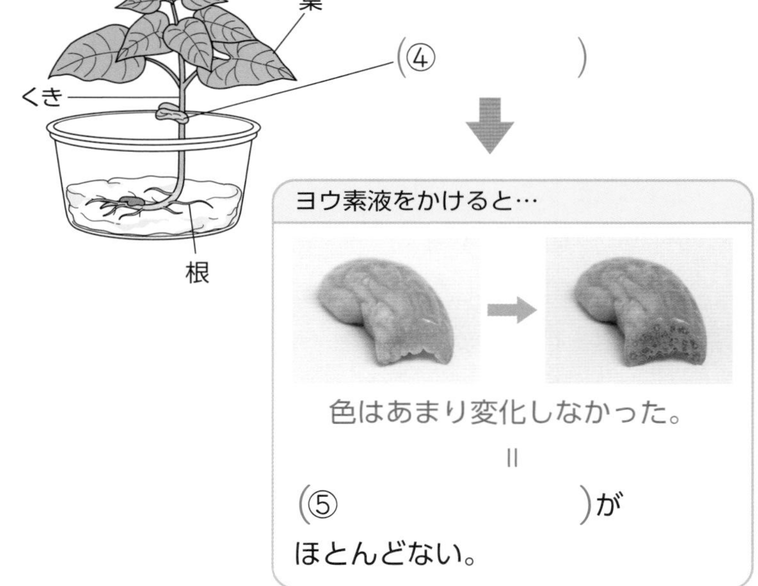

色はあまり変化しなかった。
‖
(⑤　　　　)がほとんどない。

▶発芽して成長したものの子葉にデンプンがほとんどふくまれていないのは、(⑥　　　　)のときに種子にふくまれている養分が使われたからである。

ここが、だいじ!

①デンプンにヨウ素液をかけると青むらさき色に変化する。これをヨウ素デンプン反応といい、デンプンがあることを調べられる。
②植物は、種子にふくまれている養分(デンプン)を使って発芽する。

ぴたトリビア　種子にデンプンを多くふくむイネ、ムギ、トウモロコシなどは地球上の多くの地いきで主食として食べられるほか、家ちくのえさとしても利用されます。

2. 植物の発芽と成長

②発芽と養分

学習日　月　日

教科書 29～32ページ　答え 7ページ

1 ご飯にヨウ素液(そえき)をかけると、色が変わりました。

(1) ヨウ素液がかかった部分は、何色になりますか。正しいものを１つ選んで、(　　)に○をつけましょう。

ア(　　)赤色
イ(　　)うすい茶色
ウ(　　)白色
エ(　　)青むらさき色

(2) ヨウ素液によって(1)のような色になる反応(はんのう)を何といいますか。

(　　　　　　　　)

(3) ヨウ素液をかけて(1)のような色になったことから、ご飯には何がふくまれていることがわかりますか。

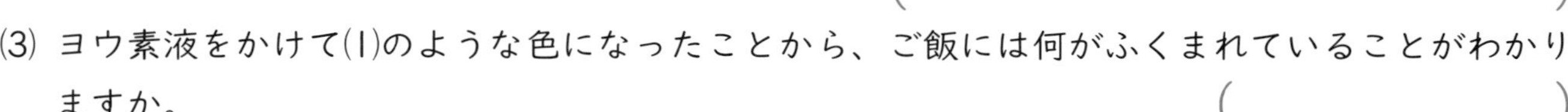

(　　　　　　　　)

2 発芽(はつが)する前のインゲンマメの種子と、発芽してから成長したものについて調べます。

(1) 種子の子葉は、あ、いのどちらですか。

(　　)

(2) う～かは、それぞれあ、いのどちらが変化したものですか。

う(　　)
え(　　)
お(　　)
か(　　)

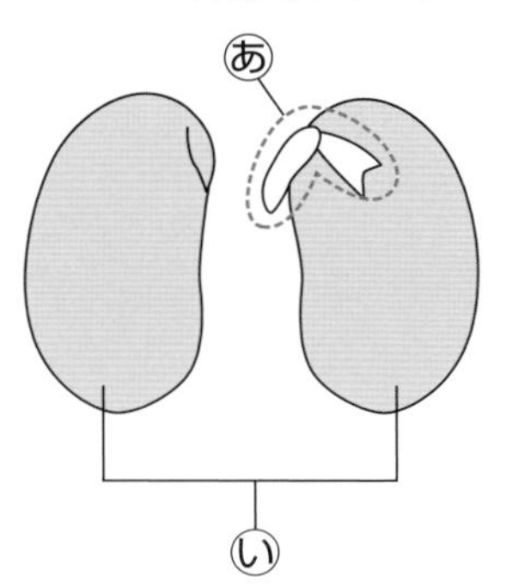

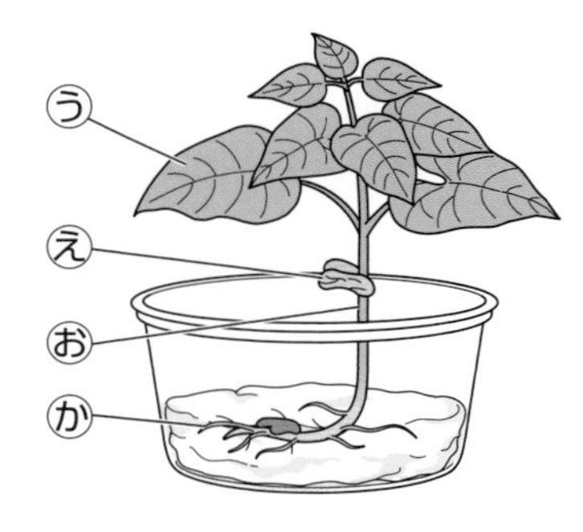

(3) いの部分にヨウ素液をかけるとどうなりますか。正しいものを１つ選んで、(　　)に○をつけましょう。

ア(　　)変化しない。
イ(　　)白色に変化する。
ウ(　　)赤色に変化する。
エ(　　)青むらさき色に変化する。

(4) えを切り、その切り口にヨウ素液をかけるとどうなりますか。正しいほうの(　　)に○をつけましょう。

ア(　　)ヨウ素デンプン反応があまり見られない。
イ(　　)ヨウ素デンプン反応が見られる。

(5) 次の文は、(3)、(4)の結果からわかることをまとめたものです。(　　)に当てはまる言葉を書きましょう。

- 種子のいの部分には(①　　　　　　)とよばれる養分がふくまれている。この養分は、インゲンマメの種子が(②　　　　　)するために使われる。

ぴったり1 準備

学習日　　月　　日

2. 植物の発芽と成長

③植物の成長の条件

めあて
植物が成長するための条件について確にんしよう。

教科書 33～37ページ　答え 8ページ

次の(　　)に当てはまる言葉を書くか、当てはまるものを○で囲(かこ)もう。

1 植物の成長には、日光が関係するのだろうか。

教科書 33～37ページ

Ⓐ 日光が当たるところに置く。

Ⓑ 日光が当たらないところに置く。

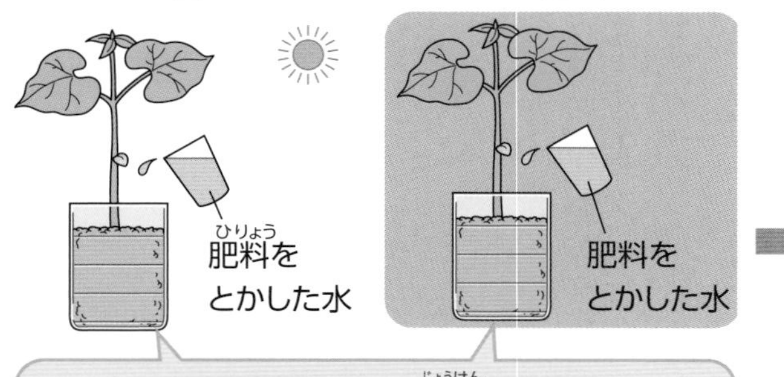

水・空気・温度・肥料の条件(じょうけん)は同じにする。

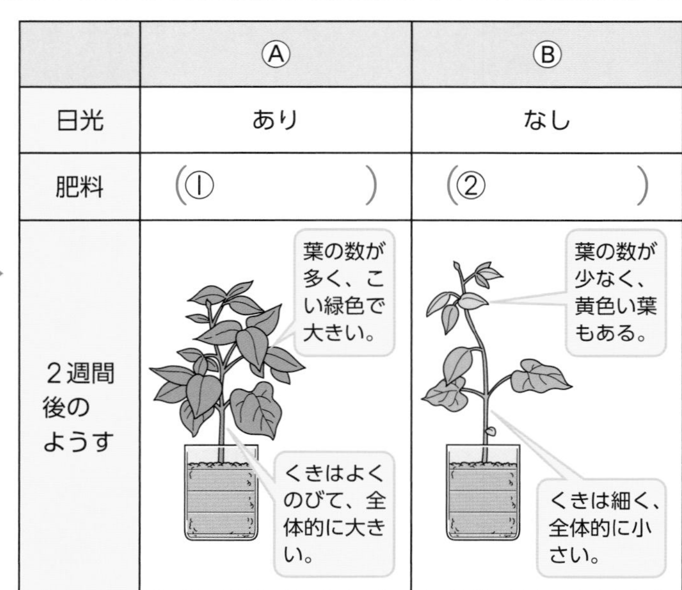

	Ⓐ	Ⓑ
日光	あり	なし
肥料	(①　　　　)	(②　　　　)
2週間後のようす	葉の数が多く、こい緑色で大きい。 くきはよくのびて、全体的に大きい。	葉の数が少なく、黄色い葉もある。 くきは細く、全体的に小さい。

▶(③　Ⓐ　・　Ⓑ　)のほうがよく成長したので、植物の成長には(④　　　　)が関係していることがわかる。

2 植物の成長には、肥料が関係するのだろうか。

教科書 33～37ページ

Ⓒ 肥料をとかした水を入れる。

Ⓓ 水のみを入れる。

肥料をとかした水　水

水・空気・温度・日光の条件は同じにする。

	Ⓒ	Ⓓ
日光	(①　　　　)	(②　　　　)
肥料	(③　　　　)	(④　　　　)
2週間後のようす	葉の数が多く、こい緑色で大きい。 くきはよくのびて、全体的に大きい。	葉の数が少なく、こい緑色で小さい。 くきは短く、全体的に小さい。

▶(⑤　Ⓒ　・　Ⓓ　)のほうがよく成長したので、植物の成長には(⑥　　　　)が関係していることがわかる。

▶植物の成長には、発芽(はつが)するために必要な条件である、(⑦　　　　)、(⑧　　　　)、適(てき)した(⑨　　　　)も関係している。

ここがだいじ!
①植物の成長には、日光と肥料が関係している。
②植物の成長には、水、空気、適した温度も関係している。

自然の土の中や表面にいるミミズやダンゴムシなどの小さな生物は、落ち葉やほかの生物の死がいやふんなどを、植物の肥料となるものに変えるはたらきがあります。

2. 植物の発芽と成長

③植物の成長の条件

教科書 33～37ページ　答え 8ページ

1 インゲンマメの成長に関係する条件(じょうけん)を調べる実験をしました。

(1) あといで変えている条件は何ですか。
正しいものを１つ選んで、（　）に○をつけましょう。

ア（　）空気
イ（　）水の量
ウ（　）日光
エ（　）肥料(ひりょう)

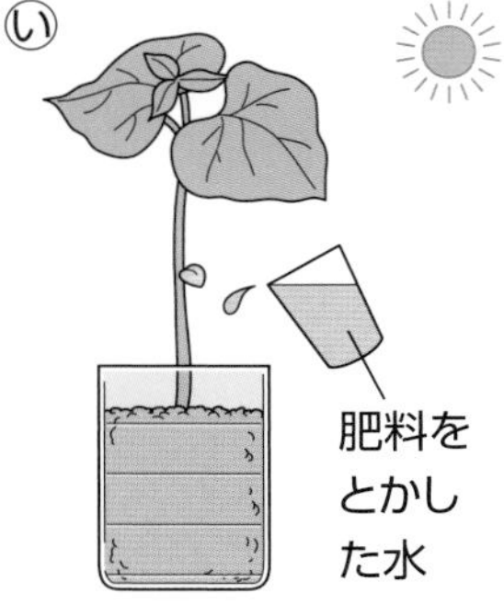

(2) ２週間後、あ、いはどうなりましたか。正しいものを１つ選んで、（　）に○をつけましょう。

ア（　）あもいもよく育ち、同じくらいくきが太く、じょうぶになった。
イ（　）あもいも成長したが、あのほうが葉の数が多く、全体的に大きくなった。
ウ（　）あもいも成長したが、いのほうが葉の数が多く、全体的に大きくなった。
エ（　）あもいもあまり育たず、はじめとほとんど同じ大きさのままだった。

(3) この実験から、インゲンマメの成長には何が関係していることがわかりますか。

（　　　）

2 インゲンマメを、条件を変えて育てました。

(1) あといで変えている条件は何ですか。
正しいものを１つ選んで、（　）に○をつけましょう。

ア（　）空気
イ（　）水の量
ウ（　）日光
エ（　）肥料

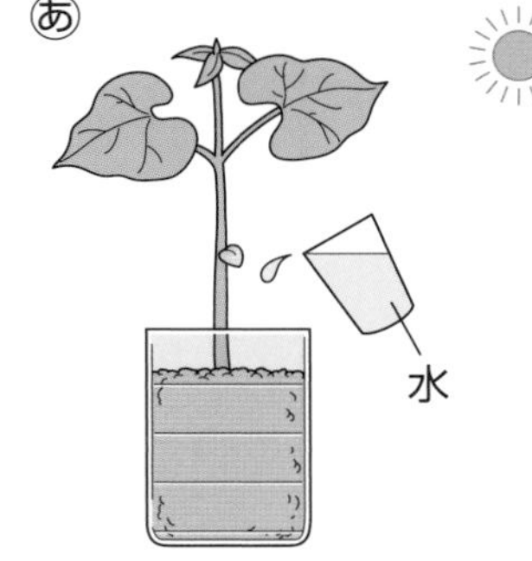

(2) ２週間後、あ、いはどうなりましたか。正しいものを１つ選んで、（　）に○をつけましょう。

ア（　）あもいもよく育ち、同じくらいの大きさになった。
イ（　）あのほうが、葉の数が多く、くきもよくのびた。
ウ（　）いのほうが、葉の数が多く、くきもよくのびた。
エ（　）あもいもあまり育たず、はじめとほとんど同じ大きさのままだった。

(3) この実験から、インゲンマメの成長には何が関係していることがわかりますか。

（　　　）

(4) この実験からわかることのほかに、植物の成長に関係していることをすべて選んで、（　）に○をつけましょう。

ア（　）水　イ（　）土　ウ（　）空気　エ（　）適(てき)した温度

ヒント
1 (1)変える条件は１つだけで、ほかの条件はそろえます。
2 (4)発芽(はつが)に必要な条件は、植物の成長にも関係しています。

ぴったり3 確かめのテスト

2. 植物の発芽と成長

教科書 20～39ページ 答え 9ページ

1 インゲンマメの種子の発芽に必要な条件を調べます。

1つ5点、(5)は全部できて5点(30点)

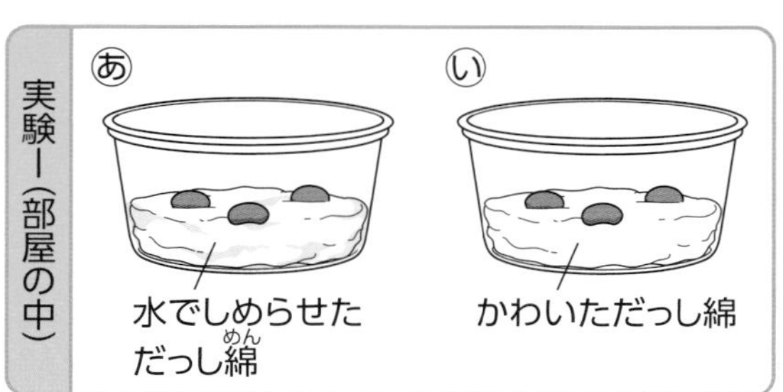

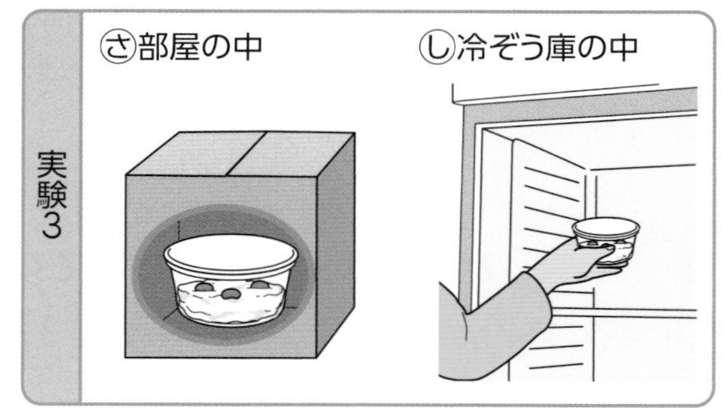

(1) 実験1は、発芽と何との関係を調べる実験ですか。正しいものを1つ選んで、(　)に○をつけましょう。 技能

ア(　)水　　イ(　)空気
ウ(　)温度　　エ(　)肥料

(2) あ、いのうち、発芽するのはどちらですか。

(　　)

(3) 実験2、実験3は、発芽と何との関係を調べる実験ですか。 技能

実験2(　　　)
実験3(　　　)

(4) さで箱をかぶせるのはなぜですか。正しいものを1つ選んで、(　)に○をつけましょう。 技能

ア(　)発芽に光が必要かどうか調べるため。
イ(　)冷ぞう庫の中と同じ明るさにするため。
ウ(　)冷ぞう庫の中と同じ温度にするため。

(5) か、き、さ、しのうち、発芽するものをすべて選びましょう。　(　　　　)

よく出る

2 インゲンマメの種子にデンプンがふくまれているかを調べます。

1つ5点(20点)

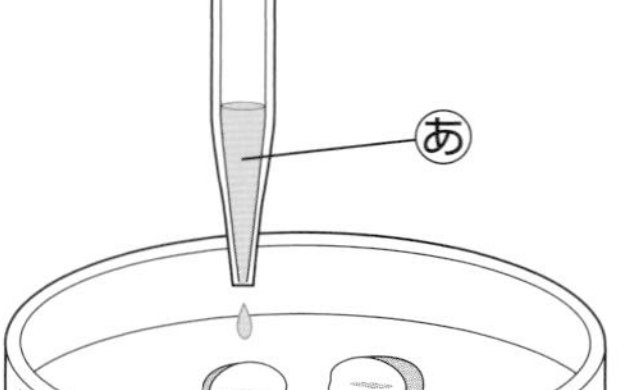

(1) デンプンがふくまれているかどうかを調べるために使うあの液を、何といいますか。 技能

(　　　　)

(2) あの液をかけた種子の切り口は、何色になりますか。 技能

(　　　　)

(3) 種子の中にデンプンはありますか、ないですか。

(　　　)

(4) 発芽してから成長したものの子葉を切り、その切り口にあの液をかけるとどうなりますか。正しいものを1つ選んで、(　)に○をつけましょう。

ア(　)青むらさき色に変化する。
イ(　)白色に変化する。
ウ(　)変化はほとんど見られない。

3 インゲンマメを、条件を変えた3通りの方法で2週間育てます。

1つ10点、(1)は全部できて10点(30点)

あ

室内の日光が当たらないところ

い

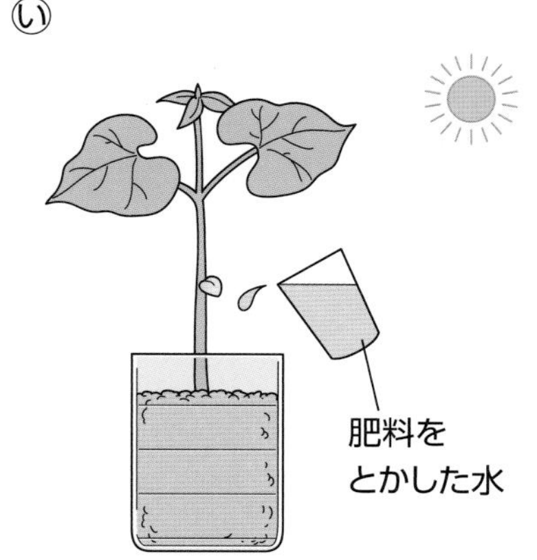

室内の日光が当たるところ

う

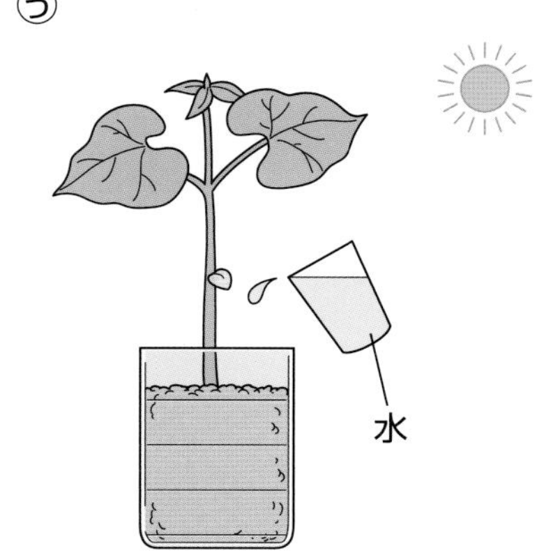

室内の日光が当たるところ

(1) 実験の結果からわかることについて、正しいものをすべて選んで、(　　)に○をつけましょう。

ア(　　)あといの結果を比べると、成長に日光が関係あるかどうかがわかる。

イ(　　)あといの結果を比べると、成長に肥料が関係あるかどうかがわかる。

ウ(　　)いとうの結果を比べると、成長に日光が関係あるかどうかがわかる。

エ(　　)いとうの結果を比べると、成長に肥料が関係あるかどうかがわかる。

(2) 記述 あとうの結果を比べても、成長に関係がある条件はわかりません。その理由を説明しましょう。　思考・表現

(　　　　　　　　　　　　　　　　)

(3) いちばん大きくじょうぶに育ち、葉の数もいちばん多くなるのは、あ～うのどれだと考えられますか。　(　　)

できたらスゴイ！

4 はち植えのホウセンカを家の外のあ、いの場所に置くと、同じように水や肥料をあたえても育ち方にちがいが出てきました。

思考・表現　1つ10点(20点)

ななめ横から見た図

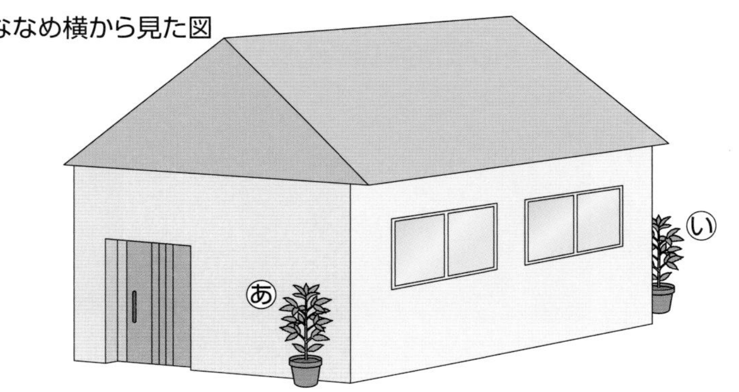

上から見た図

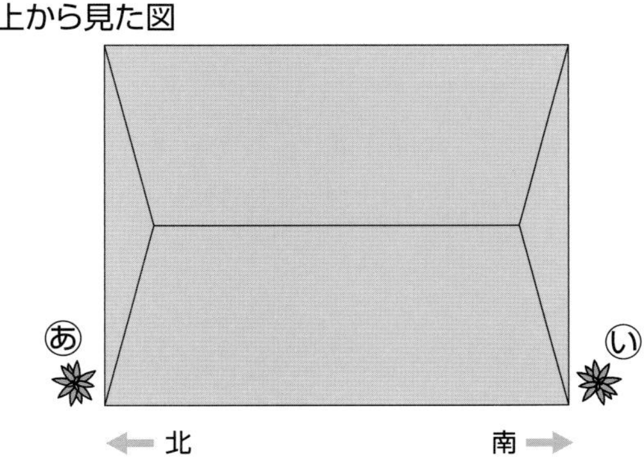

(1) よく育っていたのは、あ、いのどちらだと考えられますか。　(　　)

(2) 記述 (1)のように考えられる理由を説明しましょう。

(　　　　　　　　　　　　　　　　)

ふりかえり
2がわからないときは、12ページの1、2にもどって確にんしましょう。
4がわからないときは、14ページの1にもどって確にんしましょう。

ぴったり1 準備

3分でまとめ

学習日　月　日

3. メダカのたんじょう

メダカのたまごの変化1

めあて
メダカのおすとめすの見分け方とたまごを産むようすを確にんしよう。

教科書 40〜44ページ　答え 10ページ

次の(　)に当てはまる言葉を書くか、当てはまるものを○で囲もう。

1 メダカの飼い方とおすとめすの見分け方をまとめよう。　教科書 40〜43ページ

▶メダカを飼う水そうは、直しゃ日光の(① 当たる ・ 当たらない)明るいところに置き、水温が直しゃ日光で(② 上がり ・ 下がり)過ぎないようにする。

▶水温が約(③ 5℃ ・ 25℃)のとき、メダカは活発に動いてえさをたくさん食べ、たまごをよく産む。

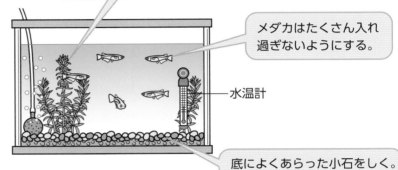

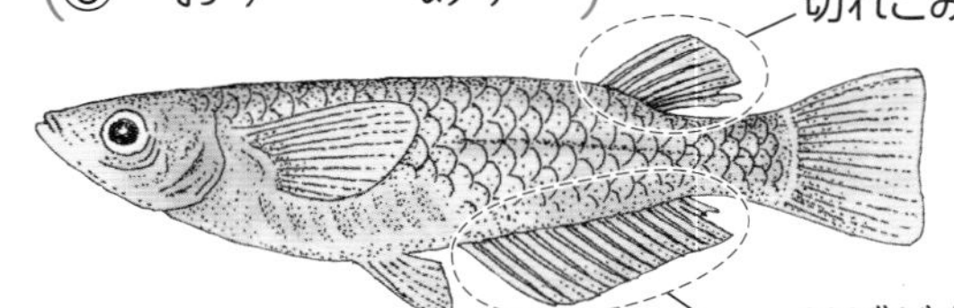

水草を入れる。→たまごを産みつける。
メダカはたくさん入れ過ぎないようにする。
水温計
底によくあらった小石をしく。

▶おすは(④　　　　)に切れこみがあり、(⑤　　　　)のはばがめすより広い。

(⑥ おす ・ めす)
切れこみがある。
はばが広い。

(⑦ おす ・ めす)
切れこみがない。
はばがせまい。

2 受精と受精卵についてまとめよう。　教科書 43〜44ページ

▶めすが産んだたまごは、(①　　　　)ともいう。

▶めすがたまごを産むと、おすが(②　　　　)をかけ、たまごと(②)が結びつく。

▶たまごと精子が結びつくことを(③　　　　)といい、(③)したたまごを(④　　　　)という。(③)したたまごの中では、変化が始まる。

おすがめすの周りを泳ぎ、めすを引きよせる。

おすがたまごに精子をかける。

めすが受精卵を水草につける。

ここが だいじ!

①メダカのおすとめすは、せびれやしりびれなどの形で見分けることができる。
②めすが産んだたまご(卵)とおすが出した精子が結びつくことを受精という。受精したたまご(受精卵)の中では、変化が始まる。

ぴたトリビア

日本に昔からすんでいる野生のメダカは、体が黒っぽい色をしていて、流れのゆるやかな小川やイネを育てる田んぼで見られます。

3. メダカのたんじょう

メダカのたまごの変化1

教科書 40〜44ページ　答え 10ページ

1 たまごを産むように、おすとめすのメダカをいっしょに飼(か)います。

(1) メダカを飼う水(すい)そうは、どのようなところに置くとよいですか。正しいほうの（　）に○をつけましょう。

ア（　）光が当たらない暗いところ

イ（　）直しゃ日光が当たらない明るいところ

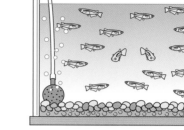

(2) 水温を何℃くらいにすると、メダカがえさをたくさん食べ、たまごをよく産むようになりますか。正しいものを１つ選んで、（　）に○をつけましょう。

ア（　）約５℃

イ（　）約25℃

ウ（　）約45℃

(3) 図の水そうで直したほうがよいことをすべて選んで、（　）に○をつけましょう。

ア（　）水の中に水温計を入れない。

イ（　）水の中に水草を入れる。

ウ（　）メダカの数を減らす。

(4) 右の図のメダカのあ、いのひれを、それぞれ何といいますか。　あ（　　　）　い（　　　）

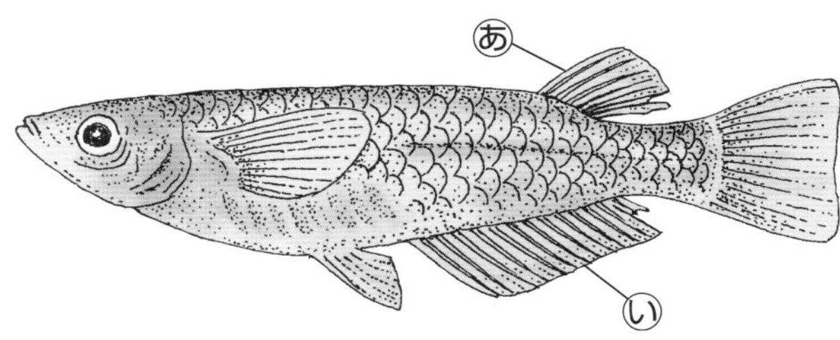

(5) 右の図のメダカはおすですか、めすですか。

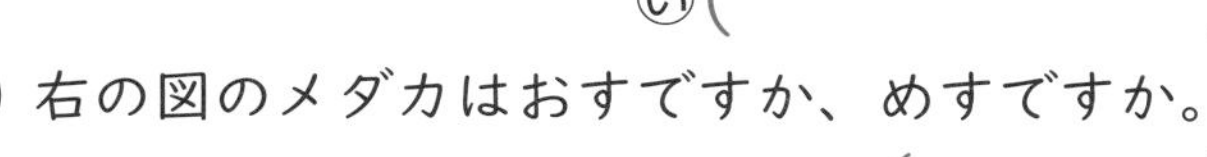

（　　　）

(6) メダカのおすとめすの見分け方について、正しいものを２つ選んで、（　）に○をつけましょう。

ア（　）おすは、あのひれに切れこみがある。

イ（　）めすは、あのひれに切れこみがある。

ウ（　）おすは、いのひれのはばがめすより広い。

エ（　）めすは、いのひれのはばがおすより広い。

2 メダカがたまごを産むようすを観察しました。

(1) ①のとき、おすは何をしていますか。正しいほうの（　）に○をつけましょう。

ア（　）めすにたまごをわたしている。

イ（　）たまごに精子(せいし)をかけている。

(2) ②で水草につけているたまごは精子と結びついたものです。このようなたまごを何といいますか。（　　　）

ヒント　1 (4)ひれがどこについているかで考えましょう。

ぴったり1 準備

3. メダカのたんじょう

メダカのたまごの変化２

学習日　月　日

めあて
メダカの受精卵がどのように変化していくかを確にんしよう。

教科書 44～49ページ　答え 11ページ

次の(　)に当てはまる言葉を書くか、当てはまるものを○で囲もう。

1 そう眼実体けんび鏡の使い方をまとめよう。

教科書 182ページ

- そう眼実体けんび鏡は、厚みのあるものを(①　　)的に観察できる。

(②　　)
視度調節リング
(③　　)
アーム
(④　　)
ステージ

- そうさのじゅんじょ
  1. ステージの上に観察するものを置く。まずは接眼レンズのはばを目のはばくらいにして、(⑤ 片目 ・ 両目)で見て、見えているものが１つに重なるようにはばを調節する。
  2. 右目だけでのぞきながら、(⑥ 調節ねじ ・ 視度調節リング)を回して、はっきり見えるように調節する。次に、左目だけでのぞきながら、(⑦ 調節ねじ ・ 視度調節リング)を回して、はっきり見えるように調節する。
  3. 観察したい部分が、(⑧ 接眼レンズ ・ 対物レンズ)の真下にくるようにして観察する。

2 メダカのたまごは、どのように変化していくのだろうか。

教科書 44～48ページ

- メダカは、少しずつたまごの中で変化して(①　　)と似た体の形になっていき、子メダカがたまごのまくを破ってたんじょうする。
- 子メダカがたまごのまくを破って出てくることを、(②　　)という。

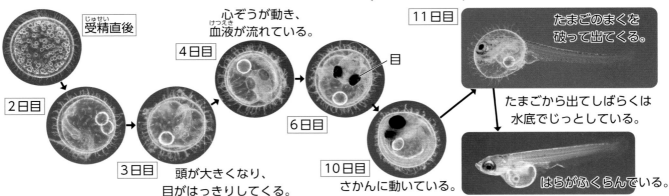

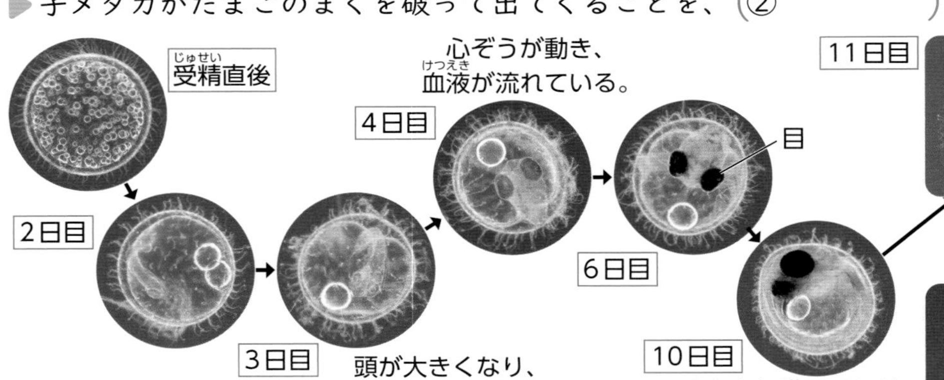
受精直後
2日目
3日目
頭が大きくなり、目がはっきりしてくる。
4日目
心ぞうが動き、血液が流れている。
6日目
目
10日目
さかんに動いている。
11日目
たまごのまくを破って出てくる。
たまごから出てしばらくは水底でじっとしている。
はらがふくらんでいる。

- ふ化する前のメダカは、たまごの(③ 外 ・ 中)にある養分を使って育つ。
- ふ化した子メダカは、しばらくは(④ 頭 ・ はら)の中にある養分を使って育つ。

ここがだいじ！
①メダカは、たまごの中で少しずつ変化して親と似たすがたになり、ふ化する。
②ふ化する前のメダカはたまごの中の養分で成長する。また、ふ化してからしばらくの間は、ふくらんだはらの中にある養分を使って育つ。

ぴたトリビア
昔から日本にいる野生のメダカは、生活する場所のようすが大きく変化して、数が減っています。そこで、各地で地いき固有のメダカを守る活動が行われています。

3. メダカのたんじょう

メダカのたまごの変化2

学習日　　月　　日

教科書 44〜49ページ　答え 11ページ

1 メダカのたまごを、そう眼実体けんび鏡で観察します。

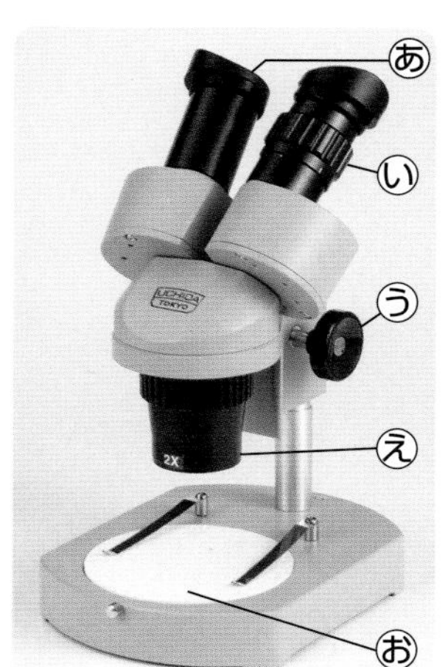

(1) そう眼実体けんび鏡の接眼レンズと調節ねじ、視度調節リングは、あ〜おのどれですか。

接眼レンズ（　　）
調節ねじ（　　）
視度調節リング（　　）

(2) 次の①〜③の文は、そう眼実体けんび鏡のそうさを順に説明したものです。（　）に当てはまる部分を、あ〜おから選んで答えましょう。

① ステージの上に観察するものを置く。（　　）のはばを目のはばくらいにして、両目で見て、見えているものが1つに重なるようにはばを調節する。

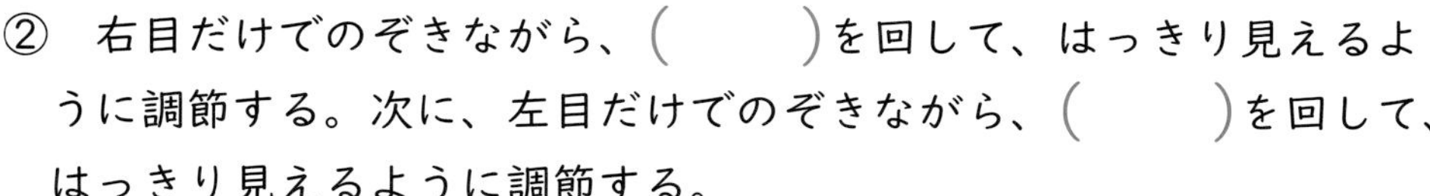

② 右目だけでのぞきながら、（　　）を回して、はっきり見えるように調節する。次に、左目だけでのぞきながら、（　　）を回して、はっきり見えるように調節する。

③ 観察したい部分が、（　　）の真下にくるようにして観察する。

2 メダカのたまごがどのように変化するか調べました。

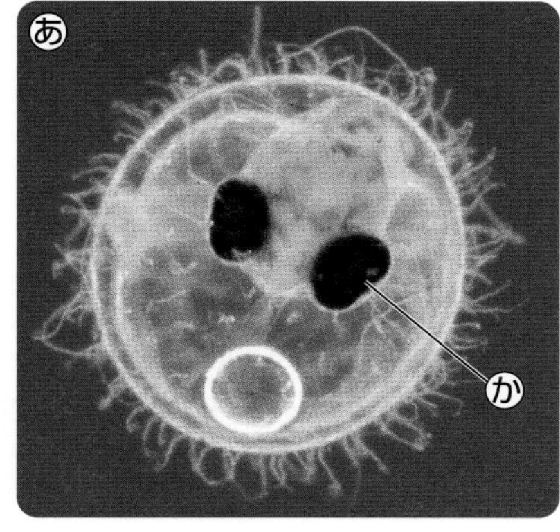

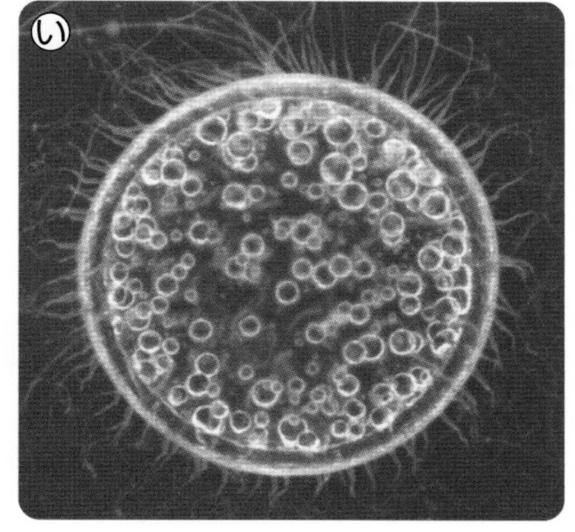

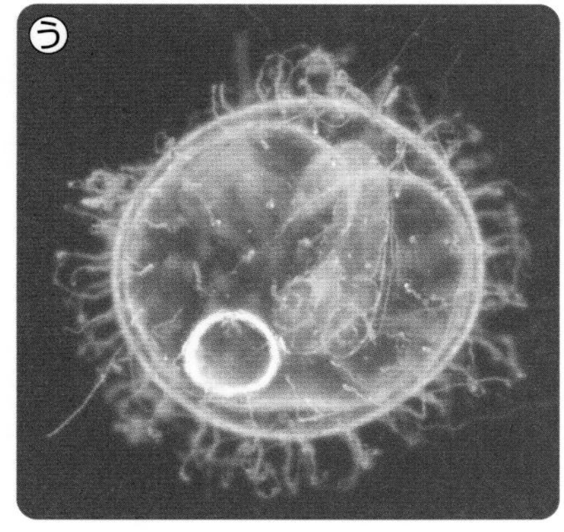

(1) メダカのたまごが変化していく順に、あ〜うをならべるとどうなりますか。正しいものを1つ選んで、（　）に○をつけましょう。

ア（　）あ → う → い　　イ（　）い → あ → う
ウ（　）い → う → あ　　エ（　）う → あ → い

(2) かは、メダカの何ですか。（　　）

(3) たまごの変化のしかたについて、正しいほうの（　）に○をつけましょう。

ア（　）たまごの中で少しずつ変化して、親と同じような体ができてくる。
イ（　）たまごの中には、受精したときから親と同じすがたの小さいメダカがいて、それが少しずつ大きくなる。

(4) 子メダカがたまごのまくを破って出てくることを、何といいますか。（　　）

ヒント 1 (1)目を近づけるほうのレンズを接眼レンズ、観察するものに近いほうのレンズを対物レンズといいます。

3. メダカのたんじょう

時間 30分　／100　合格 70点

教科書 40〜51ページ　答え 12ページ

1 メダカのおすとめすをいっしょに飼（か）い、たまごを産むようすを観察します。　1つ5点(30点)

あ
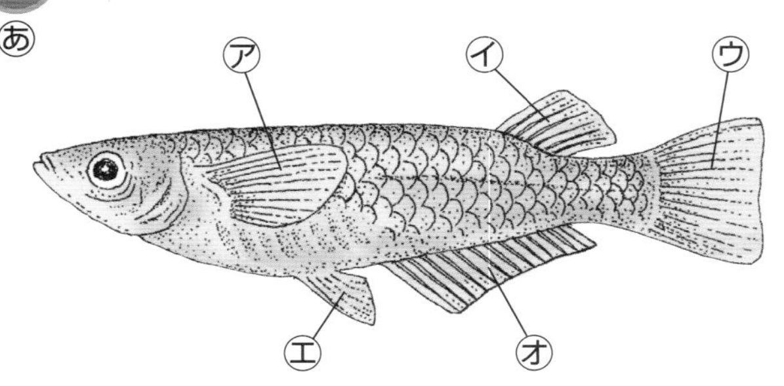

い
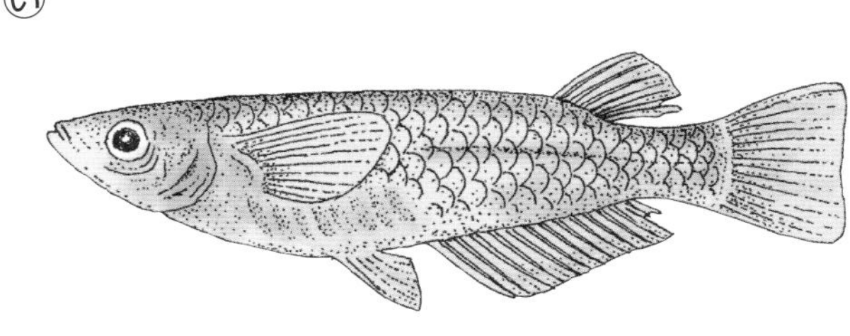

(1) メダカのおすとめすを見分けるには、どのひれを手がかりにするとよいですか。ア〜オから2つ選び、記号を書きましょう。（　　）（　　）

(2) オのひれを何といいますか。（　　　　）

(3) めすのメダカは、あ、いのどちらですか。（　　）

(4) めすがたまご(卵（らん）)を産むと、おすが精子（せいし）をかけ、たまごと精子が結びつきます。たまごと精子が結びつくことを何といいますか。（　　　　）

(5) 精子と結びついたたまごのことを何といいますか。（　　　　）

2 メダカのたまごが変化するようすを、下の写真の器具で観察します。　技能

1つ5点、(4)は全部できて5点(25点)

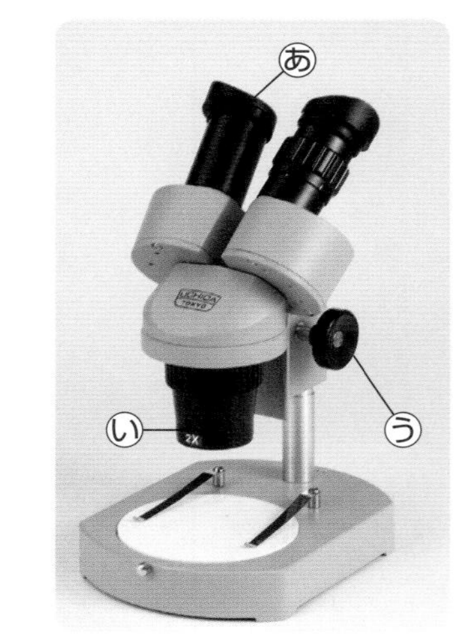

(1) 写真の器具の名前を書きましょう。（　　　　　　　　）

(2) あ、いのレンズを、それぞれ何といいますか。
あ（　　　　　　）
い（　　　　　　）

(3) うの部分を何といいますか。（　　　　　　）

(4) 写真の器具で観察するときの正しいそうさの順になるように、①〜③をならべかえましょう。（　　）→（　　）→（　　）

① 観察したい部分がいの真下にくるようにして観察する。

② 右目でのぞきながらうを回して、メダカのたまごがはっきり見えるように調節する。次に左目でのぞきながら視度（しど）調節リングを回して、メダカのたまごがはっきり見えるように調節する。

③ あのはばを目のはばくらいにして両目で見て、見えているメダカのたまごが１つに重なるようにあのはばを調節する。

よく出る

3 メダカのたまごがどのように変化するか調べました。

1つ5点、(1)は全部できて5点(15点)

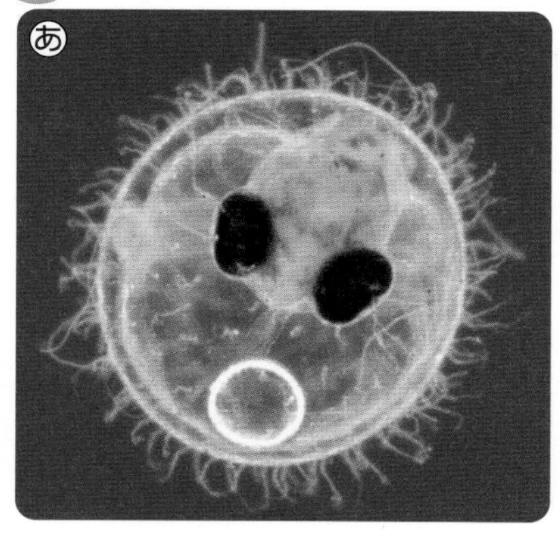

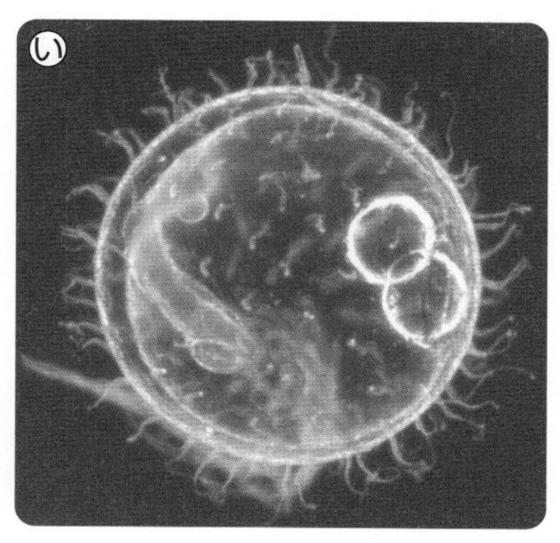

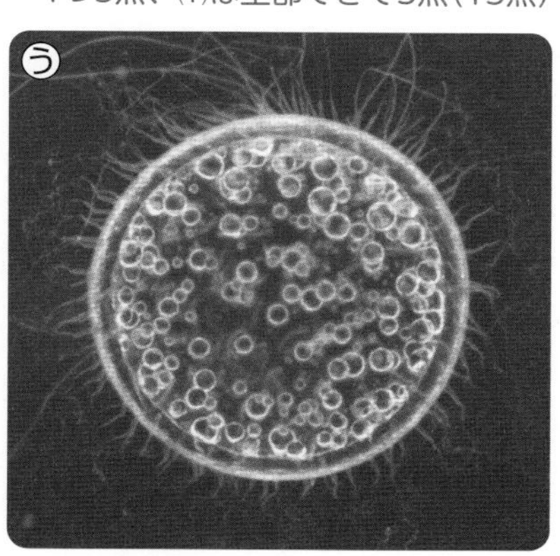

(1) たまごが変化していく順に、あ～うをならべかえましょう。

(　　)→(　　)→(　　)

(2) あでは、目の近くのうすい赤色の部分が動き続けているようすが見られました。この動き続けている部分は何ですか。

(　　　　)

(3) ふ化(か)したばかりの子メダカは、しばらく水底のほうで何も食べずにじっとしていました。このときのメダカについて、正しいものを１つ選んで、(　)に○をつけましょう。

ア(　)水の中にふくまれている養分を使って育つ。
イ(　)ふくらんだ頭の中にある養分を使って育つ。
ウ(　)ふくらんだはらの中にある養分を使って育つ。

できたらスゴイ!

4 たけしさんは、水(すい)そうにメダカを5ひき入れて、下の図のようにして飼い始めました。

思考・表現　1つ15点(30点)

(1) 先生がメダカを飼っているようすを見ると、「水そうを直しゃ日光が当たらないところに動かしましょう。」とアドバイスしてくれました。先生がそのようにアドバイスしてくれた理由を説明した次の文の(　)に、当てはまる言葉を書きましょう。

● 水そうを直しゃ日光が当たるところに置いておくと、(　　　　　　)が上がり過(す)ぎてしまうから。

(2) 記述 先生は、「この水そうにはおすのメダカがいないので、子メダカは生まれません。メダカをふやしたいなら、いっしょにおすのメダカも飼いましょう。」とアドバイスしてくれました。先生が下線のように発言した理由を説明しましょう。

(　　　　　　　　　　　　　　)

ふりかえり

3がわからないときは、20ページの2にもどって確(かく)にんしましょう。
4がわからないときは、18ページの1、2にもどって確にんしましょう。

3分でまとめ

4. 台風と防災

台風の接近と天気

学習日　　月　　日

めあて
台風の動きや台風が近づいてきたときの天気を確にんしよう。

教科書 52〜60ページ　答え 13ページ

 次の(　　)に当てはまる言葉を書くか、当てはまるものを○で囲(かこ)もう。

1 台風が接近(せっきん)すると、天気はどのように変わるのだろうか。

教科書 52〜59ページ

午後3時の雲画像(くもがぞう)

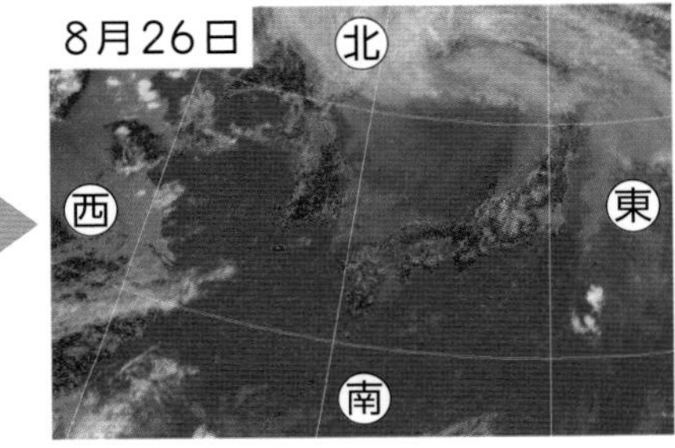

午後2〜3時の雨量

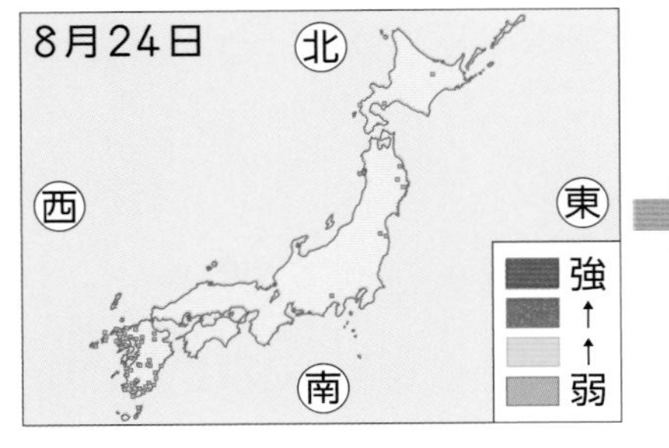

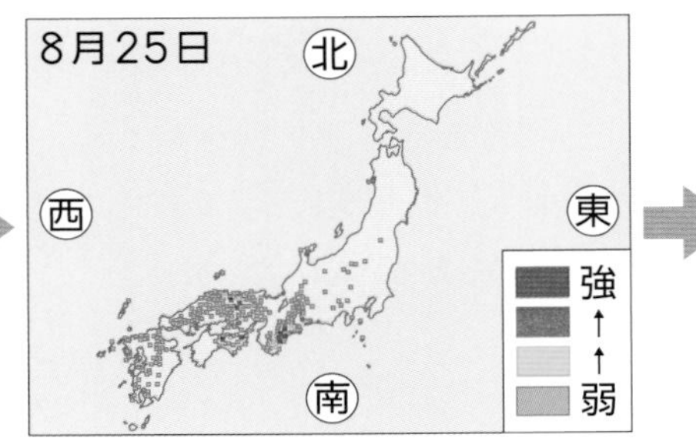

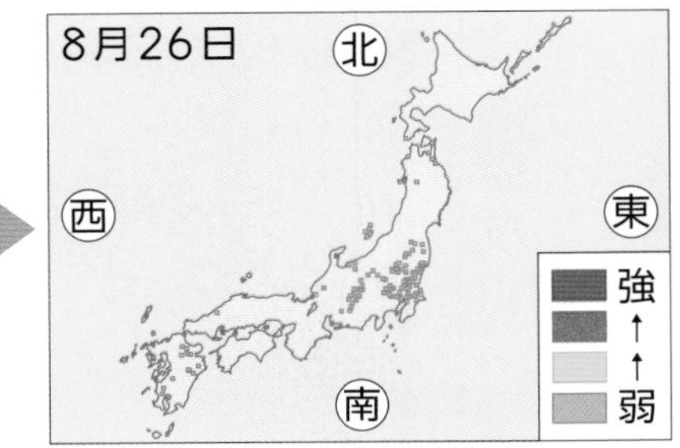

▶ 台風が接近すると、多くの(①　　　　)がふり、強い(②　　　　)がふくようになる。

▶ 台風が過(す)ぎ去ったあとには、雨や風はおさまり、天気は(③　晴れ　・　くもり　)になることが多い。

▶ 台風は、日本の(④　北　・　南　)のほうからやってきて、日本に上陸したり、日本付近を通っていったりする。

強風でこわれた鉄とう

台風の強風や大雨でひ害が出ることもあるので、情報(じょうほう)を集めて、ひ害が発生する前にひなんできるようにしよう。

台風による大波

台風による高波でこわれた道路

ここが、だいじ！

①台風が接近すると、多くの雨がふり、強い風がふくようになる。台風が過ぎ去ると、晴れることが多い。

②台風は日本の南のほうからやってきて、日本に上陸したり、日本付近を通っていったりする。

自然災害(さいがい)が起こったときに予想されるひ害を、地図上に表したものを「ハザードマップ」といいます。

4. 台風と防災

台風の接近と天気

教科書 52〜60ページ　答え 13ページ

1 7月15日から7月17日の雲画像（くもがぞう）と雨量を表した図をならべました。

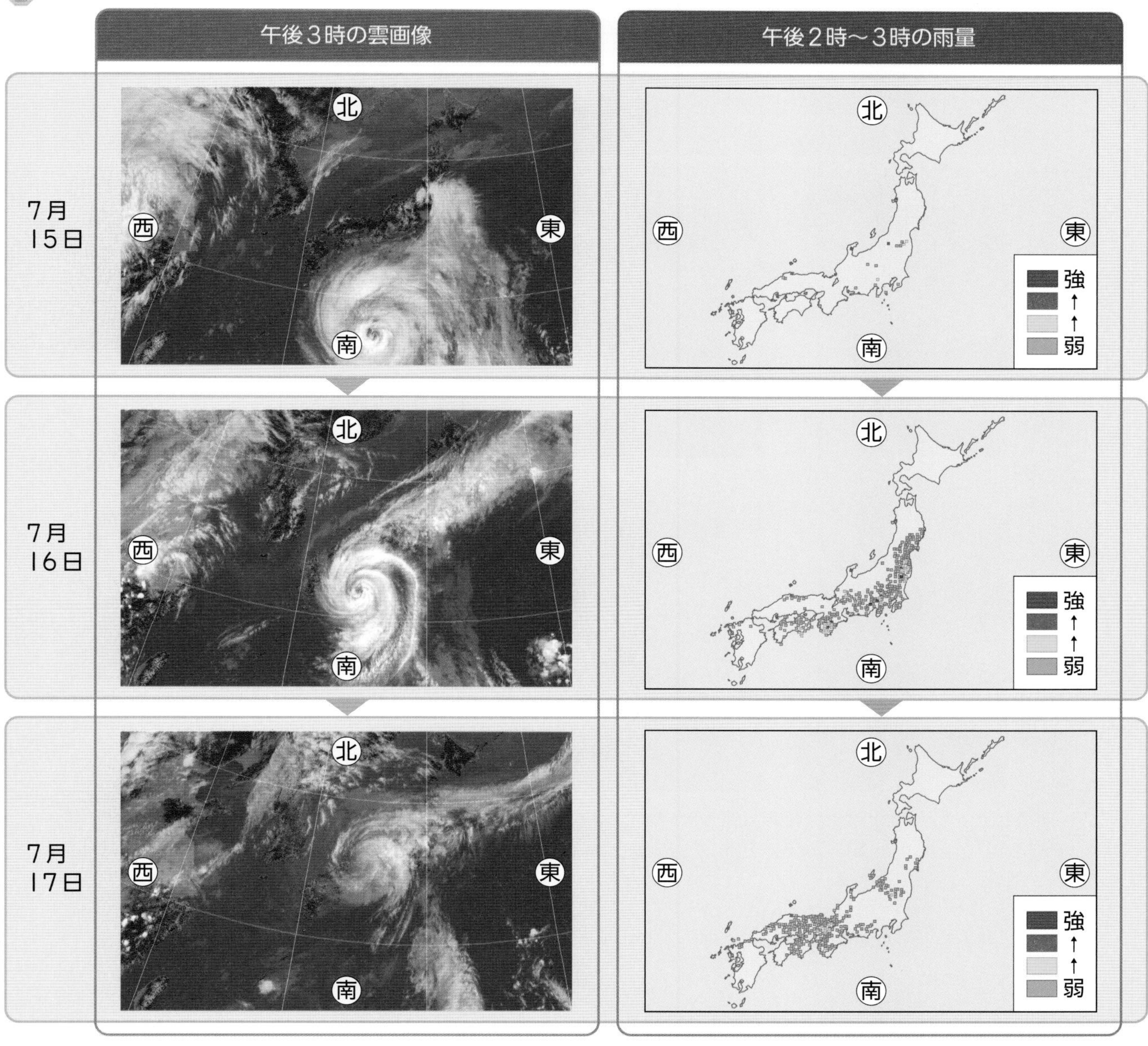

(1) 台風はどのように動いていますか。正しいものを1つ選んで、（　）に○をつけましょう。

ア（　）日本の東のほうからやってきて、日本付近を通り過（す）ぎていく。

イ（　）日本の西のほうからやってきて、日本付近を通り過ぎていく。

ウ（　）日本の南のほうからやってきて、日本付近を通り過ぎていく。

エ（　）日本の北のほうからやってきて、日本付近を通り過ぎていく。

(2) 台風が近づいてきたときの雨のようすを1つ選んで、（　）に○をつけましょう。

ア（　）雨はふらない。　イ（　）弱い雨がふる。　ウ（　）大量の雨がふる。

(3) 台風が近づいてくると、風は強くなりますか、弱くなりますか。

（　　　　　）

4. 台風と防災

教科書 52～61ページ　答え 14ページ

よく出る

1 台風が日本に近づいたときの雲画像と各地の雨量を調べました。

1つ10点(50点)

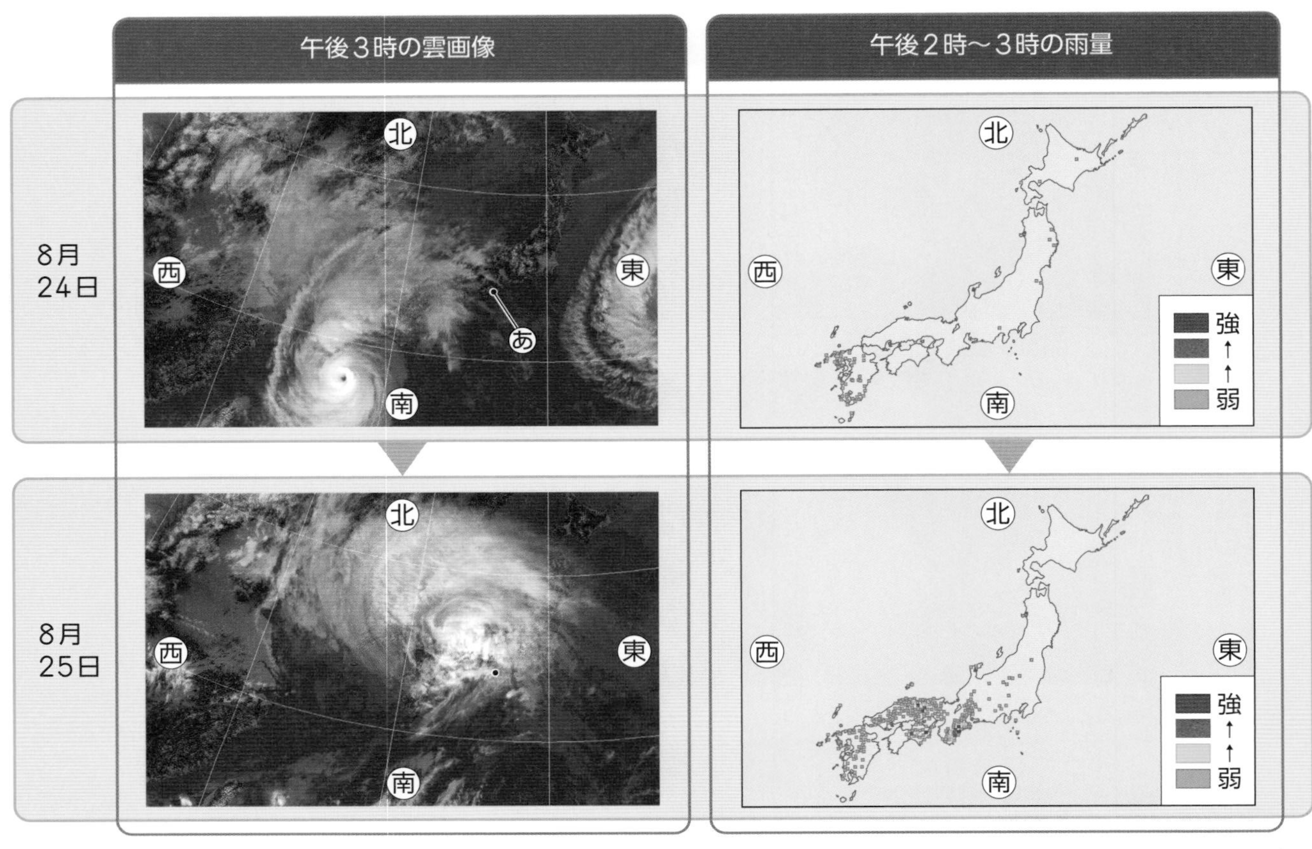

(1) あの地いきの天気はこの２日間でどのように変化しましたか。正しいものを１つ選んで、(　　)に○をつけましょう。

ア(　　)雨→晴れ　　イ(　　)晴れ→くもり　　ウ(　　)くもり→雨

(2) ８月26日には、台風はあの地いきを過ぎ去っていました。８月26日のあの地いきの天気はどうなると考えられますか。正しいほうの(　　)に○をつけましょう。

ア(　　)雨　　イ(　　)晴れ

(3) 風のようすについて、正しいものを２つ選んで、(　　)に○をつけましょう。

ア(　　)台風が近づくと、風がとても強くなる。

イ(　　)台風が近づくほど、風が弱くなる。

ウ(　　)台風が過ぎ去ったあとには、風が強くなることが多い。

エ(　　)台風が過ぎ去ったあとには、風はおさまることが多い。

(4) 次の文は、台風の動きについて説明したものです。(　　)に当てはまる方角を書きましょう。

● 台風は、日本の(　　　　)のほうからやってきて、日本付近を通っていくことが多い。

2 インターネットで、台風が日本に近づいたときの雲画像を3日分集め、これについて発表しようとしています。

1つ10点、(1)は全部できて10点(20点)

(1) 台風が進んでいく順に、あ～うの雲画像をならべかえましょう。

(　　) → (　　) → (　　)

(2) 台風が日本に近づくことが多い時期を1つ選んで、(　　)に○をつけましょう。

ア(　　)冬から春にかけて　　イ(　　)春から夏にかけて

ウ(　　)夏から秋にかけて　　エ(　　)秋から冬にかけて

できたらスゴイ!

3 台風のえいきょうについて考えます。

思考・表現　1つ10点、(2)は全部できて10点(30点)

(1) 台風によるひ害のようすを表しているものとして、正しいものを2つ選んで、(　　)に○をつけましょう。

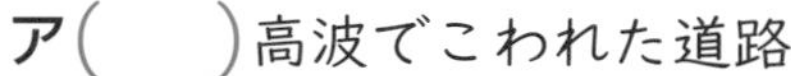
ア(　　)高波でこわれた道路

イ(　　)ひからびた水田

ウ(　　)こわれた鉄とう

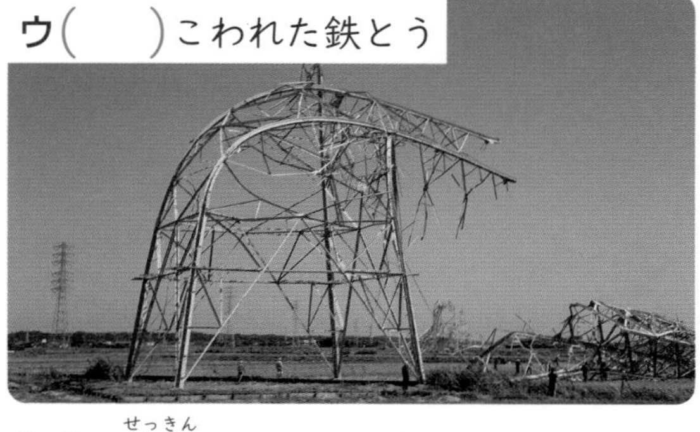

エ(　　)火山のふん火

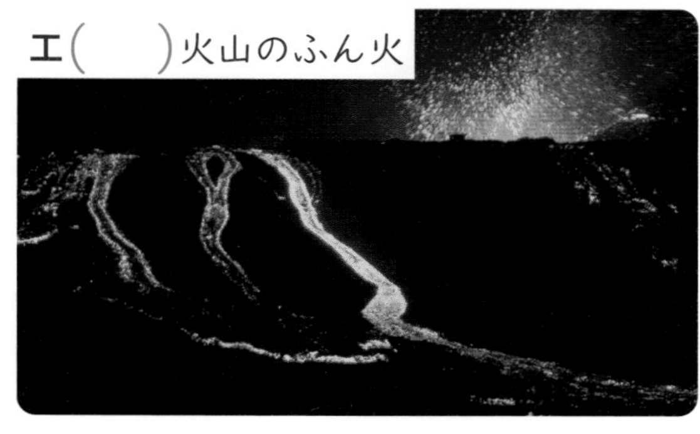

(2) 台風が接近しているときにしたほうがよいことをすべて選んで、(　　)に○をつけましょう。

ア(　　)台風の進路予想などの情報を集める。

イ(　　)外出をしないようにする。

ウ(　　)台所のガスこんろなどの火を消す。

エ(　　)ひなん情報が出たら、安全な場所へひなんする。

ふりかえり
1がわからないときは、24ページの1にもどって確にんしましょう。
3がわからないときは、24ページの1にもどって確にんしましょう。

この本の終わりにある「夏のチャレンジテスト」をやってみよう!

ぴったり1 準備

3分でまとめ

5. 植物の実や種子のでき方

①花のつくり

学習日　　月　　日

めあて
植物の花のつくりを確にんしよう。

教科書 64～69ページ　答え 15ページ

次の(　)に当てはまる言葉を書くか、当てはまるものを○で囲もう。

1 花のつくりはどうなっているのだろうか。　教科書 64～69ページ

▶めしべは、アサガオの花の中心の部分に(① 1本 ・ 5本)あり、もとのほうががくについている。

▶めしべの先は丸く、もとのほうが(② 細くなって ・ ふくらんで)いる。

▶おしべは(③ 1本 ・ 5本)あり、もとのほうが花びらの内側についている。

▶めしべやおしべの先の粉のようなものは、(④　　　)といい、(⑤　　　)でつくられる。

アサガオの花のつくり

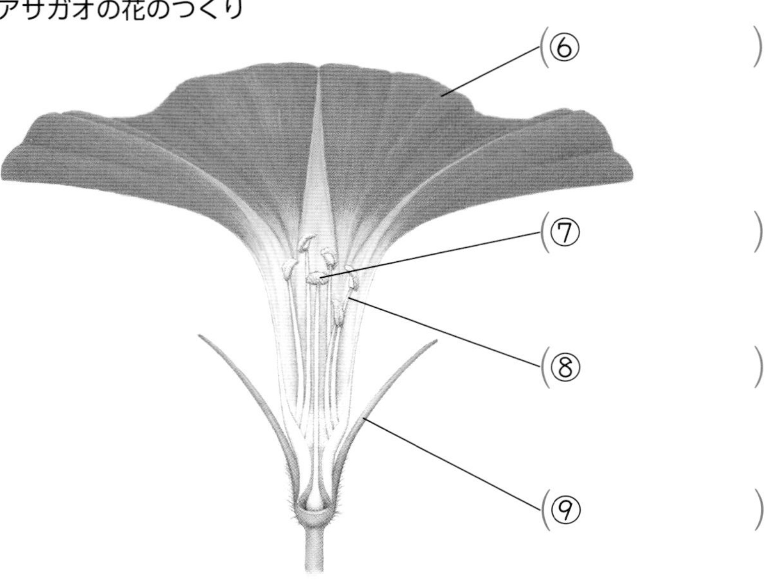

▶オクラやナスなどは、1つの花にがく、花びら、(⑩　　　)、(⑪　　　)がある。

▶ツルレイシやヘチマなどは、(⑫　　　)と(⑬　　　)が別々の花についている。

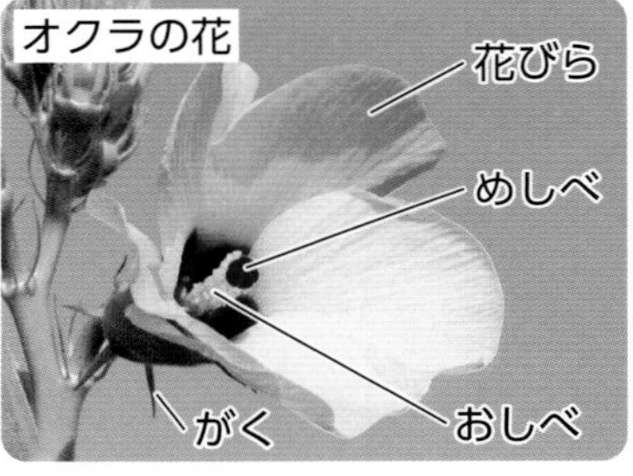

ツルレイシの花のつくり

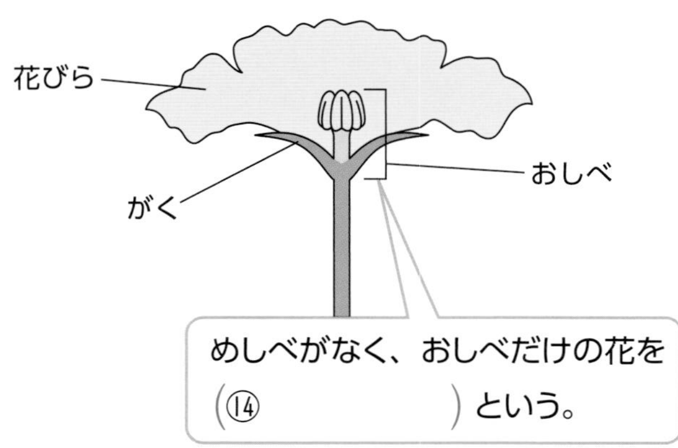

めしべがなく、おしべだけの花を(⑭　　　)という。

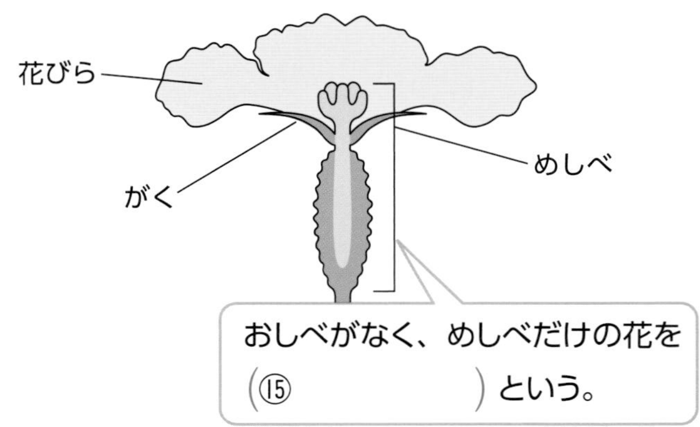

おしべがなく、めしべだけの花を(⑮　　　)という。

ここがだいじ!
①花にはがく、花びら、おしべやめしべがある。
②おしべやめしべの先についた粉のようなものを花粉といい、おしべでつくられる。

ぴたトリビア がく、花びら、おしべ、めしべがついている花のことを両性花、めしべまたはおしべの一方しかついていない花のことを単性花といいます。

ぴったり2 練習

学習日　　月　　日

5. 植物の実や種子のでき方

①花のつくり

教科書 64〜69ページ　答え 15ページ

1 アサガオの花のつくりを調べます。

(1) Ⓐ〜Ⓔの部分を、それぞれ何といいますか。

あ(　　　　)
い(　　　　)
う(　　　　)
え(　　　　)

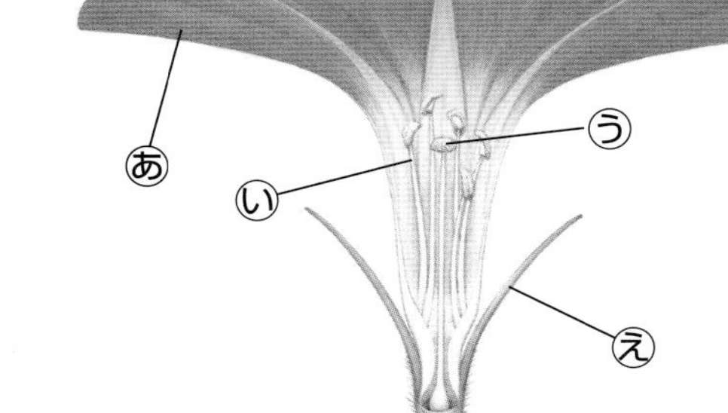

(2) い、うの先には、粉(こな)のようなものがついていました。これを何といいますか。(　　　　)

(3) い、うの先についていた粉は、あ〜えのどの部分でつくられますか。記号で答えましょう。(　　)

(4) もとのほうがふくらんでいて、がくとつながっているのは、あ〜えのどの部分ですか。記号で答えましょう。(　　)

(5) 右の写真は、オクラの花です。アサガオの花のい、うと同じはたらきをしている部分は、それぞれか〜けのどれですか。記号で答えましょう。

いと同じはたらき(　　)
うと同じはたらき(　　)

2 ツルレイシの花のつくりを調べました。

(1) あ、いはどのような花ですか。それぞれア〜エから選びましょう。

あ(　　)　い(　　)

ア　おしべもめしべもない。
イ　おしべがあり、めしべがない。
ウ　おしべがなく、めしべがある。
エ　おしべもめしべもある。

(2) あ、いのような花を、それぞれ何といいますか。

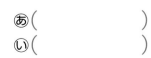

あ(　　　　)
い(　　　　)

(3) ツルレイシと同じように、あ、いのような花をさかせる植物を1つ選んで、(　　)に○をつけましょう。

ア(　　)ナス　**イ**(　　)ヘチマ　**ウ**(　　)オクラ

ぴったり1 準備

学習日 月 日

5. 植物の実や種子のでき方

②受粉の役わり1

めあて おしべからめしべへ花粉が運ばれることを確にんしよう。

教科書 70〜72ページ　答え 16ページ

次の(　)に当てはまる言葉を書くか、当てはまるものを○で囲もう。

1 けんび鏡の使い方をまとめよう。 教科書 183ページ

▶目をいためないよう、直しゃ日光が(① 当たる ・ 当たらない)明るいところに置いて使う。

▶けんび鏡の倍率＝(②　　)の倍率×(③　　)の倍率

▶そうさのじゅんじょ

1 対物レンズをいちばん(④ 高い ・ 低い)倍率にして、接眼レンズをのぞきながら、(⑤　　)の向きを変えて、(⑥ 明るく ・ 暗く)見えるようにする。

2 (⑦　　)の上にスライドガラスを置き、見たい部分があなの中央にくるようにする。

3 横から見ながら調節ねじを回し、対物レンズとスライドガラスの間をできるだけ(⑧ 広く ・ せまく)する。

4 接眼レンズをのぞきながら調節ねじを回し、対物レンズとスライドガラスの間を少しずつ(⑨ 広く ・ せまく)して、ピントを合わせる。

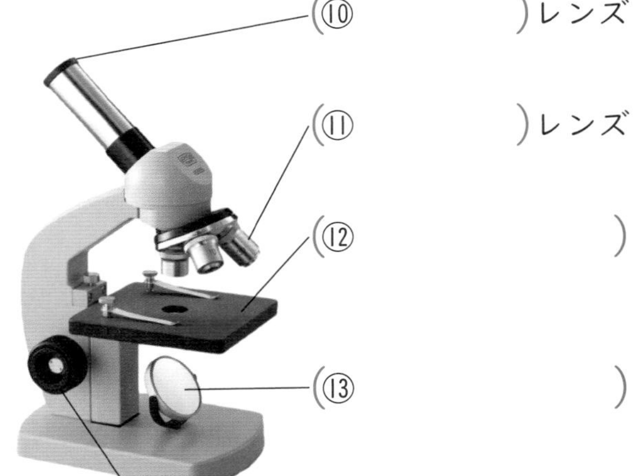

2 アサガオの花粉がおしべからめしべにつくのはいつだろうか。 教科書 70〜72ページ

▶アサガオでは、花粉がめしべの先につくのは、花が(① 開く直前 ・ 開いた後)である。

▶花粉がめしべの先につくことを(②　　)という。

▶植物によっては、おしべの花粉が(③ 雨 ・ 風)や(④ こん虫 ・ 魚)などに運ばれて受粉する。

	花が開く前	花が開いた後
おしべの先	花粉は出ていない。	花粉が出ている。
めしべの先	花粉はついていない。	花粉がついている。

①けんび鏡のピントは、接眼レンズをのぞきながら調節ねじを回して、対物レンズとスライドガラスの間を少しずつ広げていって合わせる。

②めしべの先に花粉がつくことを受粉という。

受粉するときに、風で花粉が運ばれるものを風媒花、主にこん虫によって花粉が運ばれるものを虫媒花、主に鳥によって花粉が運ばれるものを鳥媒花といいます。

ぴったり2 練習

学習日　月　日

5. 植物の実や種子のでき方

②受粉の役わり1

教科書 70〜72ページ　答え 16ページ

1 けんび鏡を使って、アサガオの花粉を観察します。

(1) 次の1〜4の文は、けんび鏡のそうさを順に説明したものです。（　）に当てはまる部分を、写真から選んで答えましょう。

1 （①　　　）をいちばん低い倍率にしてから、（②　　　）をのぞきながら、（③　　　）を動かして、明るく見えるようにする。

2 スライドガラスを（④　　　）の上に置いて、見ようとするところがあなの中央にくるようにする。

3 横から見ながら（⑤　　　）を回して、（①）とスライドガラスの間をせまくする。

4 （②）をのぞきながら（⑤）を回して、（①）とスライドガラスの間を広げていき、ピントを合わせる。

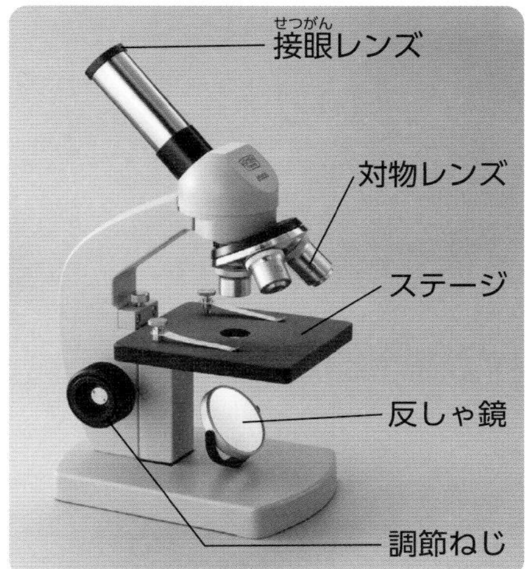

(2) 右のアサガオの花粉を観察したとき、接眼レンズの倍率は10倍、対物レンズの倍率は10倍でした。このときのけんび鏡の倍率は何倍ですか。（　　　）

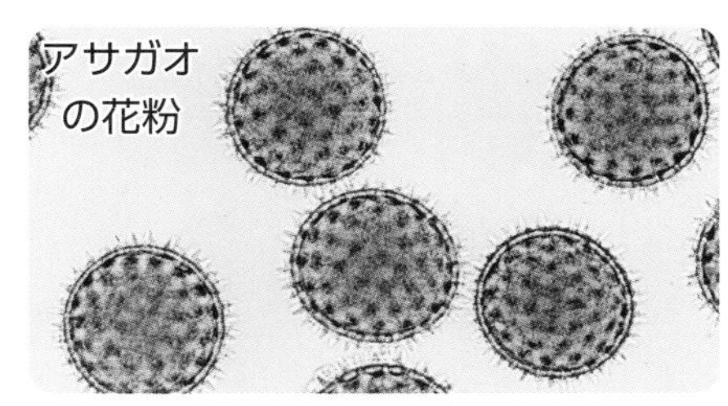

2 アサガオの花が開く前と後のおしべとめしべを虫めがねで観察しました。

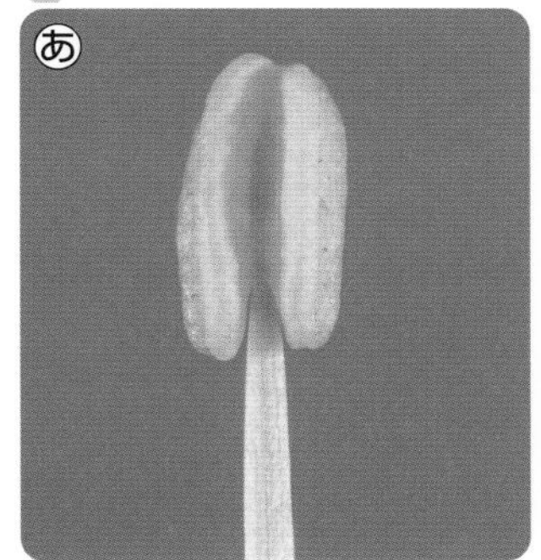

(1) 次の①、②に当てはまるものを、それぞれあ〜えから選びましょう。

① つぼみのときのめしべの先（　　）

② 開いている花のおしべの先（　　）

(2) アサガオのめしべの先に花粉がつくのはいつですか。正しいものを1つ選んで、（　）に○をつけましょう。

ア（　）つぼみができてすぐのころ

イ（　）花がさく直前

ウ（　）花が開いてしばらくたった後

(3) 花粉がめしべの先につくことを何といいますか。（　　　）

ヒント

1 (2)(けんび鏡の倍率)＝(接眼レンズの倍率)×(対物レンズの倍率)　です。

2 (1)つぼみの中のめしべには、花粉がついていません。

ぴったり1 準備

5. 植物の実や種子のでき方

②受粉の役わり２

学習日 月 日

めあて
受粉の役わりや、実のでき方を確にんしよう。

教科書 73～77ページ　答え 17ページ

次の（　）に当てはまる言葉を書くか、当てはまるものを○で囲もう。

1 受粉した花には、どのような変化が起こるのだろうか。

教科書 73～76ページ

▶アサガオでの実験

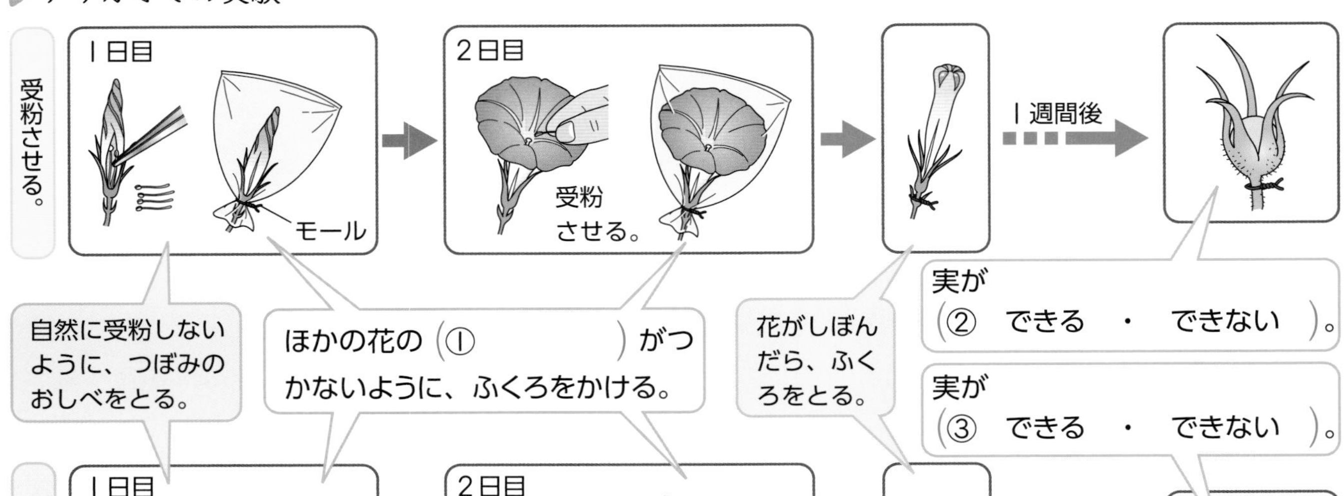

受粉させる。
1日目
モール
2日目
受粉させる。
1週間後
実が（② できる ・ できない ）。
自然に受粉しないように、つぼみのおしべをとる。
ほかの花の（①　　　　）がつかないように、ふくろをかける。
花がしぼんだら、ふくろをとる。
実が（③ できる ・ できない ）。
受粉させない。
1日目
2日目
ふくろをかけたままにしておく。
1週間後

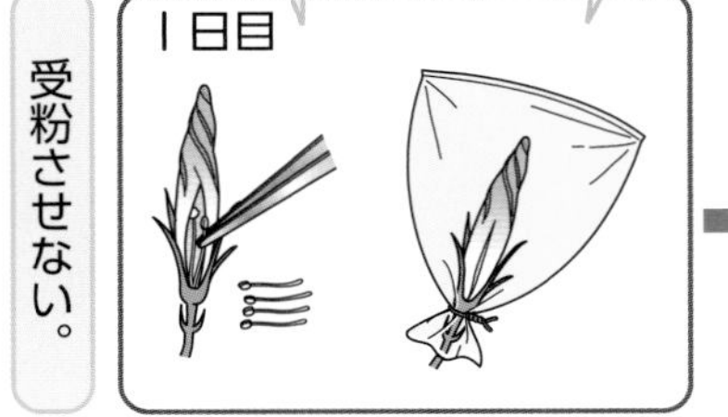

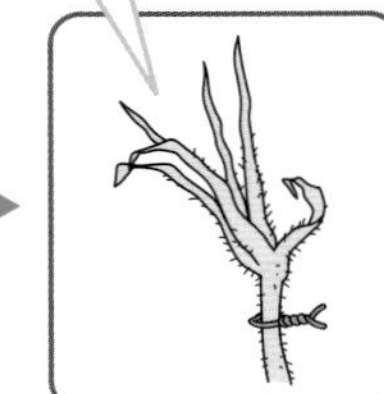

▶植物は、受粉すると（④　　　　）のもとがふくらみ、（⑤　　　　）ができる。

▶実の中には、（⑥　　　　）がある。

▶ツルレイシでの実験

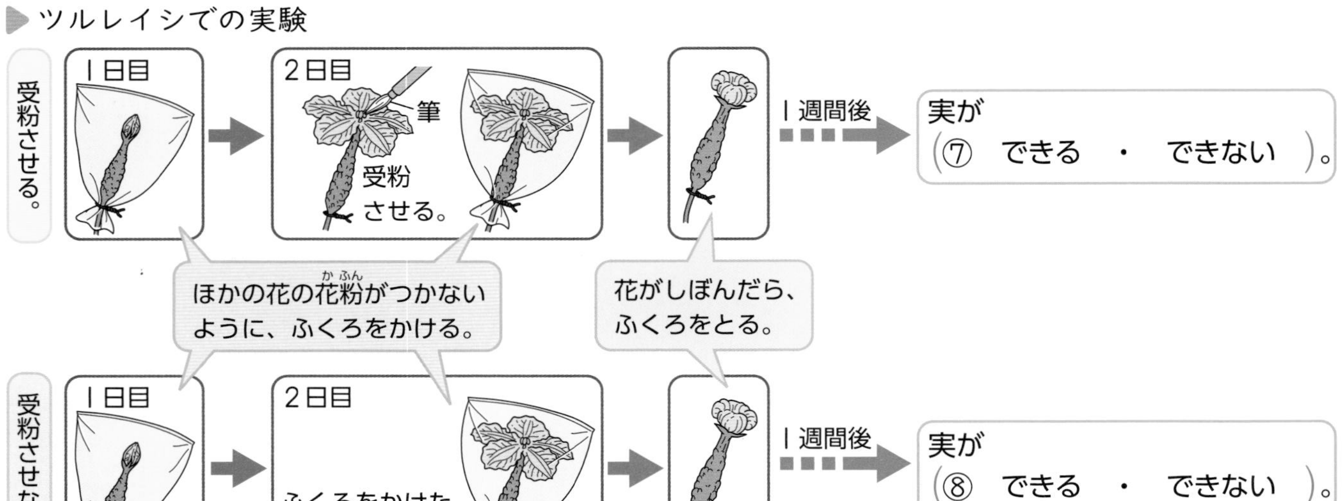

受粉させる。
1日目
2日目
筆
受粉させる。
1週間後
実が（⑦ できる ・ できない ）。
ほかの花の花粉がつかないように、ふくろをかける。
花がしぼんだら、ふくろをとる。
受粉させない。
1日目
2日目
ふくろをかけたままにしておく。
1週間後
実が（⑧ できる ・ できない ）。

ここがだいじ！

①植物は、受粉するとめしべのもとがふくらみ、実になる。
②実の中には、種子がある。

ぴたトリビア

ツルレイシはニガウリともよばれる苦味のある野菜です。沖縄ではゴーヤとよばれ、沖縄料理の食材として使われます。

学習日　月　日

教科書 73〜77ページ　答え 17ページ

1 受粉(じゅふん)したアサガオの花が、どのように変化するか調べました。

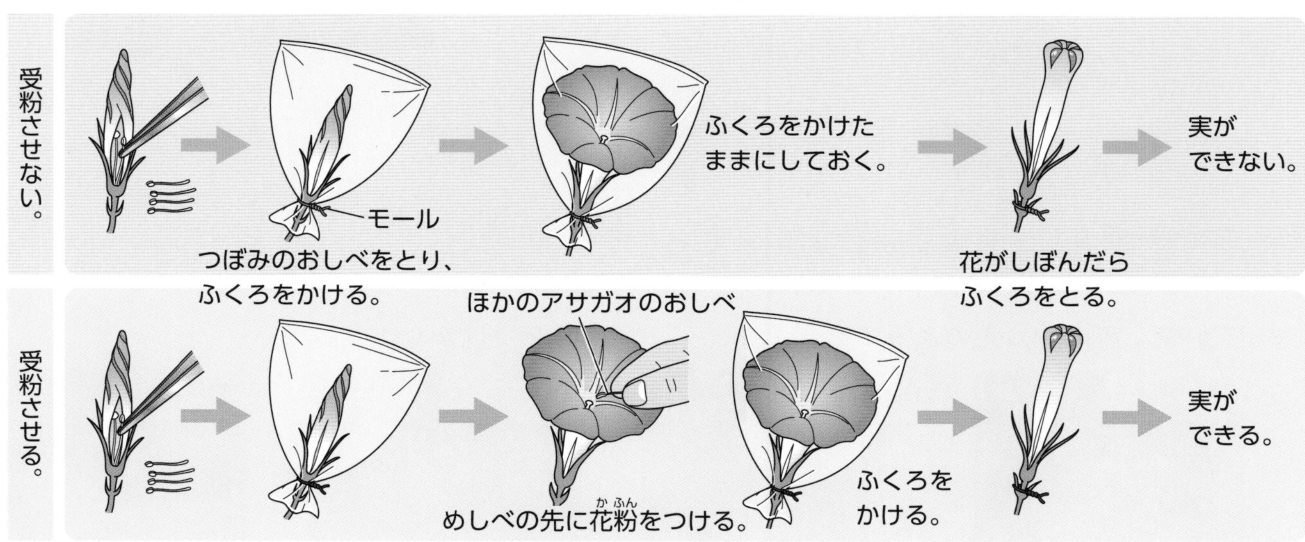
1日目
2日目
受粉させない。
モール
つぼみのおしべをとり、
ふくろをかける。
ふくろをかけた
ままにしておく。
花がしぼんだら
ふくろをとる。
実が
できない。
受粉させる。
ほかのアサガオのおしべ
めしべの先に花粉(かふん)をつける。
ふくろを
かける。
実が
できる。

(1) 花にふくろをかけるのはなぜですか。正しいものを1つ選んで、(　)に○をつけましょう。

ア(　　)雨で花がぬれないようにするため。

イ(　　)めしべについた花粉が風でとれないようにするため。

ウ(　　)ほかの花の花粉がつかないようにするため。

(2) この実験から、実ができるためには、何が必要であることがわかりますか。　(　　　　)

2 ツルレイシを使って、受粉すると実ができるかどうかを調べます。

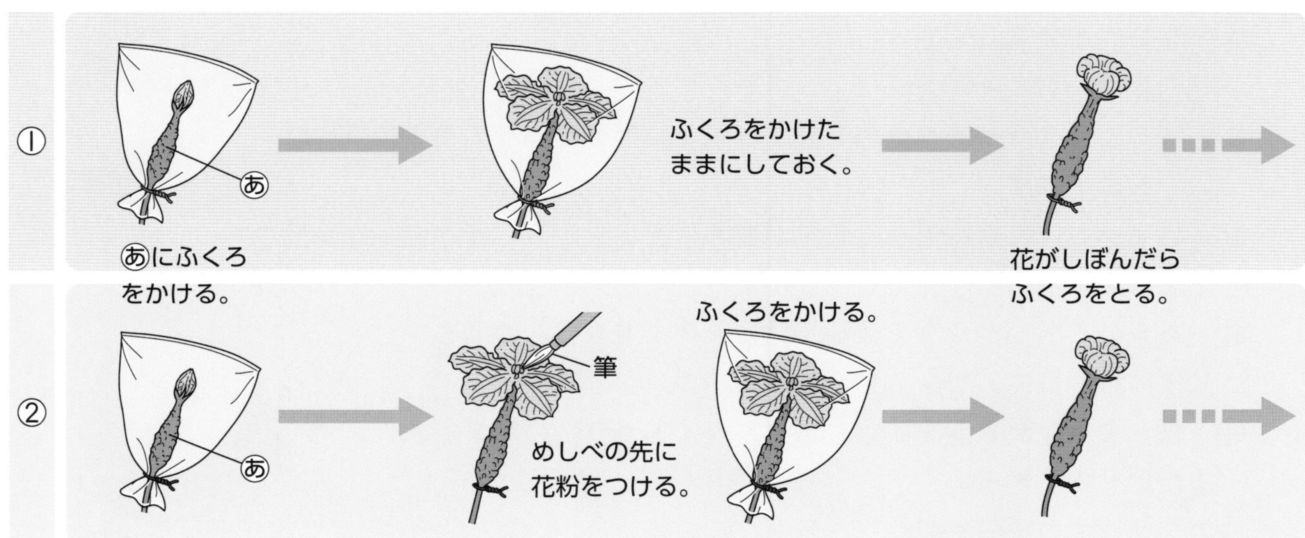
1日目
2日目
①
あ
あにふくろ
をかける。
ふくろをかけた
ままにしておく。
花がしぼんだら
ふくろをとる。
②
あ
筆
めしべの先に
花粉をつける。
ふくろをかける。

(1) あに当てはまるのは、おばなとめばなのどちらですか。　(　　　　)

(2) 実ができるのは、①、②のどちらですか。　(　　)

ぴったり3

確かめのテスト

5. 植物の実や種子のでき方

時間 30 分

／100

合格 70 点

教科書 64～79ページ　答え 18ページ

1 アサガオの花のつくりを調べました。

1つ5点(30点)

(1) あ～えの部分を、それぞれ何といいますか。

あ(　　　　　　)
い(　　　　　　)
う(　　　　　　)
え(　　　　　　)

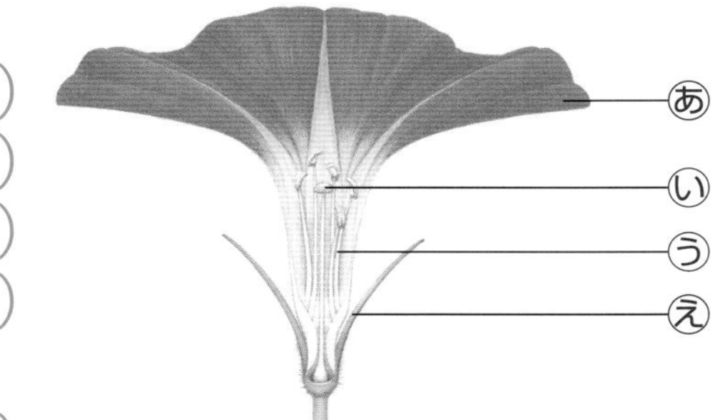

(2) 花粉（かふん）がいの先につくことを何といいますか。

(　　　　　　)

(3) 花が開く前のうの先のようすを選んで、(　　)に○をつけましょう。

ア(　　)　イ(　　)　ウ(　　)　エ(　　)

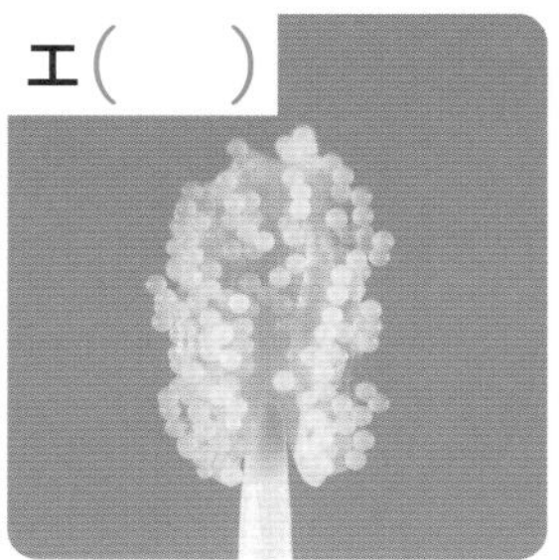

2 けんび鏡（きょう）を使って、アサガオの花粉を観察しました。

技能　1つ5点、(2)は全部できて5点(20点)

(1) 対物レンズと調節ねじは、あ～おのどれですか。

対物レンズ(　　　)
調節ねじ　(　　　)

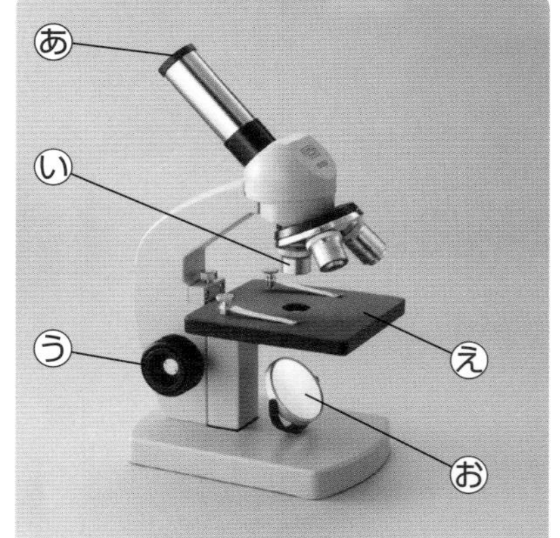

(2) けんび鏡で観察するときの正しいそうさの順になるように、①～④をならべかえましょう。

(　　　)→(　　　)→(　　　)→(　　　)

① えの上にスライドガラスを置き、見たい部分があなの中央にくるようにする。

② いをいちばん低い倍率（ばいりつ）にして、あをのぞきながら、おの向きを変えて、明るく見えるようにする。

③ あをのぞきながらうを回し、いとスライドガラスの間を少しずつ広くして、ピントを合わせる。

④ 横から見ながらうを回し、いとスライドガラスの間をできるだけせまくする。

(3) 右のアサガオの花粉を観察したとき、あの倍率は10倍、いの倍率は20倍でした。このとき、アサガオの花粉は実物の何倍の大きさに見えていますか。

(　　　　　　)

アサガオの花粉

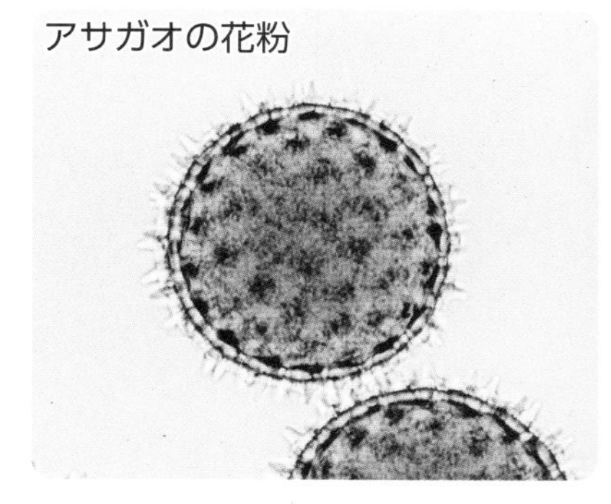

よく出る

3 アサガオの実のでき方を調べます。

1つ10点(30点)

1日目　　　　　　2日目

あ

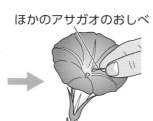

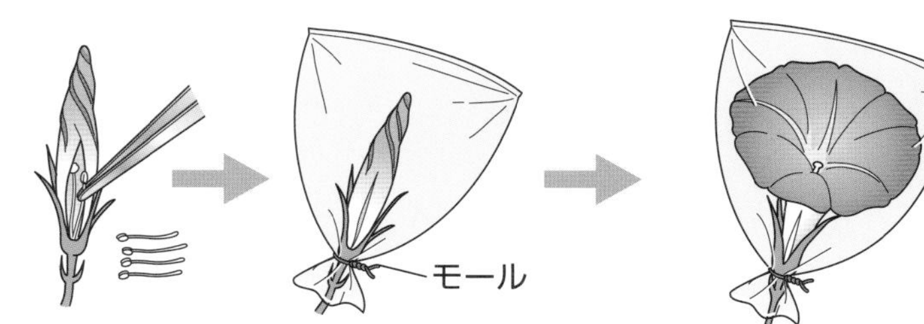

モール
つぼみのおしべをとり、
ふくろをかける。

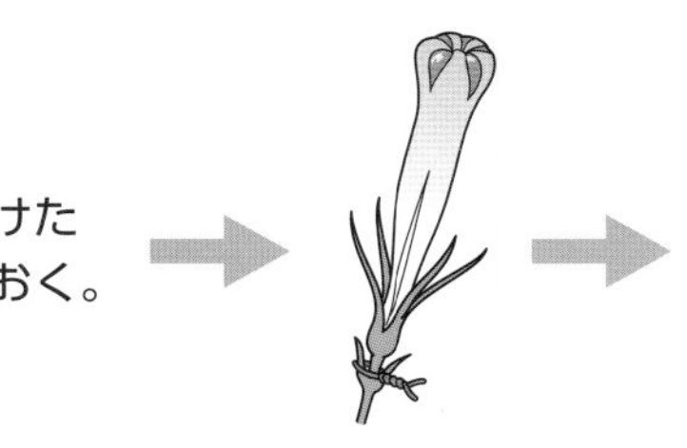

ふくろをかけた
ままにしておく。
花がしぼんだら
ふくろをとる。

い

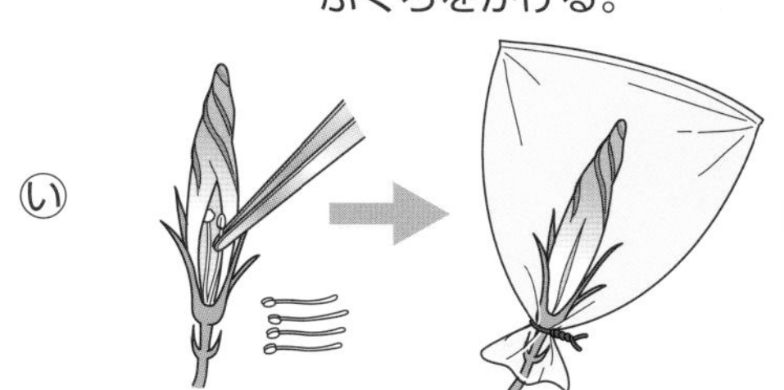

ほかのアサガオのおしべ

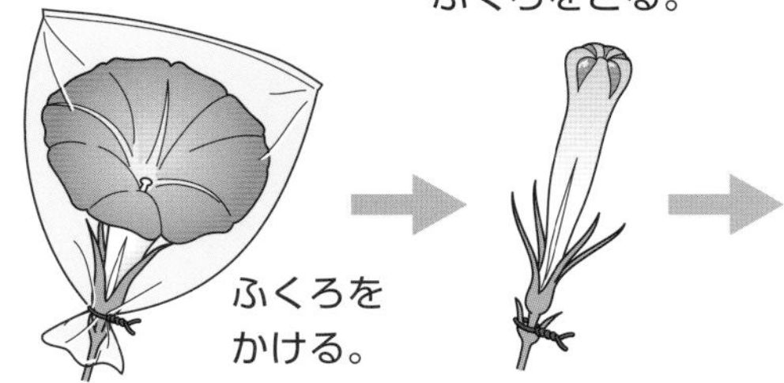

ふくろを
かける。
めしべの先に花粉をつける。

(1) 記述 あで、ふくろをかけたままにしておく理由を説明しましょう。　思考・表現

(　　　　　　　　　　　　　　　　　　　　　　)

(2) 実ができるのは、あ、いのどちらですか。　(　　)

(3) 実験のはじめにおしべをとり去らないと、実験の結果はどうなると考えられますか。正しいものを１つ選んで、(　　)に○をつけましょう。

ア(　　)あもいも実ができない。

イ(　　)あは実ができ、いは実ができない。

ウ(　　)あは実ができず、いは実ができる。

エ(　　)あもいも実ができる。

できたらスゴイ!

4 イチゴの温室さいばいをしている農家では、イチゴを育てている温室の中にミツバチをはなしていることがあります。

思考・表現　1つ10点(20点)

(1) ミツバチをはなすとよい時期はいつですか。いちばんよいと考えられるものを１つ選んで、(　　)に○をつけましょう。

ア(　　)芽が出はじめた時期

イ(　　)子葉とちがう葉が出はじめた時期

ウ(　　)花が開き始めた時期

エ(　　)しゅうかくする直前の時期

(2) 記述 (1)のように考えられる理由を説明しましょう。

(　　　　　　　　　　　　　　　　　　　　　　)

ふりかえり

3 がわからないときは、32ページの 1 にもどって確(かく)にんしましょう。
4 がわからないときは、32ページの 1 にもどって確にんしましょう。

ぴったり1 準備

3分でまとめ

学習日　月　日

6. 流れる水のはたらきと土地の変化

①流れる水のはたらき

めあて
流れる水にはどのようなはたらきがあるのか、確にんしよう。

教科書 80〜85ページ　答え 19ページ

次の(　)に当てはまる言葉を書くか、当てはまるものを○で囲もう。

1 流れる水にはどのようなはたらきと、量によるちがいがあるだろうか。 教科書 80〜85ページ

▶①〜④の(　)に当てはまる言葉を、〔　〕から選んで書きましょう。

〔　たまって　流されて　けずられて　内側　外側　〕

流れがまっすぐなところ
土が(①　　　　)、
下のほうへ(②　　　　)いた。

流れ出たところ
流されてきた土が
(③　　　　)いた。

水を流す。
流水実験器
タオル
土
あなの開いたトレー
水そう

流れが曲がっているところ
内側と外側を比べると、(④　　　　)のほうが土がけずられていた。

▶水の量が増えると、水の流れる速さは
(⑤　　　　)
なる。

▶水の量が増えると、しん食のはたらきは、
(⑥　小さく　・　大きく　)
なり、運ぱんのはたらきは
(⑦　小さく　・　大きく　)
なる。

流れがまっすぐなところ　流れが曲がっているところ　流れ出たところ

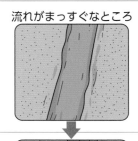

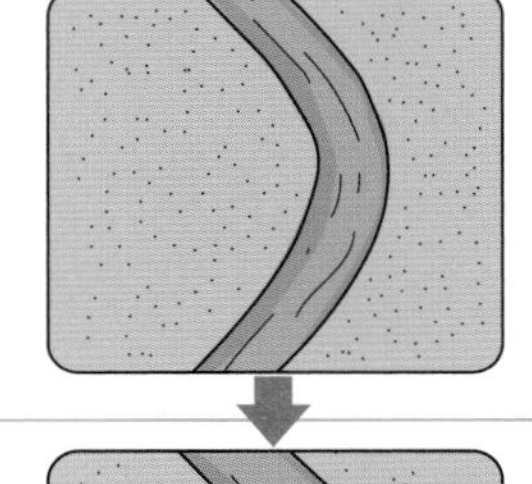

水の量を増やしたとき

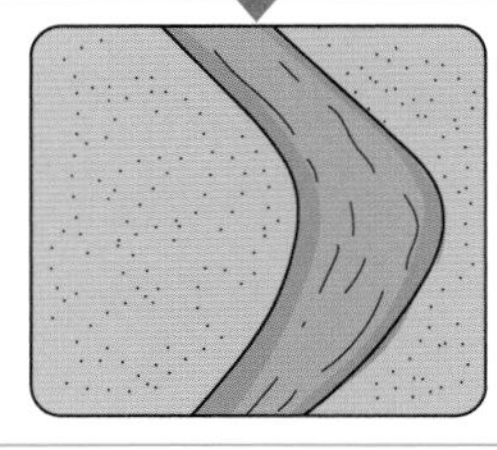
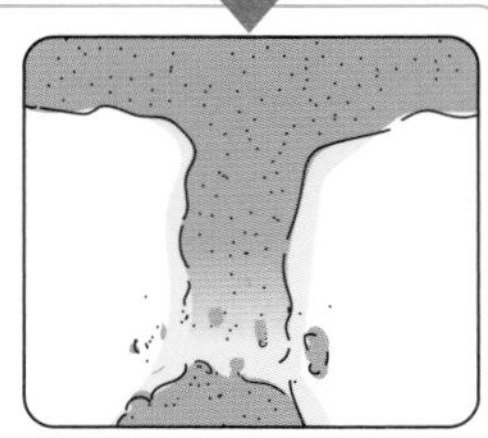

▶流れる水が、地面などをけずるはたらきを(⑧　　　　)という。
▶流れる水が、けずったものをおし流すはたらきを(⑨　　　　)という。
▶流れる水が、けずったものを積もらせるはたらきを(⑩　　　　)という。

ここがだいじ!
①流れる水が、地面などをけずるはたらきをしん食、けずったものをおし流すはたらきを運ぱん、積もらせるはたらきをたい積という。
②水の量が増えると水の流れは速くなり、しん食と運ぱんのはたらきが大きくなる。

流水実験器による実験は流路に流れる水を川に見立てたものです。このように、実際のものに見立てて行う実験をモデル実験といいます。

6. 流れる水のはたらきと土地の変化

①流れる水のはたらき

教科書 80〜85ページ　答え 19ページ

1 流水実験器に土を入れてゆるい坂にして、静かに水を流しました。

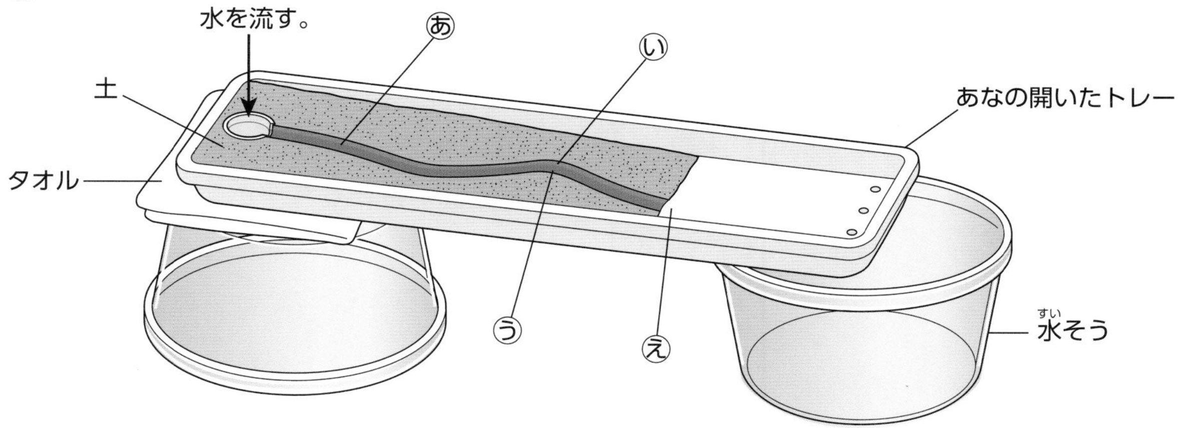

(1) あ、えではそれぞれ、土がけずられますか、土が積もりますか。

あ(　　　　)

え(　　　　)

(2) いとうでは、どちらのほうが土がけずられていますか。(　　)

(3) 水の流れが速いところとおそいところでは、どちらのほうが土がけずられていますか。

(　　　　)

(4) 次の①〜③のはたらきを、それぞれ何といいますか。

① 流れる水が土などをけずるはたらき (　　　)

② 流れる水が土などを運ぶはたらき (　　　)

③ 流れる水が土などを積もらせるはたらき (　　　)

(5) 水の量を増(ふ)やして同じ実験を行うと、水を増やす前と比(くら)べてあのようすはどうなりますか。正しいものを1つ選んで、(　)に○をつけましょう。

ア(　)水の流れはおそくなり、岸も底もさらに深くけずられる。

イ(　)水の流れはおそくなり、岸と底があまりけずられなくなる。

ウ(　)水の流れは速くなり、岸も底もさらに深くけずられる。

エ(　)水の流れは速くなり、岸と底があまりけずられなくなる。

(6) 水の量を増やして同じ実験を行うと、水を増やす前と比べていとえのようすはどうなりますか。正しいものを1つ選んで、(　)に○をつけましょう。

ア(　)いはさらに深くけずられ、えに積もる土は減(へ)る。

イ(　)いはさらに深くけずられ、えに積もる土は増える。

ウ(　)いはあまりけずられなくなり、えに積もる土は減る。

エ(　)いはあまりけずられなくなり、えに積もる土は増える。

ぴったり1 準備

6. 流れる水のはたらきと土地の変化

②川のようす

学習日　月　日

めあて
場所による、川のようすや川原の石のちがいを確にんしよう。

教科書 86〜91ページ　答え 20ページ

 次の(　　)に当てはまる言葉を書くか、当てはまるものを○で囲(かこ)もう。

1 川のようすは、場所によってどのようなちがいがあるだろうか。 教科書 86〜91ページ

山の中を流れる川		▶川のはばはせまく、流れは(① 速く ・ ゆるやかで)、川の両岸はがけになっている。 ▶(② 小さく ・ 大きく)て、(③ 丸みをもった ・ 角ばった)石が多い。
平地に流れ出た川		▶川のはばは山の中より広く、流れは(④ 速い ・ ゆるやかである)。 ▶山の中に比(くら)べて、(⑤ 小さく ・ 大きく)て、(⑥ 丸みをもった ・ 角ばった)石が多い。
平地を流れる川		▶川のはばは広く、流れはとても(⑦ 速く ・ ゆるやかで)、川原が広がっている。 ▶(⑧ 小さく ・ 大きく)て、(⑨ 丸みをもった ・ 角ばった)石やすなが多い。

▶川の流れが急な山の中では、川の石は大きく(⑩ 丸みをもった ・ 角ばった)ものが多い。

▶川の流れがおだやかな平地では、川の石は小さく(⑪ 丸みをもった ・ 角ばった)ものが多い。

▶流れの速さのちがいから、山の中を流れる川では(⑫　　　　)や(⑬　　　　)のはたらきが大きく、平地を流れる川では(⑭　　　　)のはたらきが大きい。

▶川原の石のようすが、場所によってちがうのは、流れる(⑮　　　　)のはたらきによって、石がわれたり、けずられたりして、形を変えたからである。

ここがだいじ！

①山の中を流れる川には大きくて角ばった石が多く、平地を流れる川には小さくて丸みをもった石が多い。

②川原の石のようすが、山の中を流れる川と平地を流れる川でちがうのは、流れる水のはたらきで、石が形を変えたからである。

石のかたさはモース硬度(こうど)という指標で表され、よりかたいものとこすれるとけずれます。川原の石のモース硬度は5〜7くらいで、もっともかたいダイヤモンドのモース硬度は10です。

6. 流れる水のはたらきと土地の変化

②川のようす

教科書 86〜91ページ　答え 20ページ

1 山の中を流れる川、その下流の平地に流れ出た川、さらに下流の平地を流れる川のようすを比べます。

(1) 川の流れがゆるやかな順になるように、あ〜うをならべかえましょう。

（　　）→（　　）→（　　）

(2) あの川原には、どのような石が多く見られますか。正しいものを1つ選んで、（　）に○をつけましょう。

ア（　）小さくて角ばった石
イ（　）小さくて丸みをもった石
ウ（　）大きくて角ばった石
エ（　）大きくて丸みをもった石

(3) うの川原には、どのような石が多く見られますか。正しいものを1つ選んで、（　）に○をつけましょう。ただし、ア〜ウにうつっているものさしは、どれも30cmのものさしです。

ア（　）　イ（　）　ウ（　）

(4) うの川原で多く見られる石が、(3)で答えたような大きさや形になっているのはなぜですか。正しいものを1つ選んで、（　）に○をつけましょう。

ア（　）流れる水のはたらきで流されるうちに、石がわれたりけずられたりするから。
イ（　）流れる水のはたらきで流されるうちに、石と石がくっついていくから。
ウ（　）川原にすむ動物が川原を歩くときに、ふまれた石が細かくくだけるから。

ぴったり1 準備

6. 流れる水のはたらきと土地の変化

③流れる水と変化する土地

学習日　　月　　日

めあて
大雨などによって川の水が増えたときに起こることを確にんしよう。

教科書 92～99ページ　答え 21ページ

次の(　)に当てはまる言葉を書くか、当てはまるものを○で囲もう。

1 川の水の量が増えると、土地のようすはどうなるだろうか。

教科書 92～99ページ

- 大雨がふって川の水の量が増えると、水位は(① 低く ・ 高く)なり、流れは(② おそく ・ 速く)なる。
- 大雨がふったとき、川を流れる水のしん食のはたらきは(③ 小さく ・ 大きく)なり、川を流れる水の運ぱんのはたらきは(④ 小さく ・ 大きく)なる。
- 川が増水すると、てい防が決かいするなどして、(⑤　　　　)が起こることもある。
- 長い年月をかけて、流れる水のはたらきによって土地のすがたは変わる。たとえば、川の底が長い年月の間(⑥　　　　)されてV字谷ができたり、運ぱんされた土砂が長い年月の間(⑦　　　　)して三角州や扇状地ができたりする。
- こう水に備えて、ひなんのためのハザードマップ、雨水を一時的にためる多目的遊水地や地下調節池、雨水をたくわえて川の水の量を調節する(⑧ さ防ダム ・ ダム)などがつくられている。

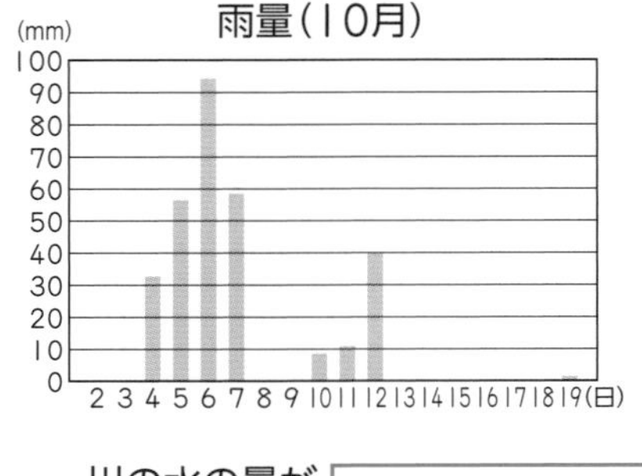

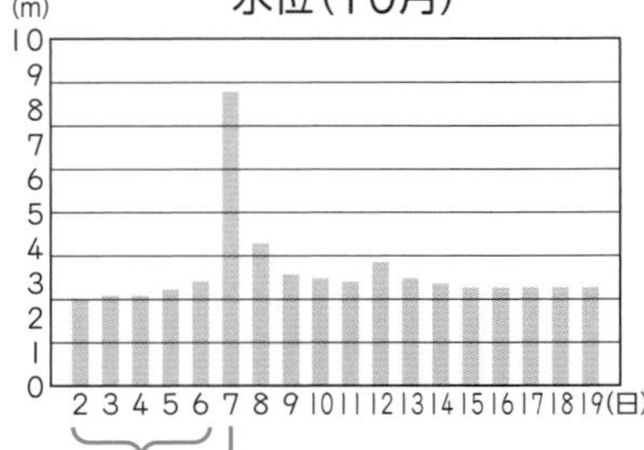

川の水の量が増える前

川の水の量が増えたとき

V字谷…川の底が長い年月しん食されてできた深い谷

三角州…河口付近に土砂がたい積してできた三角形の土地

扇状地…川が山から平地に出た場所に土砂がたい積してできた扇状の土地

さ防ダム…川底がけずられたり、石やすなが一度に流されたりすることを防ぐ。

ダム…雨水をたくわえ、川の水の量を調節する。

①大雨がふると、川の水の量が増え、流れる水のはたらきが大きくなって、土地のようすが大きく変化する。

扇状地は水はけがよく果物を育てるのに適しているため、ブドウ、モモ、サクランボ、ミカンなどの果樹園としてよく利用されています。

1 雨の量の変化と川のようすの変化について調べました。

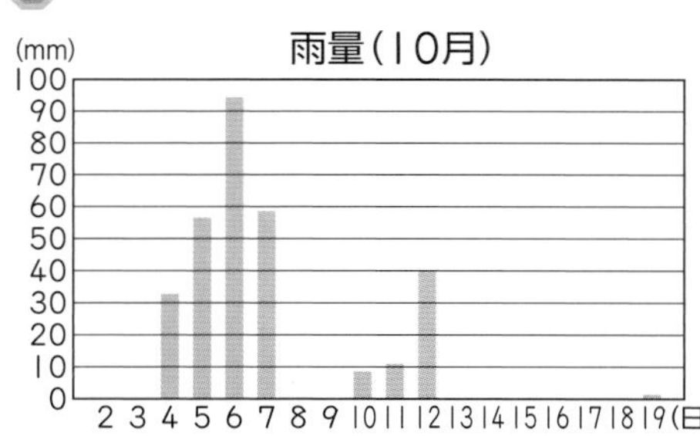

(1) 雨がたくさんふったときのようすは、㋐、㋑のどちらですか。　（　　）

(2) グラフから、10月3日と10月7日の川のようすは、それぞれ㋐、㋑のどちらだと考えられますか。　10月3日（　　）　10月7日（　　）

(3) 川の水の量が増えたときの説明として、正しいものを1つ選んで、（　）に○をつけましょう。

ア（　）川の流れは速くなり、流れる水によるしん食と運ぱんのはたらきは小さくなる。
イ（　）川の流れは速くなり、流れる水によるしん食と運ぱんのはたらきは大きくなる。
ウ（　）川の流れはゆるやかになり、流れる水によるしん食と運ぱんのはたらきは小さくなる。
エ（　）川の流れはゆるやかになり、流れる水によるしん食と運ぱんのはたらきは大きくなる。

(4) 川を流れる水のはたらきによって、長い年月をかけて土地のようすは大きく変わります。しん食が続いてできたものを1つ選んで、（　）に○をつけましょう。

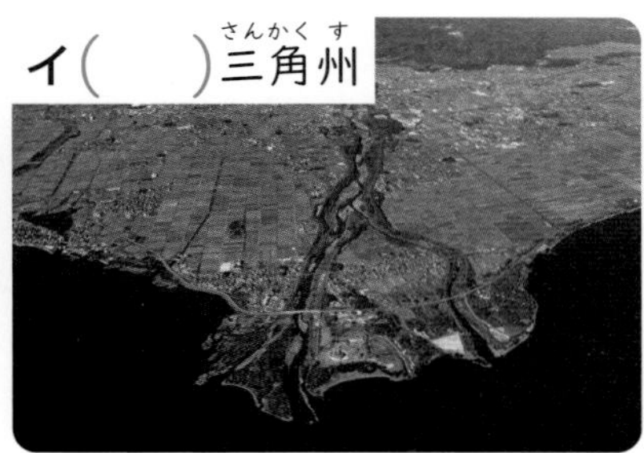

2 こう水に備えるくふうについて調べました。

(1) さ防ダムは㋕、㋖のどちらですか。　（　　）

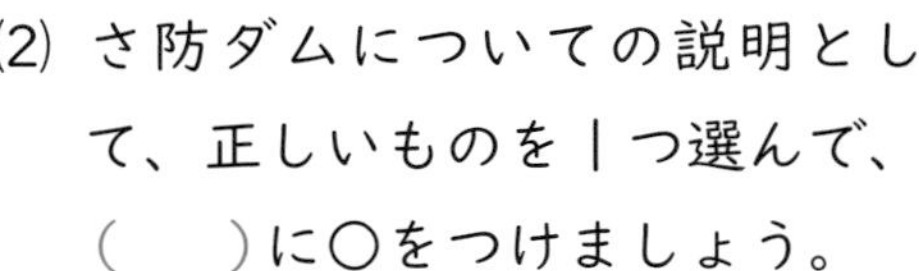

(2) さ防ダムについての説明として、正しいものを1つ選んで、（　）に○をつけましょう。

ア（　）雨水をたくわえ、川の水の量を調節する。
イ（　）川底がけずられたり、石やすなが一度に流されたりすることを防ぐ。
ウ（　）大雨のときに、増えた水を一時的にためる。

ぴったり3

確かめのテスト

6. 流れる水のはたらきと土地の変化

時間 30分　／100　合格 70点

教科書 80～101ページ　答え 22ページ

1 ある地いきで、10月3日から10月20日の間の、雨の量の変化を調べました。

1つ10点、(3)は全部できて10点(30点)

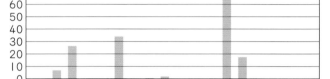

(1) この地いきの川の水位は1日だけ高くなっていました。それはいつだと考えられますか。1つ選んで、(　)に○をつけましょう。

ア(　)10月5日　イ(　)10月9日

ウ(　)10月12日　エ(　)10月16日

雨量(10月)

(mm) 0 10 20 30 40 50 60 70 80 90 100

3 4 5 6 7 8 9 10 11 12 13 14 15 16 17 18 19 20 (日)

(2) 川の水の量が多くなると、川の底や岸はどうなりますか。正しいものを1つ選んで、(　)に○をつけましょう。

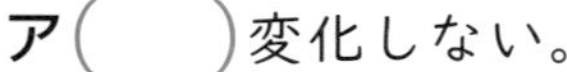

ア(　)変化しない。

イ(　)けずられ、けずられたものは流されて、ようすが変わる。

ウ(　)土が積もり、ようすが変わる。

(3) 川を流れる水のはたらきにより、長い年月をかけて土地のようすは大きく変わります。たい積のはたらきによってできた地形をすべて選んで、(　)に○をつけましょう。

ア(　)三角州

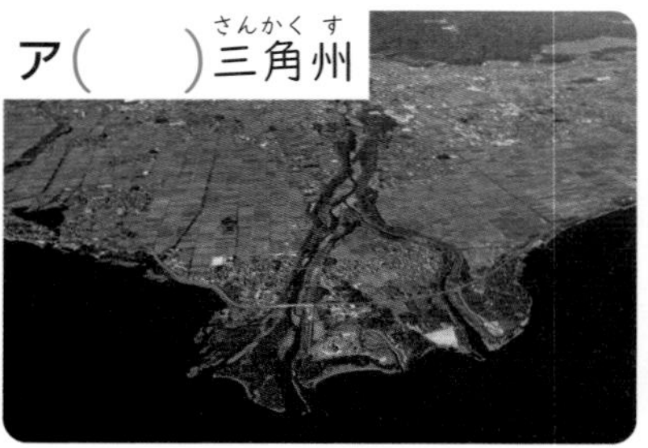

イ(　)V字谷

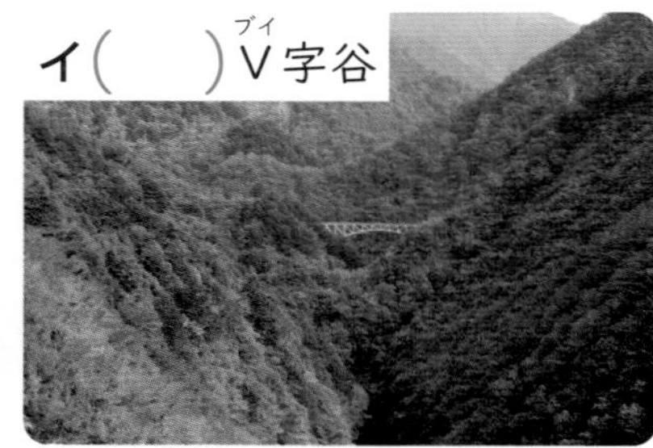

ウ(　)扇状地

2 こう水への備えについて調べました。

1つ10点(20点)

(1) 大雨がふったとき、川底がけずられたり、石やすなが一度に流されたりすることを防ぐためにつくられたさ防ダムはどれですか。1つ選んで、(　)に○をつけましょう。

ア(　)

イ(　)

ウ(　)

(2) こう水が起こったときに備えて、予想されるひ害のようすやひなん場所などが示されたものを何といいますか。正しいものを1つ選んで、(　)に○をつけましょう。

ア(　)こう水ハザードマップ　イ(　)地下調節池　ウ(　)多目的遊水地

よく出る

3 流水実験器に土を入れてみぞをつけ、ゆるい坂にして静かに水を流しました。

1つ5点、(1)、(5)は全部できて5点(25点)

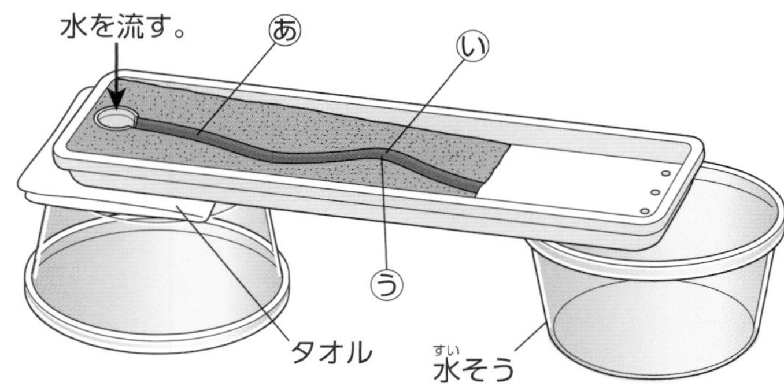

(1) 土がけずられたところを、あ～うからすべて選びましょう。　(　　　　)

(2) 流れる水が土をけずるはたらきを何といいますか。　(　　　　)

(3) 流れる水が土をおし流すはたらきを何といいますか。　(　　　　)

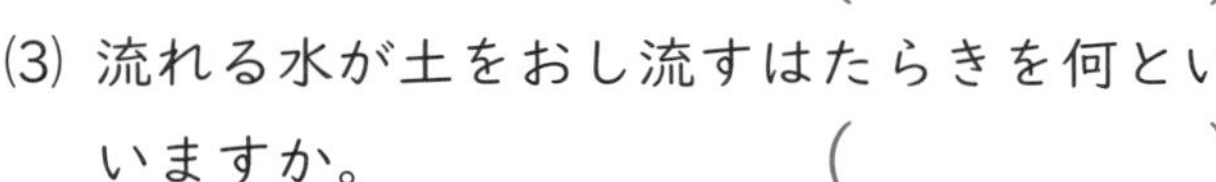

(4) (3)のはたらきは、いとうではどちらのほうが大きいですか。　(　　)

(5) 流す水の量を増やすと、①土をけずるはたらき、②土をおし流すはたらきはどうなりますか。それぞれア～ウから選びましょう。　①(　　)　②(　　)

ア　小さくなる。　**イ**　変わらない。　**ウ**　大きくなる。

よく出る

4 山の中を流れる川で見られる石のようすを調べ、その下流の平地に流れ出た川、さらに下流の平地を流れる川で見られる石のようすも調べました。

1つ5点(15点)

※写真にうつっているものさしは、どれも30cmのものさしです。

(1) あ～うから、①もっとも上流で見られた石、②もっとも下流で見られた石をそれぞれ選びましょう。　①(　　)　②(　　)

(2) 記述 いの石が、あやうの石に比べて小さくて丸みをもっているのはなぜですか。　思考・表現

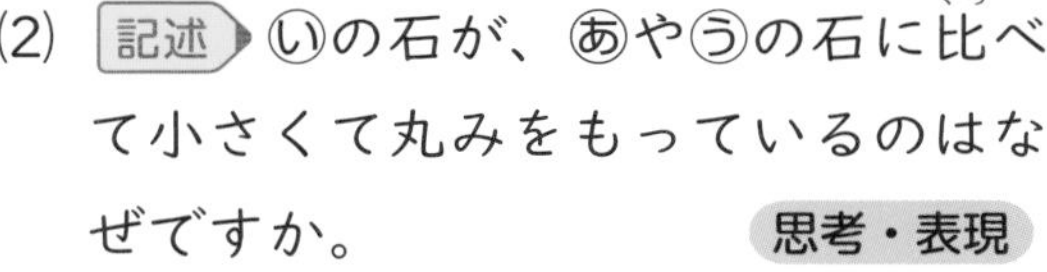

(　　　　　　　　　　　　)

できたらスゴイ！

5 よしおさんは、お父さんといっしょに、山のふもとの川で魚をつる予定を立てました。

思考・表現　1つ5点(10点)

(1) つりに行く前の日には、どの地いきについての天気予報に注意しておくとよいですか。よいほうの(　)に○をつけましょう。

ア(　)目的地と目的地より上流の地いき　**イ**(　)目的地と目的地より下流の地いき

(2) 記述 (1)のように答えた理由を説明しましょう。

(　　　　　　　　　　　　)

ふりかえり

4がわからないときは、38ページの1にもどって確にんしましょう。
5がわからないときは、40ページの1にもどって確にんしましょう。

7. もののとけ方

①とけたもののゆくえ

学習日　月　日

めあて
水よう液とはどのようなものか、確にんしよう。

教科書 102〜107ページ　答え 23ページ

次の(　)に当てはまる言葉を書くか、当てはまるものを○で囲もう。

1 水にものをとかすと、水よう液の重さはどうなるのだろうか。

教科書 102〜107ページ

▶水にさとうや食塩などがとけたとうめいな液体を、(①　　　　)という。

水よう液には、色のついたものもあるけど、どれもとうめいだよ。

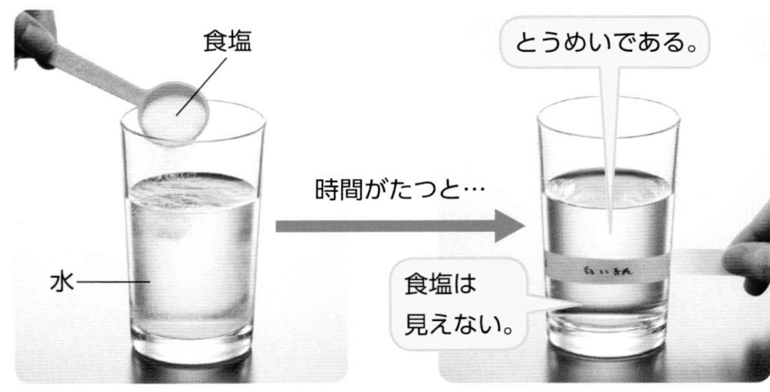

▶コーヒーシュガーが水にとけて水よう液になるようす

色はどこも同じこさで、とうめい

▶水にものをとかしたとき、とかした後の水よう液の重さは、とかす前の水ととかしたものを合わせた重さと(②　ちがう　・　等しい　)。

▶水よう液をつくったとき、水の重さ、とかしたものの重さ、水よう液の重さの関係は次のようになる。

とかす前
薬包紙
水
食塩
全体の重さ(水＋容器＋食塩＋薬包紙)は108g

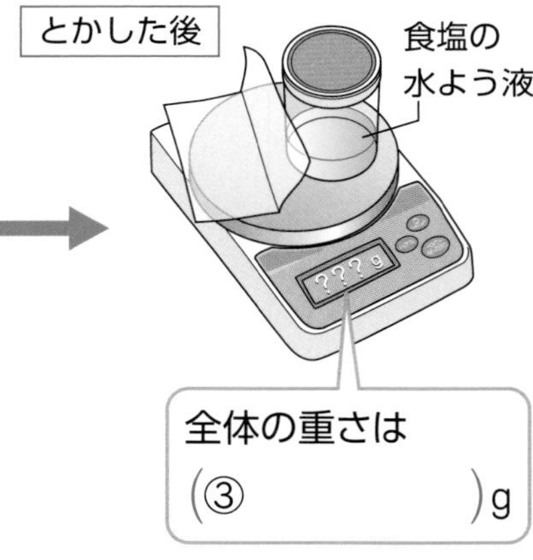

全体の重さは(③　　　　)g

水の重さ (④　＋　・　－　) とかしたものの重さ ＝ 水よう液の重さ

①水にものがとけたとうめいな液体を、水よう液という。
②水にものをとかす前の水とものの重さの和と、とかした後の水よう液の重さは等しい。つまり、水の重さ＋とかしたものの重さ＝水よう液の重さ

牛にゅうはとうめいではないので水よう液ではありませんが、脂肪の小さなつぶがどこも同じこさでうかんでいます。このような液体をコロイド(コロイドよう液)といいます。

7. もののとけ方

①とけたもののゆくえ

教科書 102〜107ページ　答え 23ページ

1 食塩を水に入れて、しばらく時間がたつと、食塩はとけて見えなくなりました。

(1) 水に食塩などがとけ、とけたものが見えなくなった液(えき)を何といいますか。

(　　　　　　)

(2) (1)の液についての正しい説明をすべて選んで、(　　)に○をつけましょう。

ア(　　)とうめいである。
イ(　　)とうめいではない。
ウ(　　)色がついているものもある。
エ(　　)色がついているものはない。

2 水に食塩をとかす前と後で、全体の重さをはかります。

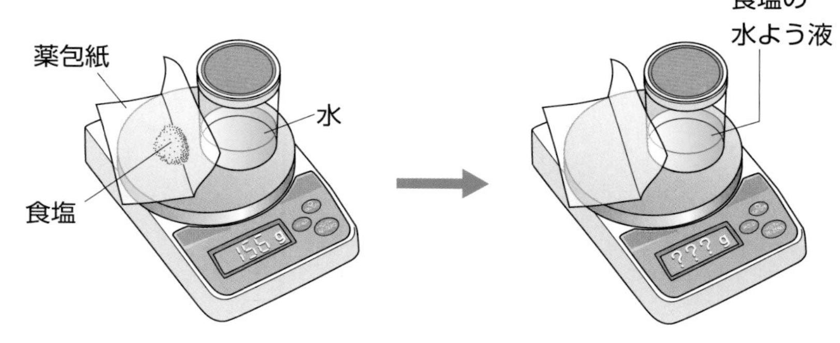

(1) とかす前の全体の重さは、何の重さの合計ですか。正しいものを１つ選んで、(　　)に○をつけましょう。

ア(　　)水と食塩
イ(　　)水と容器(ようき)
ウ(　　)水と容器と食塩
エ(　　)水と容器と食塩と薬包紙

(2) とかした後の全体の重さは、何の重さの合計ですか。正しいものを１つ選んで、(　　)に○をつけましょう。

ア(　　)水(すい)よう液(えき)
イ(　　)水よう液と容器
ウ(　　)水よう液と薬包紙
エ(　　)水よう液と容器と薬包紙

(3) 食塩を水にとかした水よう液では、食塩・水・水よう液の重さの関係はどうなりますか。正しいものを１つ選んで、(　　)に○をつけましょう。

ア(　　)(水の重さ)＝(水よう液の重さ)＋(食塩の重さ)
イ(　　)(水の重さ)＋(食塩の重さ)＝(水よう液の重さ)
ウ(　　)(水の重さ)＋(水よう液の重さ)＝(食塩の重さ)

(4) とかす前の全体の重さは156gでした。とかした後の全体の重さは何gですか。

(　　　　　　)

ヒント 2 (4)ものを水にとかす前後で、全体の重さは変わりません。

ぴったり1 準備

7. もののとけ方

②水にとけるものの量1

学習日 月 日

めあて 決まった量の水にとけるものの量のきまりについて、確にんしよう。

教科書 108～110ページ 答え 24ページ

次の（ ）に当てはまる言葉を書くか、当てはまるものを○で囲もう。

1 メスシリンダーの使い方をまとめよう。 教科書 184ページ

▶水 50 mL をはかりとる方法

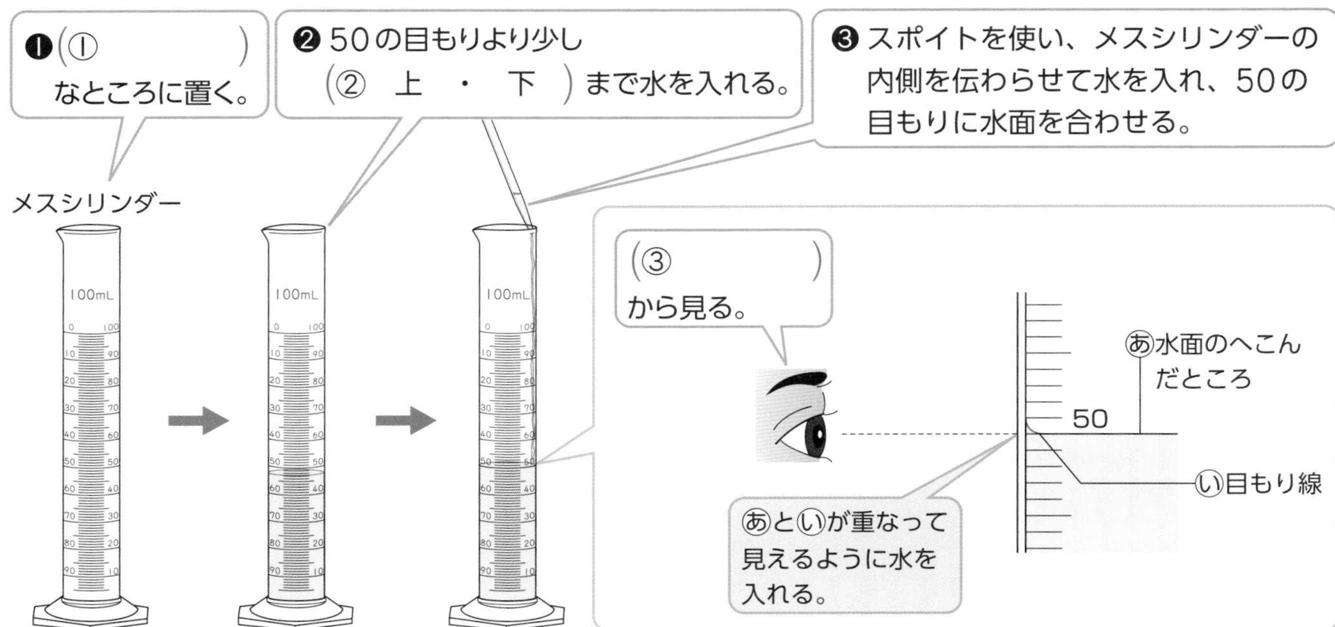

❶（① ）なところに置く。
❷ 50の目もりより少し（② 上 ・ 下 ）まで水を入れる。
❸ スポイトを使い、メスシリンダーの内側を伝わらせて水を入れ、50の目もりに水面を合わせる。
メスシリンダー
100mL
（③ ）から見る。
あ水面のへこんだところ
50
い目もり線
あといが重なって見えるように水を入れる。

2 食塩などが水にとける量には、限りがあるのだろうか。 教科書 108～110ページ

水 50 mL にとけた食塩の量 （○：とけた。×：とけ残った。）

	1回目	2回目	3回目	4回目
加えた食塩の重さ	5 g	5 g	5 g	5 g
加えた食塩の合計	5 g	10 g	15 g	20 g
とけるかどうか	○	○	○	×

決まった量の水に食塩がとけるとき、とける食塩の量には、限りが（① ある ・ ない ）。

水 50 mL にとけたミョウバンの量 （○：とけた。×：とけ残った。）

	1回目	2回目	3回目	4回目
加えたミョウバンの重さ	5 g	5 g	5 g	5 g
加えたミョウバンの合計	5 g	10 g	15 g	20 g
とけるかどうか	○	×		

決まった量の水にミョウバンがとけるとき、とけるミョウバンの量には、限りが（② ある ・ ない ）。

▶決まった量の水にものをとかすとき、とける量には限りが（③ ある ・ ない ）。

▶決まった量の水にものをとかすとき、とける量はものにより（④ ちがう ・ ちがわない ）。

ここがだいじ！
①決まった量の水にものがとける量には、限りがある。
②ものによって、決まった量の水にとける量はちがう。

ぴたトリビア

ある量の水に食塩などをとかすとき、とける量には限りがあり、その限界までものをとかした水よう液を「飽和水よう液」といいます。

学習日　月　日

7. もののとけ方

②水にとけるものの量1

教科書 108～110ページ　答え 24ページ

1 水を 50 mL はかりとります。

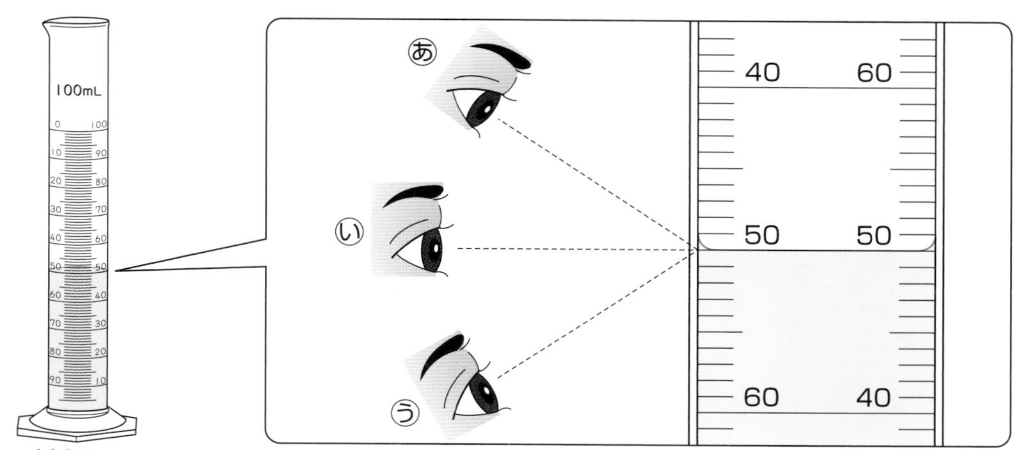

(1) 水などの液体（えきたい）をはかりとるときに使う、上の図のような器具を何といいますか。

(　　　　　　　　　)

(2) (1)の器具は、どのようなところに置いて使いますか。

(　　　　　　　　　)

(3) 水の量を見るときには、あ～うのどこで見ますか。　(　　　)

(4) 水を 50 mL はかりとる方法について、正しいほうの(　　)に○をつけましょう。

ア(　　)50の目もりより少し上まで水を入れてから、少しずつ水を減（へ）らす。

イ(　　)50の目もりより少し下まで水を入れてから、少しずつ水を増（ふ）やす。

2 水 50 mL に5gずつ食塩を加えていき、とけるかどうか調べました。

	1回目	2回目	3回目	4回目
加えた食塩の重さ	5g	5g	5g	5g
とけ残りがあるかどうか	ない	ない	ない	ある

(1) 3回目に食塩を加えてとけたとき、水にとけている食塩は何gですか。

(　　　　)

(2) この実験から、どのようなことがわかりますか。正しいものを1つ選んで、(　　)に○をつけましょう。

ア(　　)水 50 mL に食塩をとかすことができる回数は、3回までである。

イ(　　)水 50 mL にとける食塩の量には、限（かぎ）りがない。

ウ(　　)水 50 mL にとける食塩の量には、限りがある。

(3) 食塩のかわりにミョウバンを使って同じ実験をしたとき、水にとけるミョウバンの量は、食塩と同じですか、ちがいますか。　(　　　　　　)

7. もののとけ方

②水にとけるものの量2

学習日　　月　　日

めあて
水の量や温度と、とけるものの量の関係を確にんしよう。

教科書 110〜114ページ　答え 25ページ

次の（　）に当てはまる言葉を書くか、当てはまるものを○で囲もう。

1 ものがとける量を増やすには、どうすればよいのだろうか。

教科書 110〜114ページ

▶水の量を増やしたとき

	水の量	50 mL	100 mL
変える条件 →	水の量	50 mL	100 mL
変えない条件 →	水よう液の温度	室内の温度と同じ。	

食塩が水にとける量は（① 減る ・ 増える ）。

水を 50 mL から 100 mL に増やしたときにとけた量

加えた重さの合計	5g	10g	15g	20g	25g	30g	35g	40g
食塩	○	○	○	○	○	○	○	×
ミョウバン	○	○	×					

（○：水が 50 mL のときにとけた分　○：とけた。　×：とけ残った。）

ミョウバンが水にとける量は（② 減る ・ 増える ）。

▶水よう液の温度を上げたとき

変えない条件 →	水の量	50 mL	
変える条件 →	水よう液の温度	室内の温度と同じ。	室内より高い温度

食塩が水にとける量は（③ 増える ・ ほぼ変わらない ）。

水よう液の温度を上げたときにとけた量

加えた重さの合計	5g	10g	15g	20g	25g	30g	35g	40g
食塩	○	○	○	×				
ミョウバン	○	○	○	×				

（○：水が室内の温度と同じときにとけた分　○：とけた。　×：とけ残った。）

ミョウバンが水にとける量は（④ 増える ・ ほぼ変わらない ）。

▶ものが水にとける量は、水の（⑤　　　　）や（⑥　　　　）によってちがう。

ここがだいじ！
①水の量を増やすと、ものが水にとける量は増える。
②水よう液の温度を上げると、ミョウバンのとける量は増えるが、食塩のとける量はほとんど変わらない。

砂糖は、100 mL の水にとける重さが温度によって大きく変わり、0 ℃では約 180 g とけるのに対して、80 ℃では約 360 g とおよそ 2 倍に増えます。

7. もののとけ方

②水にとけるものの量2

学習日　月　日

教科書 110～114ページ　答え 25ページ

1 室内と同じ温度の水 50 mL に食塩 15 g を入れてかき混ぜると食塩はすべてとけました。さらに食塩 5 g を入れてかき混ぜると、とけ残りました。

(1) 水をさらに 50 mL 加えると、とけ残りはどうなりますか。正しいものを1つ選んで、(　)に○をつけましょう。

ア(　)増える。
イ(　)変化しない。
ウ(　)なくなる。

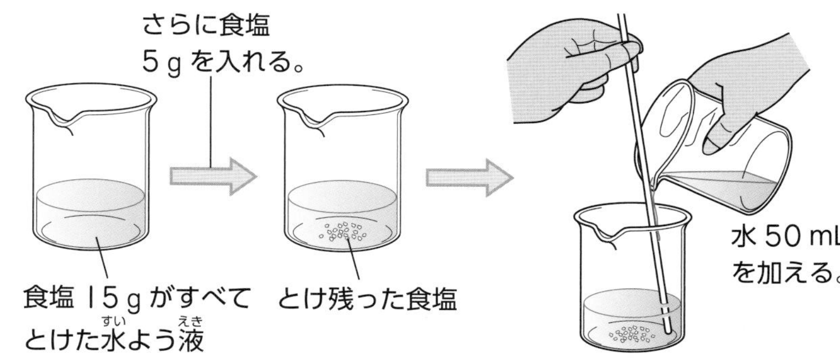

(2) 水の量を増やすと、食塩などが水にとける量はどうなりますか。正しいものを1つ選んで、(　)に○をつけましょう。

ア(　)増える。
イ(　)変化しない。
ウ(　)減る。

2 室内と同じ温度の水 50 mL にミョウバン 5 g を入れてかき混ぜるとミョウバンはすべてとけました。さらにミョウバン 5 g を入れてかき混ぜると、とけ残りました。

(1) 右の図のように、水よう液を約 60 ℃の湯につけてあたためると、とけ残りはどうなりますか。正しいものを1つ選んで、(　)に○をつけましょう。

ア(　)増える。
イ(　)変化しない。
ウ(　)なくなる。

(2) ミョウバンのかわりに食塩 20 g を使って同じ実験をすると、あたためたときにとけ残りはどうなりますか。正しいものを1つ選んで、(　)に○をつけましょう。

ア(　)増える。
イ(　)ほとんど変化しない。
ウ(　)なくなる。

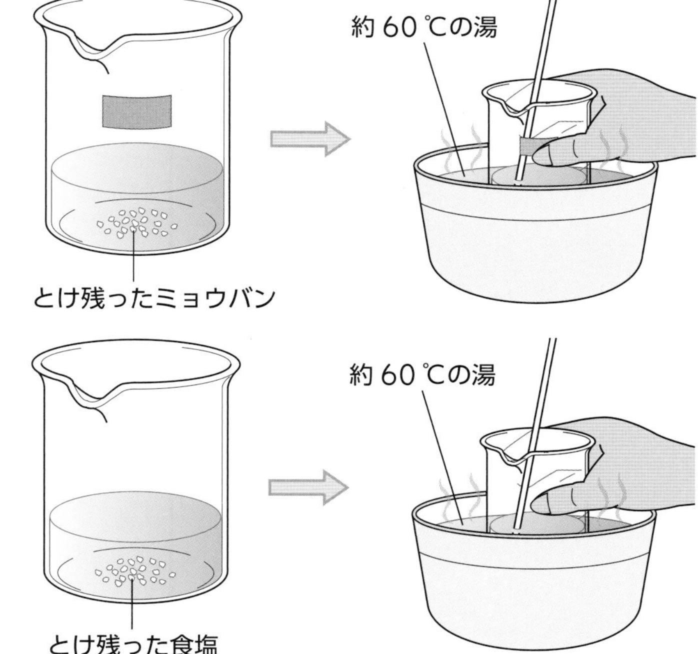

7. もののとけ方

③とかしたもののとり出し方

学習日　　月　　日

めあて
水よう液からとけているものをとり出す方法を確にんしよう。

教科書 115〜121ページ　答え 26ページ

次の(　　)に当てはまる言葉を書くか、当てはまるものを○で囲もう。

1 ろ過のしかたをまとめよう。　教科書 115ページ

▶ ろ紙で液体をこして、混ざっている固体をとりのぞくことを(①　　　　　)という。

❶ろ紙を折ってからろうとにはめる。

❷ろ紙に(②　　　　)をかけて、ろうとにぴったりとつける。

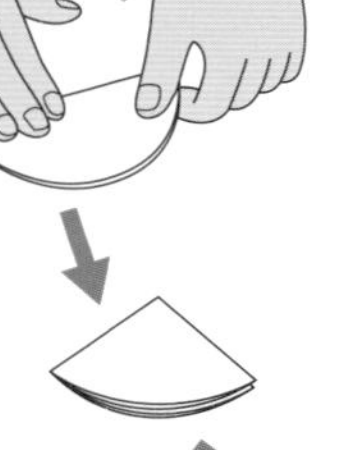

❸ろうと台にろうとをのせ、ろうとの先をビーカーの(③　　　　)につける。

❹液体をかくはんぼうに伝わらせて、(④ 勢いよく ・ 静かに)注ぐ。

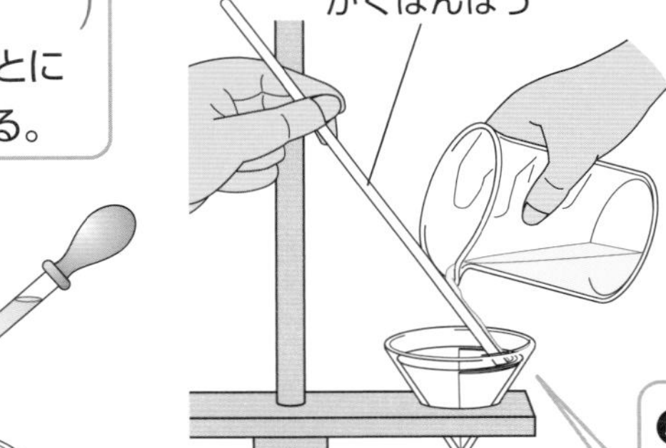

ろうと

2 水よう液にとけているものをとり出すことはできるのだろうか。　教科書 115〜118ページ

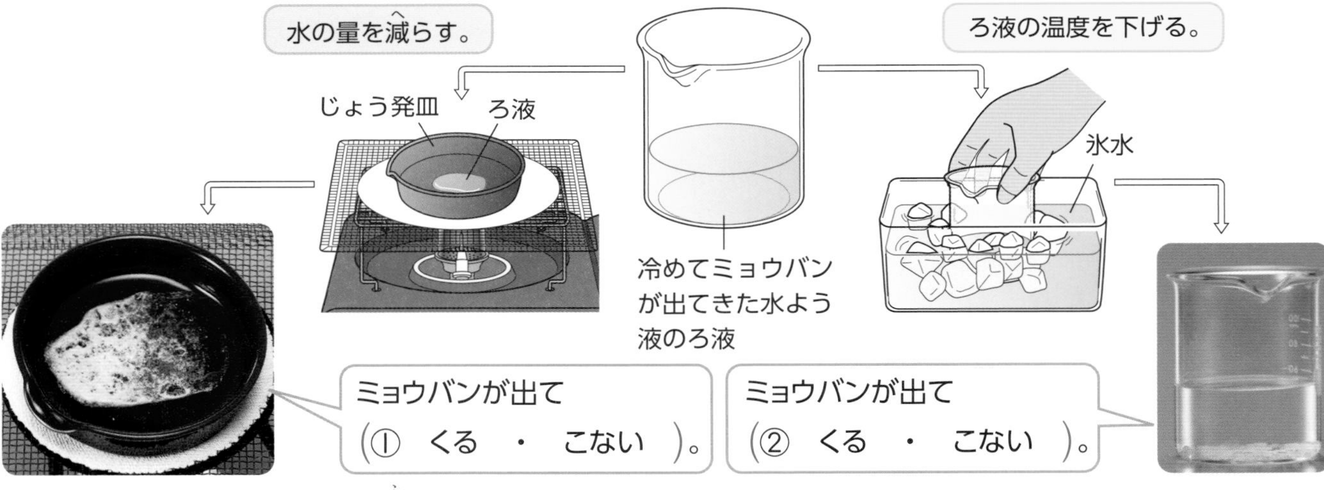

ミョウバンが出て(① くる ・ こない)。

ミョウバンが出て(② くる ・ こない)。

▶ 水よう液の水の量を(③ 増やす ・ 減らす)と、とけているものがとり出せる。

▶ ミョウバンの水よう液の温度を下げると、ミョウバンが(④ とり出せる ・ とり出せない)。

▶ 食塩の水よう液の温度を下げると、食塩が(⑤ とり出せる ・ ほとんどとり出せない)。

ここがだいじ!

①ろ紙で液体をこして、混ざっている固体をとりのぞくことを、ろ過という。

②水よう液の水の量を減らしたり、温度を下げたりすると、とけているものがとり出せることがある。

ぴたトリビア　水よう液からとけていたものが固体となって出てくることを析出といい、特定の成分のつぶが規則正しくならんでできた固体を結晶といいます。

7. もののとけ方

③とかしたもののとり出し方

教科書 115〜121ページ　答え 26ページ

1 ミョウバンの水よう液の温度が下がると、固体のミョウバンが出てきました。

(1) ろ紙で液体をこして、混ざっている固体をとりのぞくことを何といいますか。

( )

(2) (1)をするときの①液体の注ぎ方、②ろうとの先の位置について、それぞれ正しいほうの( )に○をつけましょう。

①ア( )　イ( )　②カ( )　キ( )

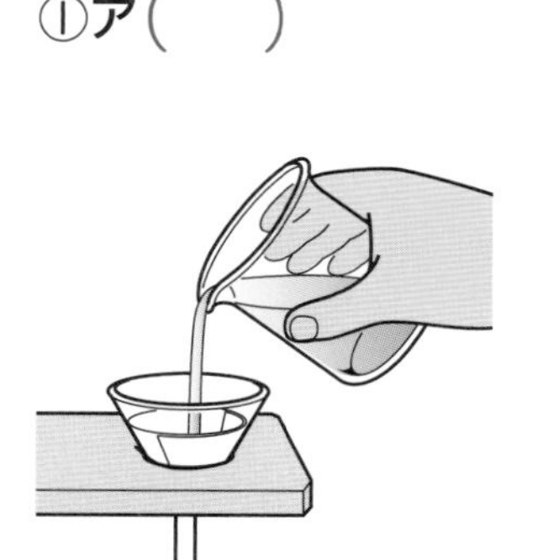

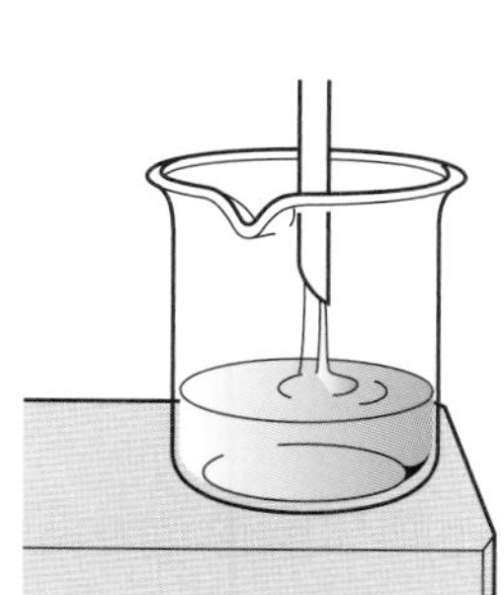
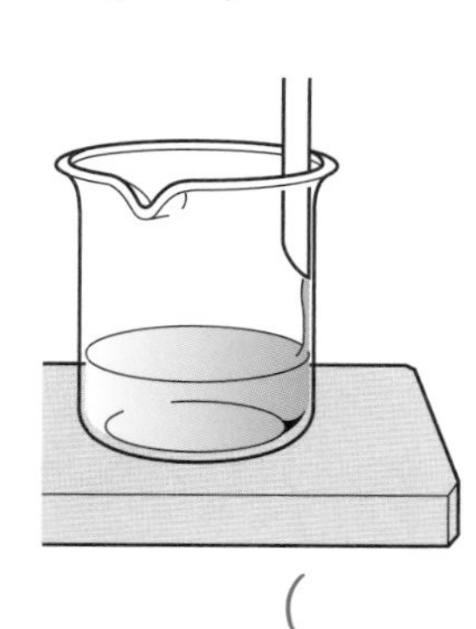

(3) (1)をして固体をとりのぞいた液を何といいますか。 ( )

2 50℃の水50 mLにミョウバンを15 gとかしてから室内と同じ温度になるまで冷まし、出てきた固体のミョウバンをとりのぞいたあの液について調べます。

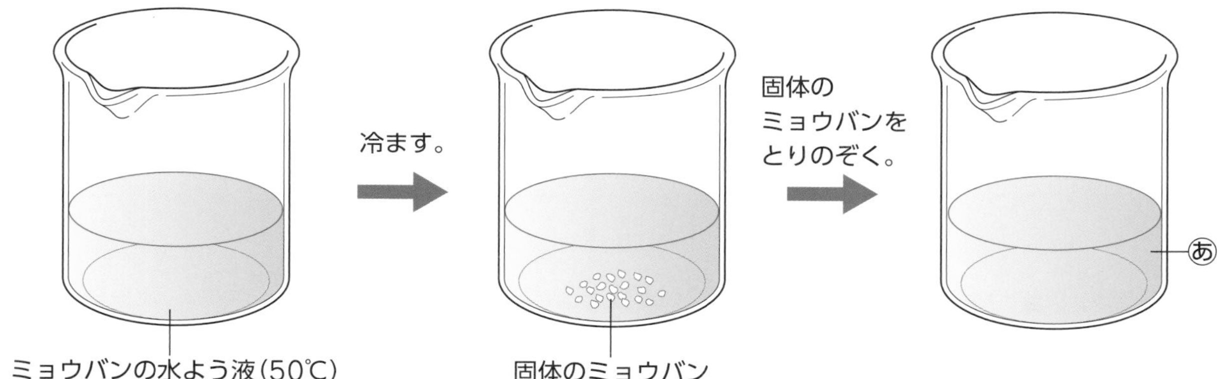

(1) あの液を1 mLくらいじょう発皿にとり、右のようにして熱するとどうなりますか。正しいものを1つ選んで、( )に○をつけましょう。

ア( )水がじょう発し、あとには何も残らない。
イ( )水がじょう発し、白色の固体が残る。
ウ( )水がじょう発し、黄色の固体が残る。

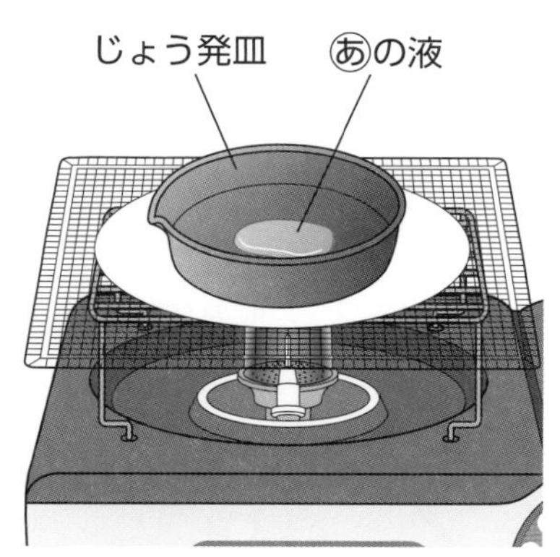

(2) あの液をビーカーごと氷水で冷やすと、ミョウバンは出てきますか、出てきませんか。

( )

ぴったり3 確かめのテスト

7. もののとけ方

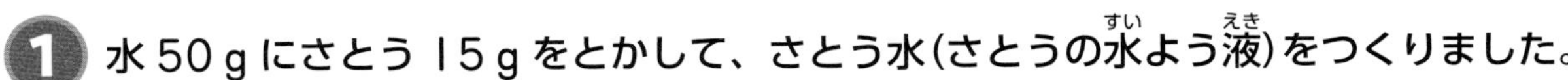

教科書 102〜123ページ
答え 27ページ

1 水 50 g にさとう 15 g をとかして、さとう水(さとうの水よう液)をつくりました。

1つ10点(20点)

(1) さとう水についての正しい説明をすべて選んで、(　　)に○をつけましょう。

ア(　　)色がなく、とうめいではない。
イ(　　)色がなく、とうめいである。
ウ(　　)色がついていて、とうめいではない。
エ(　　)色がついていて、とうめいである。

さとう
水

(2) つくったさとう水の重さは何 g ですか。

(　　　　)

2 メスシリンダーで室内と同じ温度の水 50 mL をはかりとり、2 g ずつミョウバンを加えてかき混ぜ、とけるかどうか調べました。

1つ10点(40点)

	1回目	2回目	3回目
加えたミョウバンの重さ	2g	2g	2g
とけ残りがあるかどうか	ない	ない	ある

(1) 水 50 mL をはかりとるとき、メスシリンダーはどのようなところに置いて使いますか。　技能

(　　　　　　　　　　)

(2) メスシリンダーに入った水の量を見るときの目の位置は、㋐〜㋒のどこにしますか。　技能

(　　)

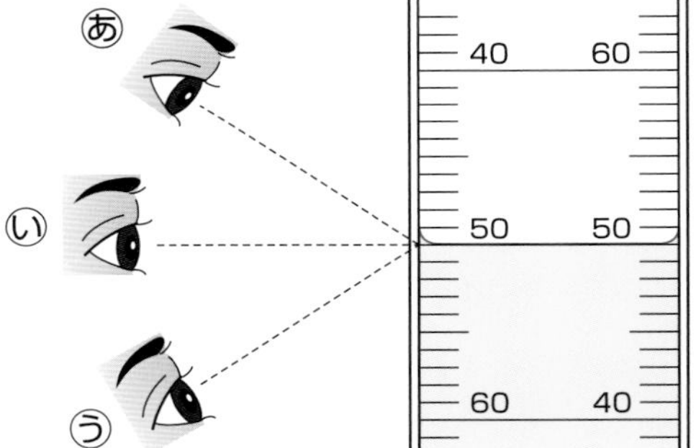

(3) 3回目のミョウバンを加えた後の、とけ残りがある水よう液を、容器ごと 60 ℃ の湯につけてあたためると、とけ残りの量はどうなりますか。正しいものを1つ選んで、(　　)に○をつけましょう。

ア(　　)増える。
イ(　　)変化しない。
ウ(　　)減る。

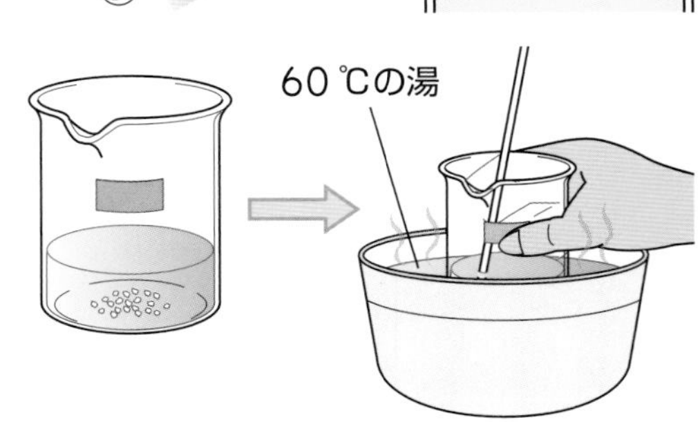

(4) メスシリンダーで室内と同じ温度の水 100 mL をはかりとり、8 g のミョウバンを加えてかき混ぜると、どうなりますか。正しいほうの(　　)に○をつけましょう。

ア(　　)ミョウバンはすべてとける。
イ(　　)ミョウバンはとけ残る。

よく出る

3 室温と同じ温度の水が入ったビーカーを２つ用意し、１つには食塩、もう１つにはミョウバンをとけ残りが出るまで加え、とけ残りをろ過(か)します。 1つ10点、(2)はそれぞれ全部できて10点(30点)

(1) ろ過のしかたについて、正しいものを１つ選んで、(　)に○をつけましょう。

ア(　)　イ(　)　ウ(　)　エ(　)

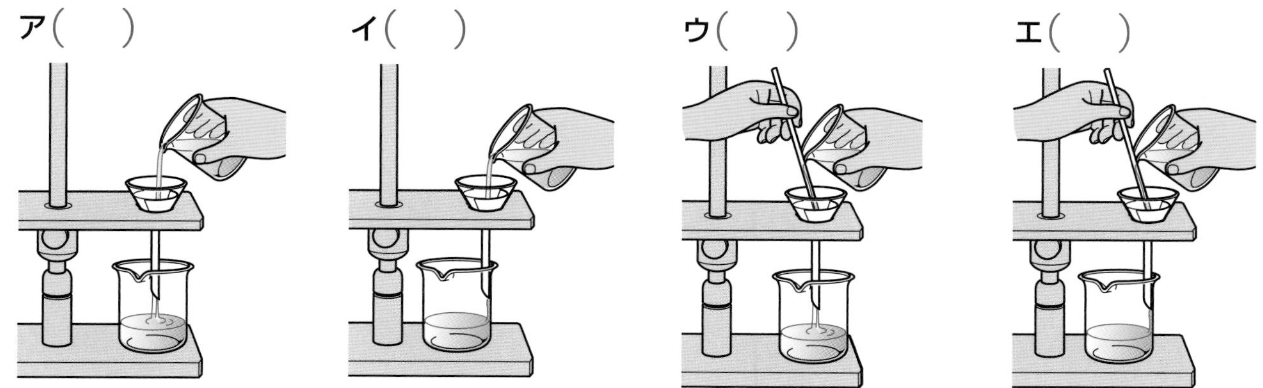

(2) ろ過をした後の食塩の水よう液とミョウバンの水よう液は、どのようにすると固体が出てきますか。**ア**～**ウ**からそれぞれすべて選びましょう。

食塩の水よう液(　　　)
ミョウバンの水よう液(　　　)

ア

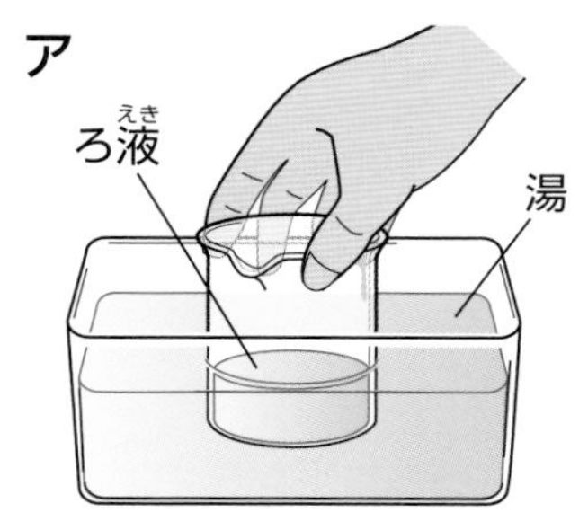

イ

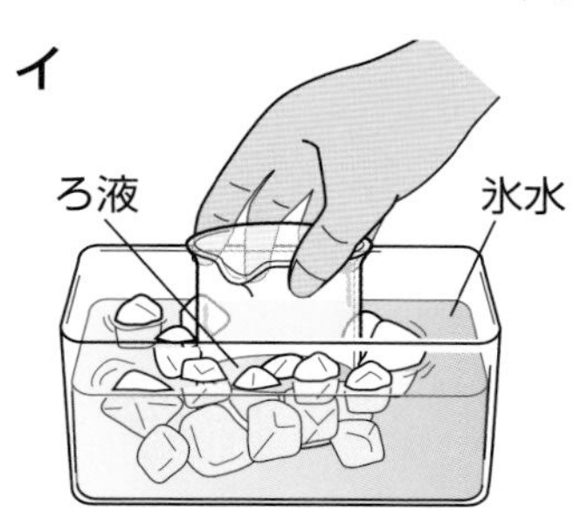

ウ

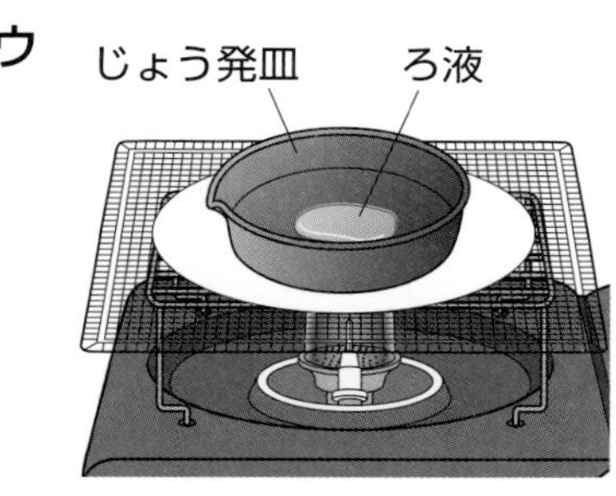

できたらスゴイ！

4 記述 けんじさんは、次の①～③の方法で大きなミョウバンのかたまりをつくりました。

① 約 60 ℃ の水 50 mL にミョウバン 28 g を入れるとすべてとけ、この水よう液を冷ますと小さなミョウバンのつぶが出てきました。

② ①のつぶをとり出して糸につけました。

③ 約 60 ℃ の水 100 mL にミョウバンをとけるだけとかしてから、②の糸につけたつぶを入れ、ゆっくりと冷ますと、大きなミョウバンのかたまりができました。

次に、けんじさんは、同じ方法で大きな食塩のかたまりをつくろうとしましたが、できませんでした。けんじさんが大きな食塩のかたまりをつくれなかった理由を説明しましょう。

思考・表現 (10点)

(　　　　)

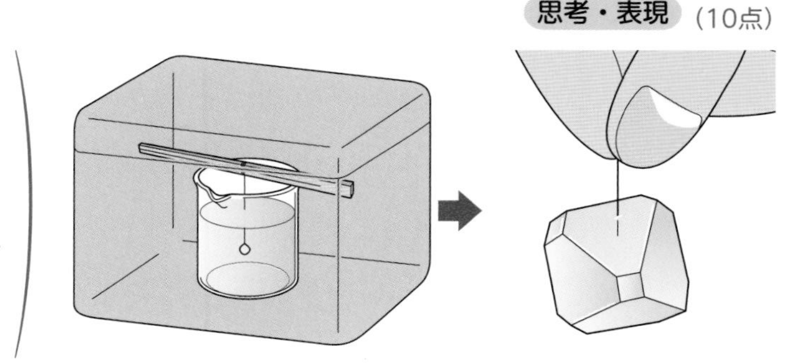

3 がわからないときは、50ページの **1**、**2** にもどって確(かく)にんしましょう。
4 がわからないときは、50ページの **2** にもどって確にんしましょう。

ぴったり1 準備

3分でまとめ

8. ふりこの性質

ふりこの1往復する時間1

学習日　月　日

めあて
ふりこの1往復する時間とふりこの長さの関係を確にんしよう。

教科書 124〜137ページ　答え 28ページ

次の(　)に当てはまる言葉を書くか、当てはまるものを○で囲もう。

1 ふりこの1往復する時間は、ふりこの長さと関係あるだろうか。 教科書 124〜133ページ

▶糸におもりをつけ、おもりがくり返し行ったり来たりするものを(①　　　)という。

▶ふりこの1往復する時間の求め方

(②　　　)

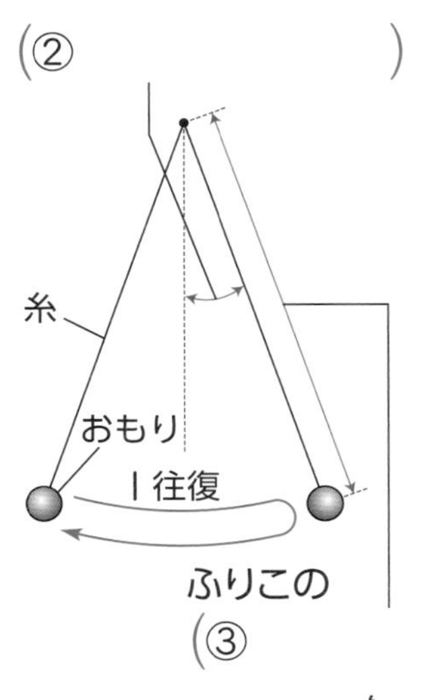

ふりこの(③　　　)

10往復する時間(秒)	1回目	9
	2回目	8
	3回目	9
	合計	26
10往復する時間の平均(秒)		8.7
1往復する時間の平均(秒)		0.9

❶10往復する時間を3回はかって、それを(④　　　)する。

1回目の時間(秒)＋2回目の時間(秒)＋3回目の時間(秒)＝10往復する時間の合計(秒)

❷10往復する時間の(⑤　　　)を求める。

10往復する時間の合計(秒)÷3＝10往復する時間の平均(秒)

❸(⑥　　　)往復する時間の平均を求める。

10往復する時間の平均(秒)÷10＝1往復する時間の平均(秒)

はかり方のわずかなちがいなどで、結果にばらつきが出るので、平均を出すよ。

▶ふりこの長さが関係あるか調べる実験の条件

変える条件	ふりこの長さ	20 cm	40 cm	60 cm
変えない条件	おもりの重さ	32 g	(⑦　　)	(⑨　　)
変えない条件	ふれはば	20°	(⑧　　)	(⑩　　)

▶ふりこの1往復する時間はふりこの(⑪　　　)で変わる。

▶ふりこの長さが長いほど、ふりこの1往復する時間は(⑫　長く　・　短く　)なる。

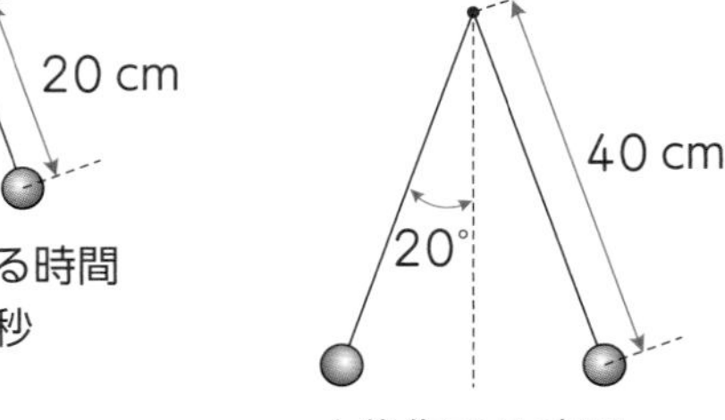

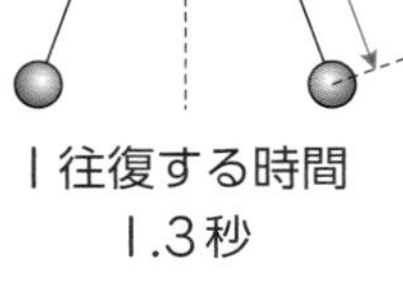

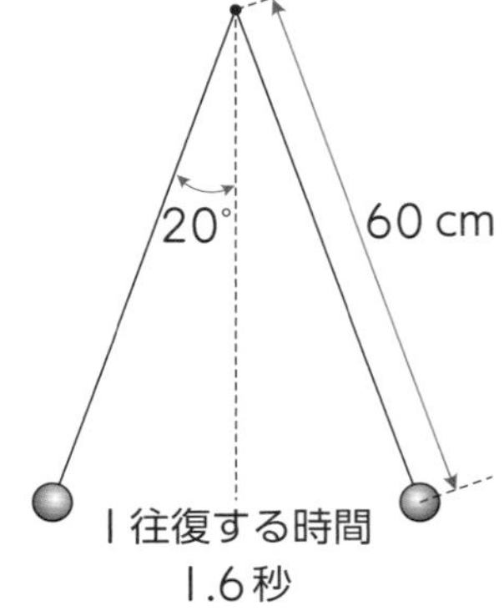

①ふりこの1往復する時間は、ふりこの長さで変わる。
②ふりこの長さが長いほど、ふりこの1往復する時間は長くなる。

一定のテンポで音を出すメトロノームという音楽の道具は、ふりこの上下をさかさまにしたようなつくりで、おもりを下にするほど速いテンポ、上にするほどおそいテンポになります。

8. ふりこの性質

ふりこの1往復する時間1

教科書 124〜137ページ 答え 28ページ

1 ふりこの10往復する時間を3回はかって表にまとめ、1往復する時間を求めます。

(1) 図のあ〜うは何を表していますか。それぞれ下の［　］から選んで答えましょう。

あ(　　　　)
い(　　　　)
う(　　　　)

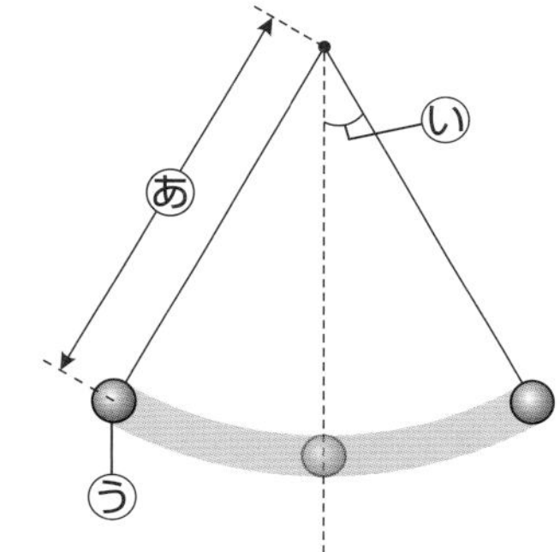

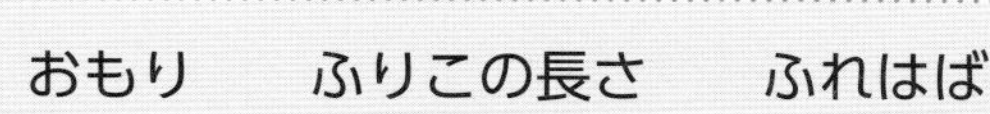

(2) ふりこの1往復を表しているほうの(　)に○をつけましょう。

ア(　)

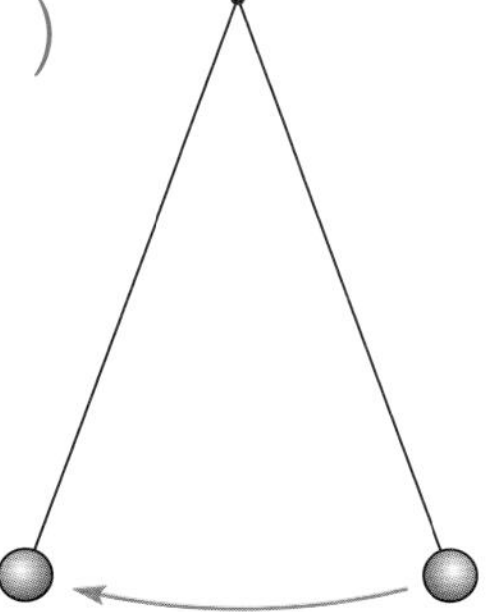

イ(　)

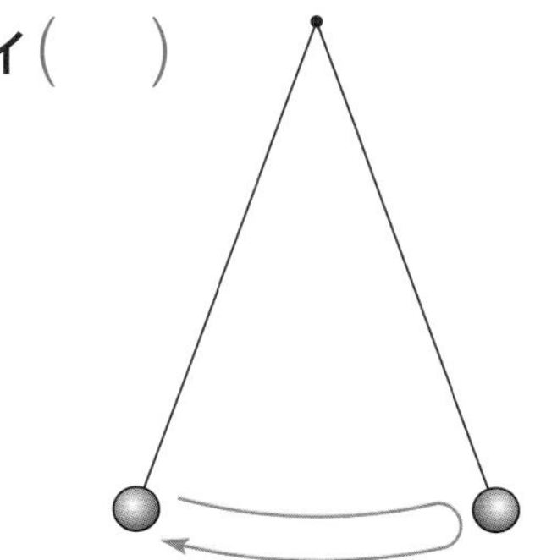

はかった結果

1回目	13秒
2回目	12秒
3回目	13秒
合計	38秒

(3) このふりこの10往復する時間の平均は何秒ですか。小数第2位を四しゃ五入して求めましょう。

(　　　　)

(4) このふりこの1往復する時間の平均は何秒ですか。小数第2位を四しゃ五入して求めましょう。

(　　　　)

(5) 10往復する時間を3回はかって、1往復する時間の平均を求めたのはなぜですか。正しいほうの(　)に○をつけましょう。

ア(　)はかる回数を増やすと、だんだん正確にはかることができるようになるから。
イ(　)はかり方のわずかなちがいなどで、はかった結果にばらつきがあるから。

2 ふりこの1往復する時間とふりこの長さとの関係を調べます。

(1) か〜くで変える条件には○、同じにする条件には△を(　)につけましょう。

ア(　)ふりこの長さ
イ(　)おもりの重さ
ウ(　)ふれはば

か 50 cm

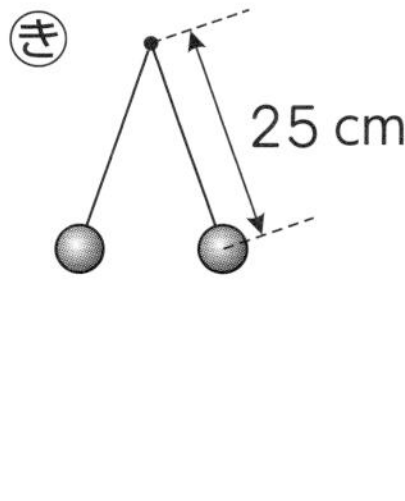

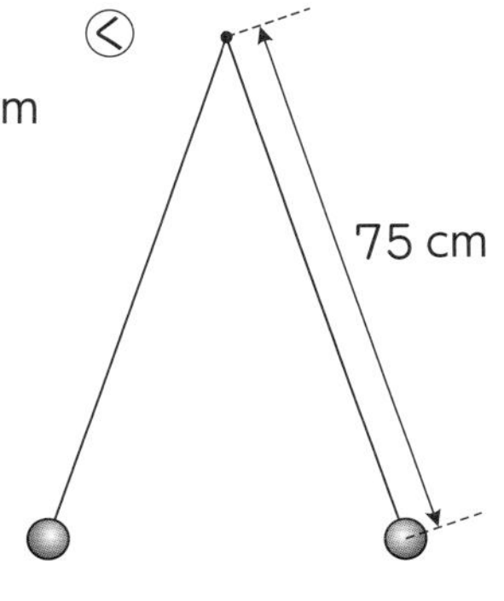

(2) ふりこの長さが長くなると、ふりこの1往復する時間はどうなりますか。

(　　　　)

1 (3)(4)小数第2位を四しゃ五入するので、例えば、8.64なら8.6、8.65なら8.7となります。
2 (1)調べようとする条件だけを変え、そのほかの条件は同じにします。

ぴったり1 準備

学習日　月　日

8. ふりこの性質

ふりこの1往復する時間2

めあて
ふりこの1往復する時間とおもりの重さ、ふれはばの関係を確にんしよう。

教科書 126〜137ページ　答え 29ページ

次の(　)に当てはまる言葉を書くか、当てはまるものを○で囲もう。

1 ふりこの１往復する時間は、おもりの重さと関係あるだろうか。

教科書 126〜133ページ

▶おもりの重さが関係あるか調べる実験の条件

変える条件	おもりの重さ	10 g (木の玉)	32 g (ガラスの玉)	110 g (金属の玉)
変えない条件	ふりこの長さ	40 cm	(①　　)	(③　　)
	ふれはば	20°	(②　　)	(④　　)

▶ふりこの１往復する時間は、おもりの重さによって(⑤ 変わる ・ 変わらない)。

おもりは、同じ大きさで重さだけが変わるようにしているよ。

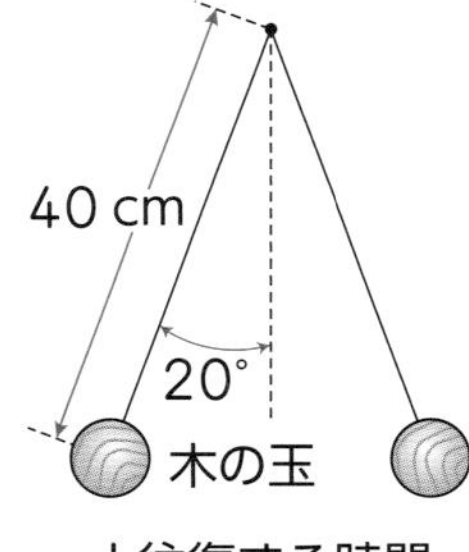

１往復する時間 1.3秒

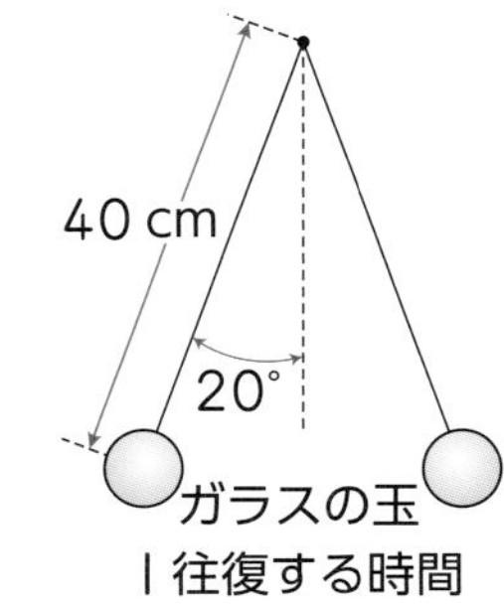

１往復する時間 1.3秒

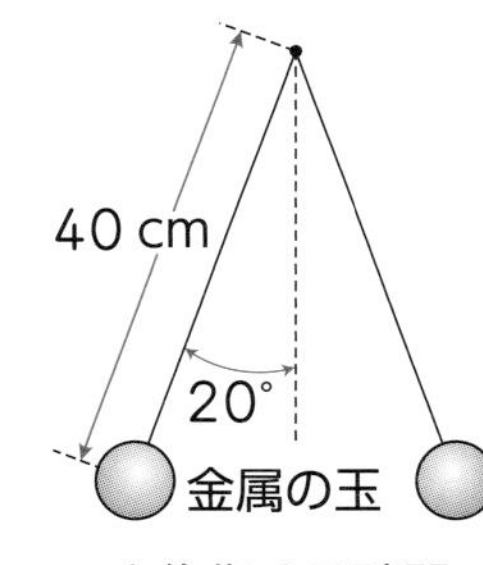

１往復する時間 1.3秒

2 ふりこの１往復する時間は、ふれはばと関係あるだろうか。

教科書 126〜133ページ

▶ふれはばが関係あるか調べる実験の条件

変える条件	ふれはば	10°	20°	30°
変えない条件	ふりこの長さ	40 cm	(①　　)	(③　　)
	おもりの重さ	32 g	(②　　)	(④　　)

▶ふりこの１往復する時間は、ふれはばによって(⑤ 変わる ・ 変わらない)。

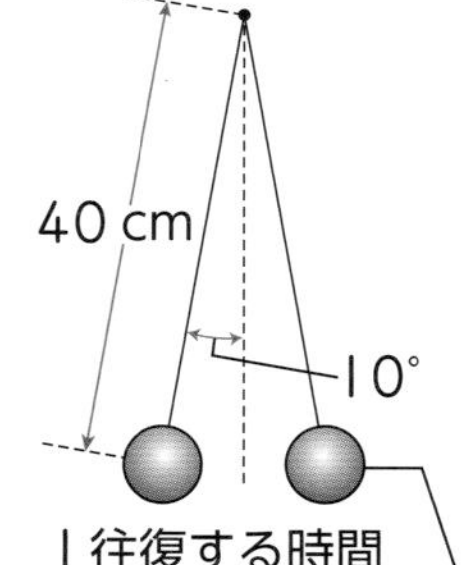

１往復する時間 1.3秒

40 cm
20°

１往復する時間 1.3秒

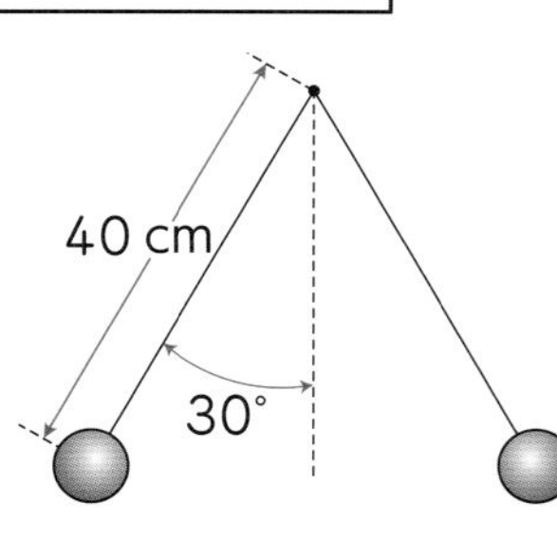

１往復する時間 1.3秒

ふりこの１往復する時間が変わるのは、ふりこの長さを変えたときだけなんだね。

ここがだいじ！
①ふりこの１往復する時間は、おもりの重さが変わっても変わらない。
②ふりこの１往復する時間は、ふれはばが変わっても変わらない。

ぴたトリビア　ふりこのふれはばを大きくするほど、ふりこがもっとも低い位置を通るときの速さは速くなります。

1 ふりこの1往復する時間とおもりの重さとの関係を調べます。

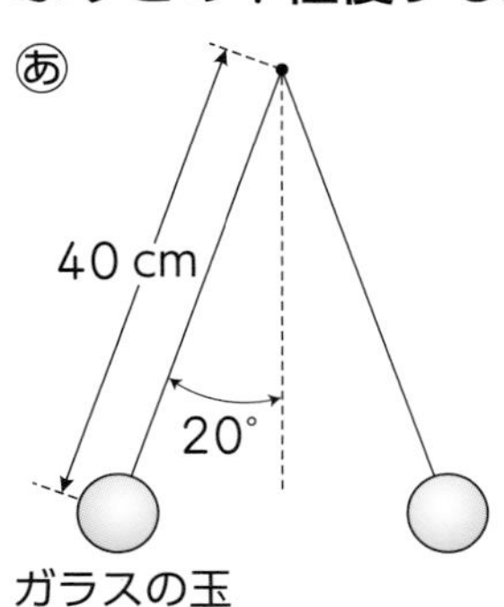

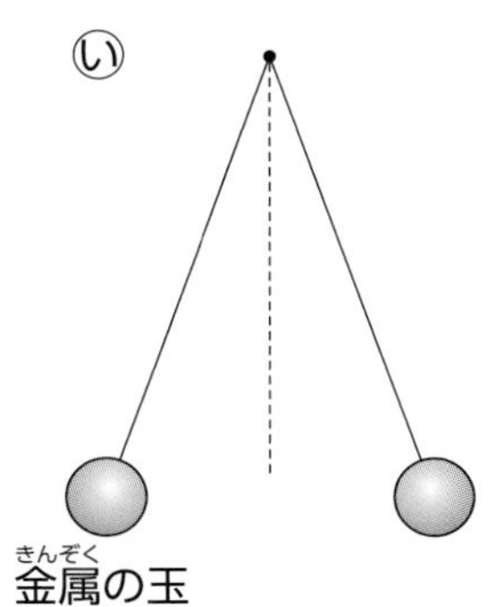

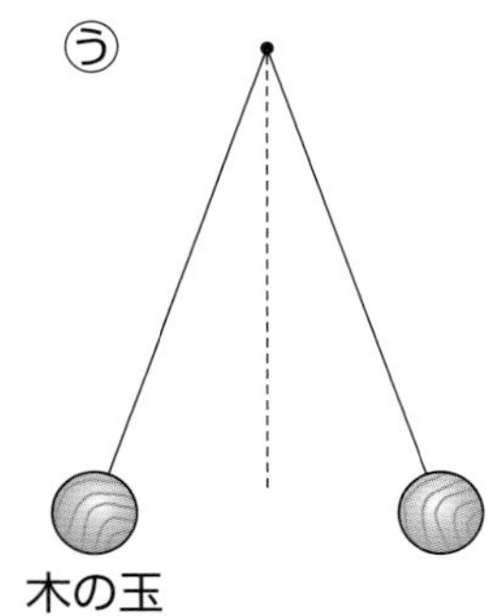

(1) あ〜うで変える条件には○、同じにする条件には△を(　)につけましょう。

ア(　)ふりこの長さ
イ(　)おもりの重さ
ウ(　)ふれはば

(2) あのふりこの1往復する時間は1.3秒でした。い、うのふりこの1往復する時間はどうなりますか。ア〜ウからそれぞれ選びましょう。

ア　1.3秒より短くなる。
イ　1.3秒になる。
ウ　1.3秒より長くなる。

い(　)　う(　)

(3) おもりの重さは、ふりこの1往復する時間と関係がありますか、ないですか。

(　)

2 ふりこの1往復する時間とふれはばとの関係を調べます。

(1) きのふりこの長さとおもりの重さはどうしますか。正しいほうの(　)に○をつけましょう。

ア(　)ふりこの長さもおもりの重さもかと同じにする。
イ(　)ふりこの長さもおもりの重さもかとは変える。

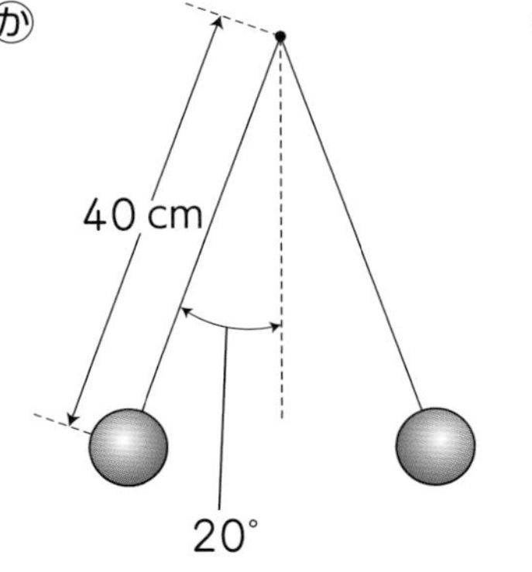

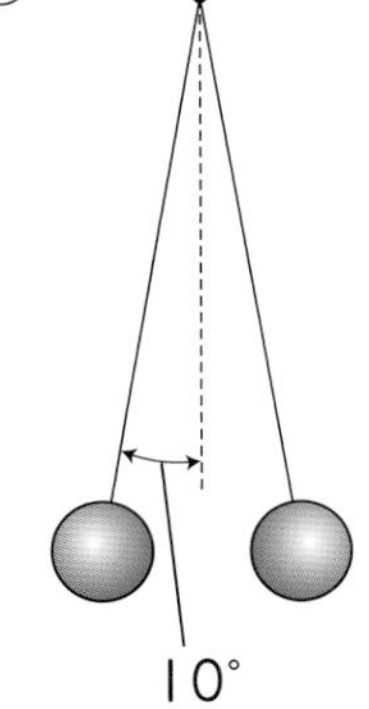

(2) かのふりこの1往復する時間は1.3秒でした。きのふりこの1往復する時間は何秒になりますか。

(　)

(3) ふれはばは、ふりこの1往復する時間と関係がありますか、ないですか。

(　)

ぴったり3 確かめのテスト

8. ふりこの性質

／100
合格 70 点

教科書 124〜139ページ　答え 30ページ

1 糸におもりをつけ、ふりこをつくりました。

1つ10点(30点)

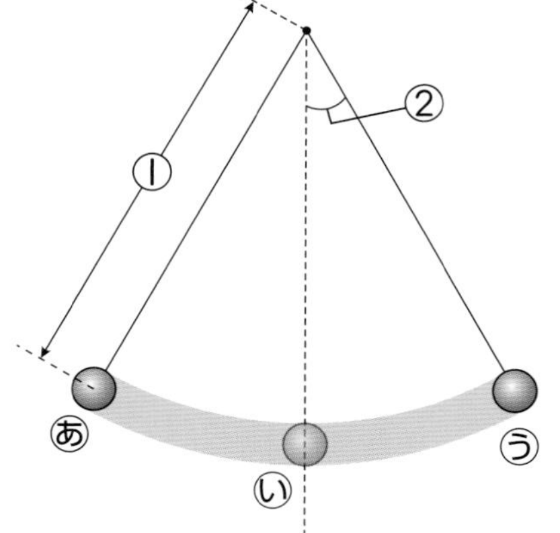

(1) ①を何といいますか。

(　　　　　　　　)

(2) ②の角度を何といいますか。

(　　　　　　　　)

(3) ふりこの1往復(おうふく)する時間は、ふりこがどのように動いたときの時間ですか。正しいものを1つ選んで、(　)に○をつけましょう。

ア(　)あ→いまでの動き

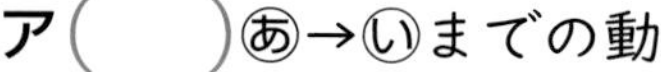

イ(　)い→う→いまでの動き

ウ(　)あ→い→う→い→あまでの動き

2 ふりこの長さを変えたふりこを用意して、ふりこが10往復する時間を3回ずつはかり、表にまとめました。

1つ5点(20点)

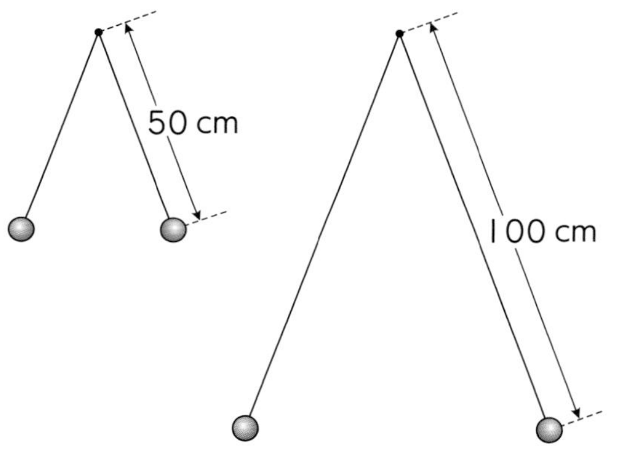

ふりこの長さ		50 cm	100 cm
10往復する時間(秒)	1回目	14	20
	2回目	13	20
	3回目	14	19
	合計	41	59
10往復する時間の平均(へいきん)(秒)		13.7	①
1往復する時間の平均(秒)		1.4	②

(1) ふれはばとおもりの重さはどうすればよいですか。正しいものを1つ選んで、(　)に○をつけましょう。

ア(　)ふれはばは同じにし、おもりの重さは変える。

イ(　)ふれはばは変え、おもりの重さは同じにする。

ウ(　)ふれはばもおもりの重さも同じにする。

(2) 表の①、②に当てはまる数字を、それぞれ小数第2位を四しゃ五入して求めましょう。

①(　　　　)

②(　　　　)

(3) ふりこの長さが長くなると、ふりこの1往復する時間はどうなりますか。正しいものを1つ選んで、(　)に○をつけましょう。

ア(　)長くなる。　イ(　)変わらない。　ウ(　)短くなる。

よく出る

3 いくつかのふりこを用意して、ふりこの１往復する時間と、おもりの重さ、ふりこの長さ、ふれはばとの関係を調べます。

1つ10点(40点)

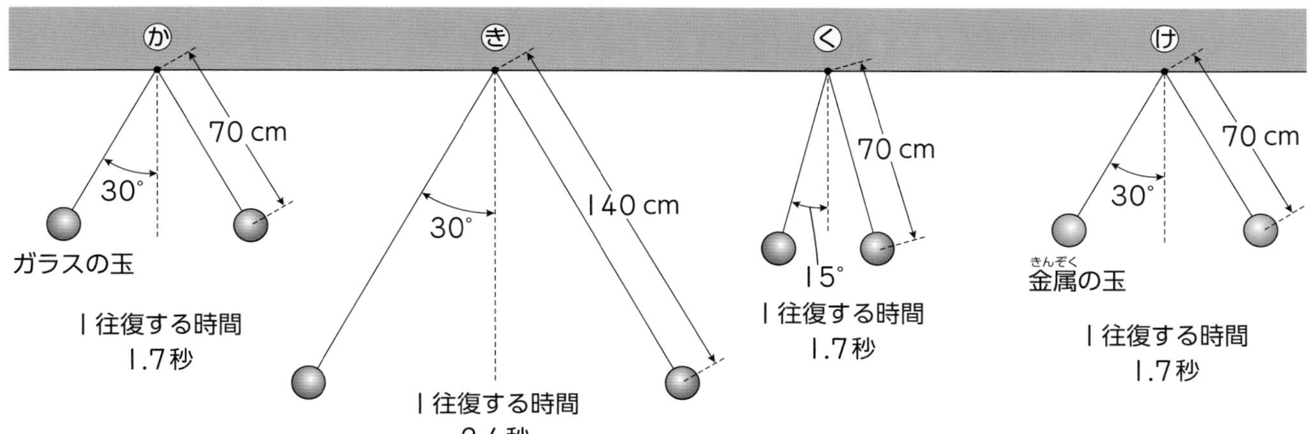

(1) ふりこの１往復する時間が、次の①～③と関係があるかどうかを調べるには、それぞれⓚとⓚ、ⓚ、ⓚのどれを比べればよいですか。

① おもりの重さ　　　　ⓚと(　　)

② ふりこの長さ　　　　ⓚと(　　)

③ ふりこのふれはば　　ⓚと(　　)

(2) 記述 ⓚ、ⓚ、ⓚの１往復の時間が同じであることから、どのようなことがわかりますか。

思考・表現

(　　　　　　　　　　　　　　　　　　　　)

できたらスゴイ！

4 ふりこ時計は、ふりこの１往復する動きと連動して時計のはりが進むしくみになっていて、ふりこの１往復する時間が長くなるほど、時計のはりの進み方はおそくなります。

思考・表現　1つ5点(10点)

(1) ふりこのおもりには調節ねじがついていて、おもりの位置を調節できるようになっています。時計のはりがおくれているとき、調節ねじをどのようにすると、直すことができるでしょうか。正しいほうの(　)に○をつけましょう。

ア(　)調節ねじを動かしておもりの位置を下げ、ふりこの長さが長くなるようにする。

イ(　)調節ねじを動かしておもりの位置を上げ、ふりこの長さが短くなるようにする。

(2) 記述 (1)のように考えた理由を説明しましょう。

(　　　　　　　　　　　　　　　　　　　　)

3がわからないときは、54ページの1、56ページの1、2にもどって確にんしましょう。
4がわからないときは、54ページの1にもどって確にんしましょう。

この本の終わりにある「冬のチャレンジテスト」をやってみよう！

ぴったり1 準備

学習日　　月　　日

9. 電磁石の性質

①電磁石の極

めあて
電磁石の性質と、電流の向きと電磁石の極の関係を確にんしよう。

3分でまとめ

教科書 140～146ページ　答え 31ページ

次の(　　)に当てはまる言葉を書くか、当てはまるものを○で囲(かこ)もう。

1 電磁石(でんじしゃく)は、磁石(じしゃく)と比(くら)べてどのような性質(せいしつ)があるのだろうか。

教科書 140～143ページ

▶導線(どうせん)を同じ向きに何回もまいたものを、(①　　　　　)という。

▶コイルに鉄心(てっしん)(鉄くぎ)を入れて電流を流し、磁石のようなはたらきをするようになったものを(②　　　　　)という。

▶③～⑤の(　　)に当てはまる言葉を、〔　〕から選んで書きましょう。

〔　引きつけなかった　引きつけた　流した　流していない　なかった　あった　〕

	鉄を引きつけたか	いつも磁石のはたらきがあったか	N(エヌ)極やS(エス)極はあったか
磁石	引きつけた。	いつもあった。	あった。
電磁石	(③　　　　　)。	電流を(④　　　　　)ときだけあった。	(⑤　　　　　)。

電流を(⑥　流した　・　止めた　)とき

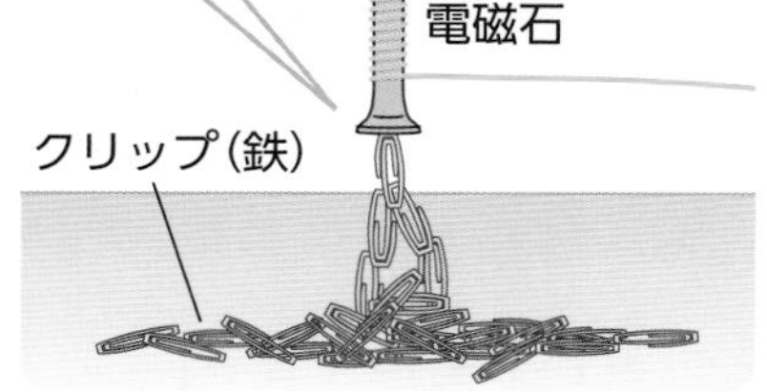

電流を(⑦　流した　・　止めた　)とき

電磁石の鉄くぎの一方がN極になったとき、もう一方はS極になっていたよ。

2 電流の向きと電磁石の極にはどのような関係があるのだろうか。

教科書 144～146ページ

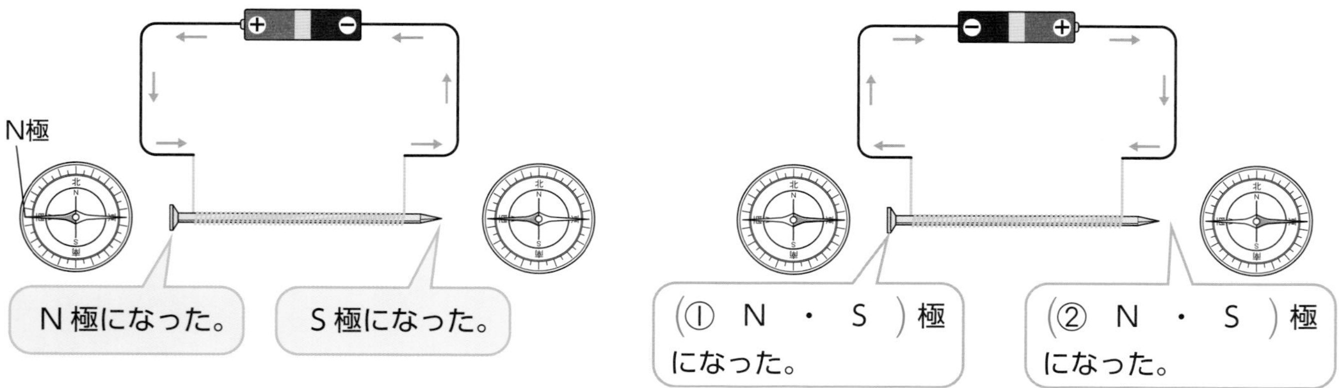

(①　N　・　S　)極になった。

(②　N　・　S　)極になった。

▶電磁石を流れる電流の向きを変えると、電磁石のN極とS極は(③　変わる　・　変わらない　)。

ここがだいじ!

①コイルに鉄心を入れて電流を流すと、磁石のようなはたらきの電磁石ができる。

②電流の流れる向きを反対にすると、電磁石のN極とS極は変わる。

ぴたトリビア　コイルに磁石の極を近づけたり遠ざけたりすると電流が発生します。日常生活で使われる電気の多くは、発電所でコイルを利用してつくられています。

9. 電磁石の性質

①電磁石の極

教科書 140〜146ページ　答え 31ページ

1 電磁石の性質を調べます。

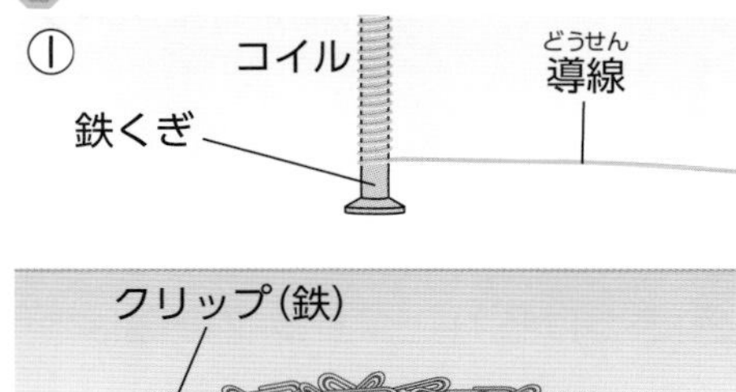

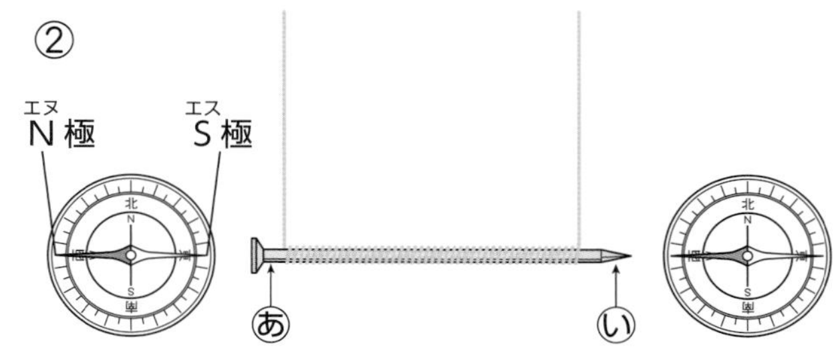

(1) ①でコイルに電流を流すと、クリップは引きつけられますか、引きつけられませんか。

（　　　　　　　　　）

(2) (1)の後、電流を止めると、クリップは引きつけられますか、引きつけられませんか。

（　　　　　　　　　）

(3) 電磁石に電流を流したまま、方位磁針に近づけていくと、②のようになりました。あ、いはそれぞれN極、S極のどちらですか。

あ（　　　）　い（　　　）

2 電磁石の極について調べました。

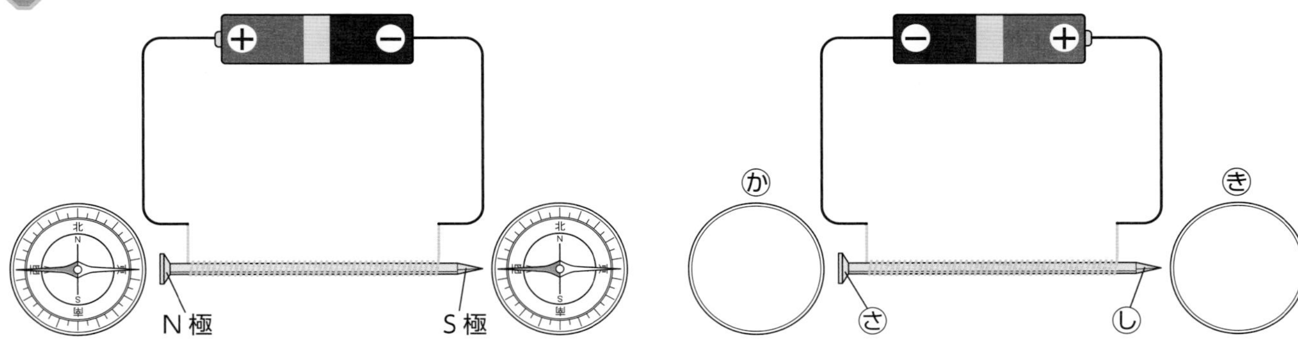

(1) か、きの方位磁針のようすを、それぞれ**ア**〜**エ**から選びましょう。

か（　）　き（　）

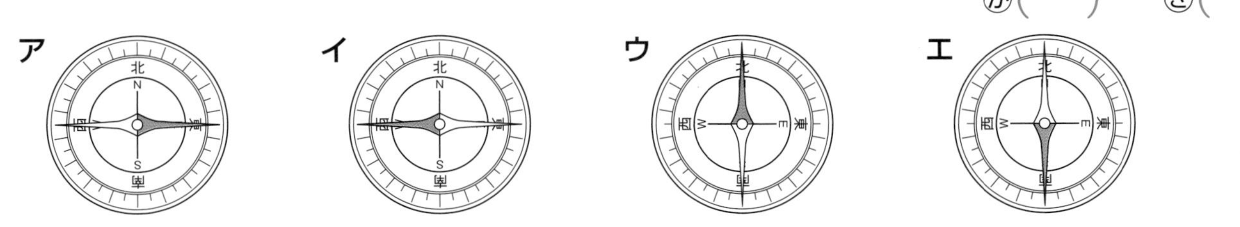

(2) さ、しはそれぞれ、N極、S極のどちらですか。

さ（　　　）　し（　　　）

(3) この実験からわかることをまとめた次の文の（　）に、当てはまる言葉を書きましょう。

- 電磁石を流れる電流の向きを変えたとき、電磁石のN極とS極は（　　　　　　）。

学習日　　月　　日

9. 電磁石の性質

②電磁石の強さ

めあて
電磁石の強さを変える方法を確にんしよう。

教科書 147～155ページ　答え 32ページ

次の(　)に当てはまる言葉を書くか、当てはまるものを○で囲もう。

1 電流の大きさを変えたとき、電磁石の強さはどうなるだろうか。 教科書 147～150ページ

▶実験の条件と結果

	Ⓐ	Ⓑ
かん電池の数	1個	2個　直列
電流の大きさ	1.2A	1.7A
コイルのまき数	50回	(①　　)回

引きつけられたクリップの数は(② 増える ・ 減る)。

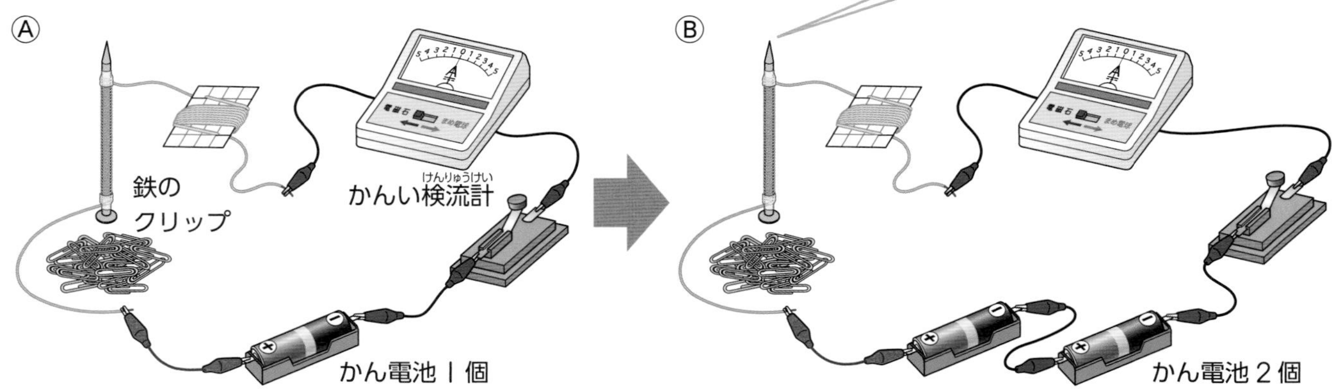

▶電磁石に流れる電流を大きくすると、電磁石の強さは(③ 弱く ・ 強く)なる。

2 コイルのまき数を変えたとき、電磁石の強さはどうなるだろうか。 教科書 147～150ページ

▶実験の条件と結果

	Ⓒ	Ⓓ
コイルのまき数	50回	100回
かん電池の数	1個	(①　　)個
電流の大きさ	1.2A	1.2A

引きつけられたクリップの数は(② 増える ・ 減る)。

(ⒸとⒹで回路全体の導線の長さは同じで、まき数だけを変えている。)

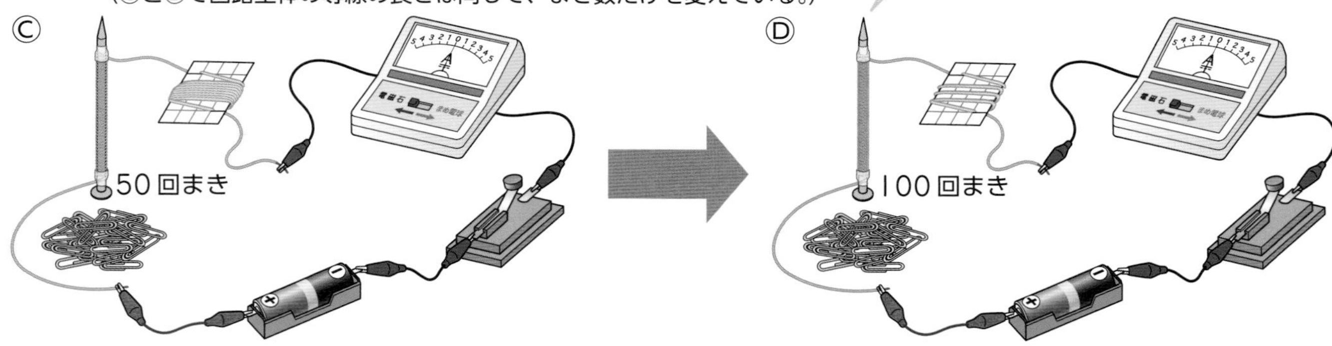

▶電磁石のコイルのまき数を多くすると、電磁石の強さは(③ 弱く ・ 強く)なる。

ここがだいじ!
①電磁石に流れる電流を大きくすると、電磁石の強さは強くなる。
②電磁石のコイルのまき数を多くすると、電磁石の強さは強くなる。

電磁石は、扇風機、電子レンジ、せんたく機、そうじ機、ヘアドライヤー、パソコンなど、さまざまな機器に利用されています。

学習日　月　日

9. 電磁石の性質

②電磁石の強さ

教科書 147〜155ページ　答え 32ページ

1 電流の大きさと電磁石の強さの関係を調べます。

㋐

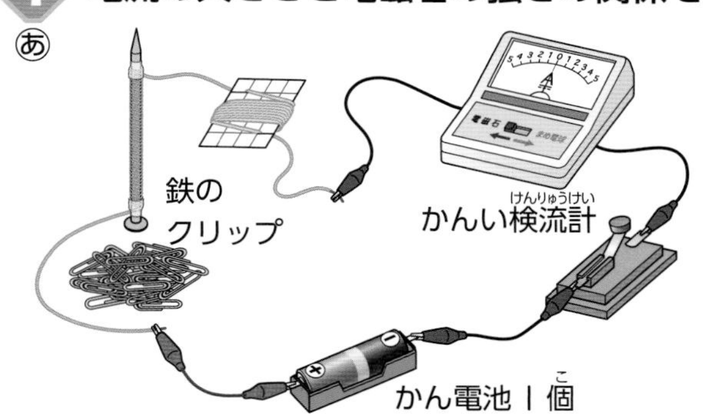

㋑

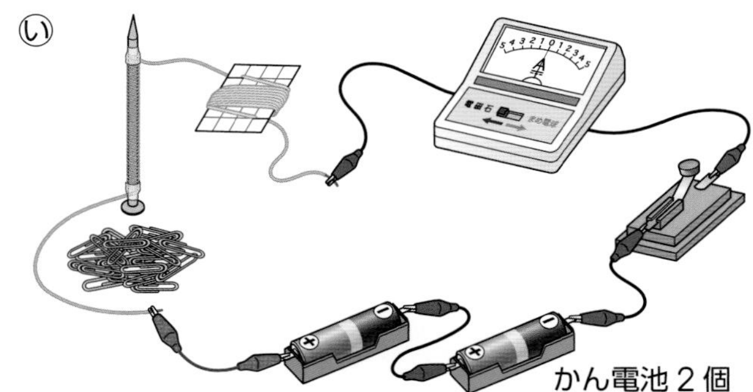

(1) 流れる電流が大きいのは、㋐、㋑のどちらですか。（　　）

(2) ㋐と㋑で引きつけられる鉄のクリップの数はどうなりますか。正しいものを１つ選んで、（　）に○をつけましょう。

ア（　　）㋐のほうが多い。

イ（　　）㋑のほうが多い。

ウ（　　）㋐も㋑も同じになる。

(3) この実験からわかることをまとめた次の文の（　）に、当てはまる言葉を書きましょう。

● コイルに流れる電流の大きさを（　　　　）すると、電磁石の強さが強くなる。

2 コイルのまき数と電磁石の強さの関係を調べます。

㋕

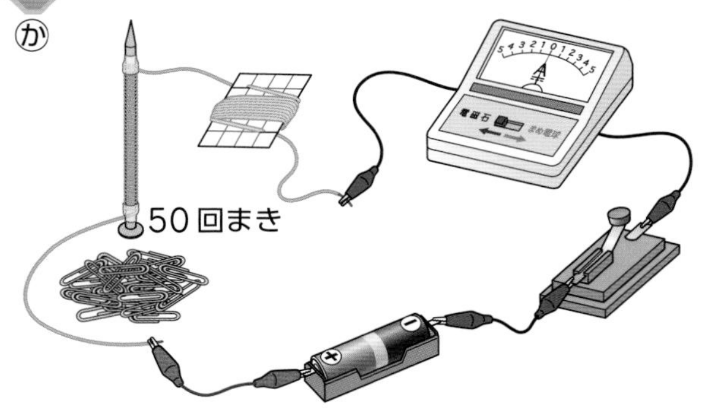

㋖

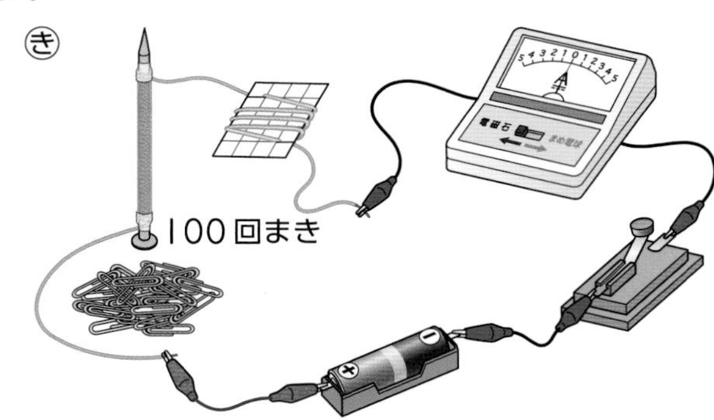

（㋕と㋖で回路全体の導線の長さは同じで、まき数だけを変えている。）

(1) ㋕、㋖の回路を流れる電流はどうなりますか。正しいものを１つ選んで、（　）に○をつけましょう。

ア（　　）㋕のほうが大きい。

イ（　　）㋖のほうが大きい。

ウ（　　）㋕も㋖も同じになる。

(2) 引きつけられる鉄のクリップの数が多いのは、㋕、㋖のどちらですか。（　　）

(3) この実験からわかることをまとめた次の文の（　）に、当てはまる言葉を書きましょう。

● コイルのまき数を（　　　　）すると、電磁石の強さが強くなる。

ぴったり3 確かめのテスト

9. 電磁石の性質

教科書 140〜157ページ　答え 33ページ

よく出る

1 鉄心(鉄くぎ)を入れたコイルとかんい検流計、スイッチ、かん電池を導線でつないで、電磁石の性質を調べます。

1つ10点(60点)

(1) かんい検流計を正しくつないでいるほうの(　　)に○をつけましょう。 技能

ア(　　)

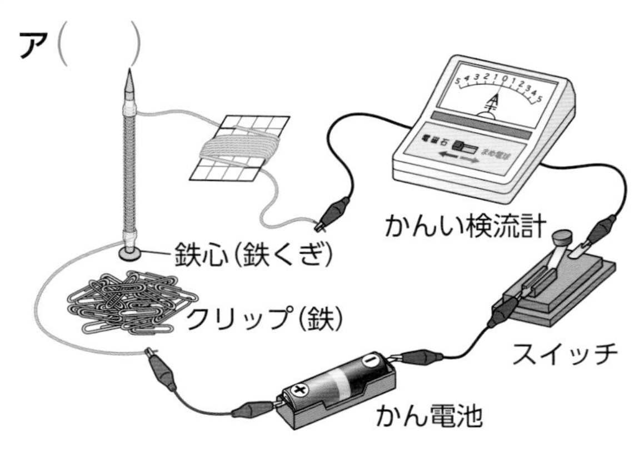

イ(　　)

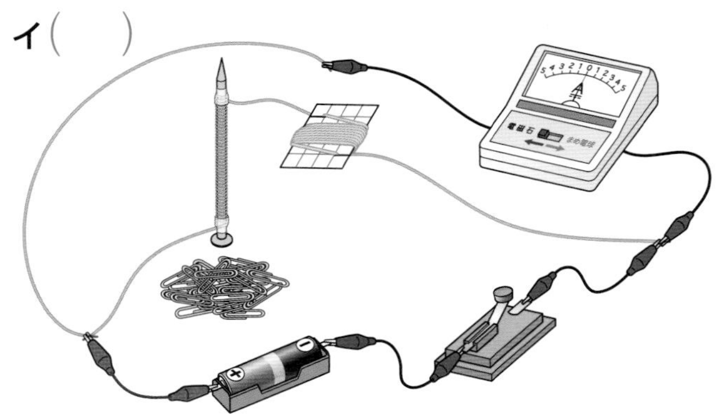

(2) ①で鉄心を入れたコイルに電流を流したとき、電磁石は鉄でできたクリップを引きつけますか、引きつけませんか。

(　　　　　　　　　　)

(3) (2)で流している電流を止めると、電磁石は鉄でできたクリップを引きつけますか、引きつけませんか。

(　　　　　　　　　　)

(4) ②は、電磁石に電流を流したまま、あの部分を方位磁針に近づけたときのようすです。このとき、あの部分は何極になっていますか。

(　　　　)

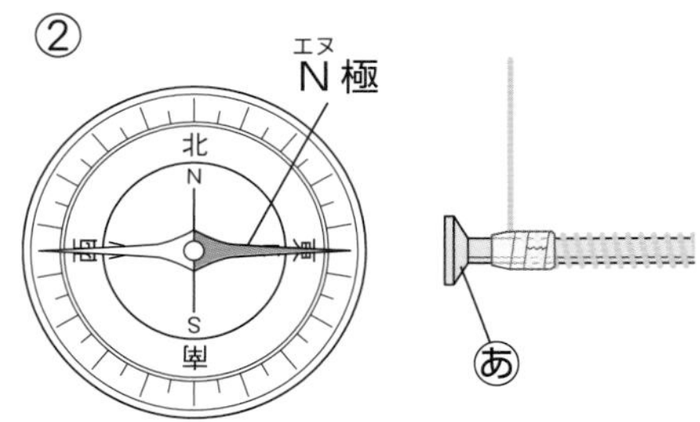

(5) (4)のとき、鉄心の反対側の部分は何極になっていますか。

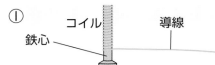

(　　　　)

(6) ②で、かん電池の向きを反対にしてスイッチを入れ、あの部分を方位磁針に近づけると、どうなりますか。正しいものを1つ選んで、(　　)に○をつけましょう。

ア(　　)

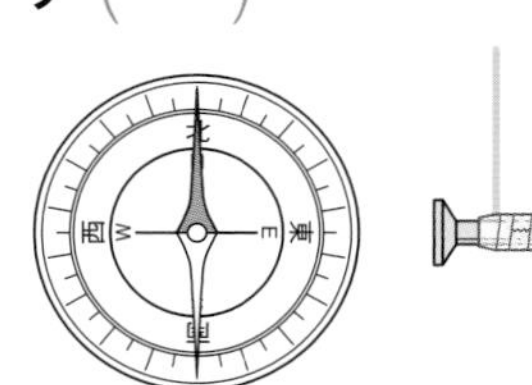

イ(　　)

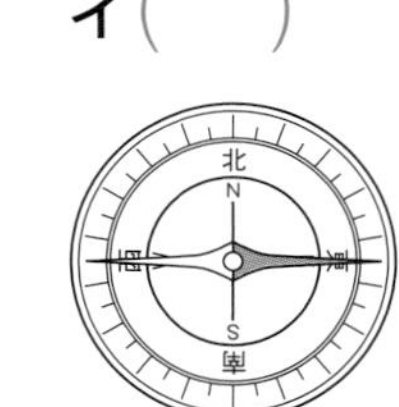

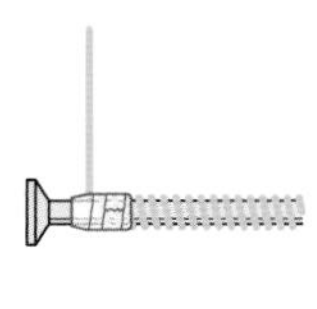

ウ(　　)

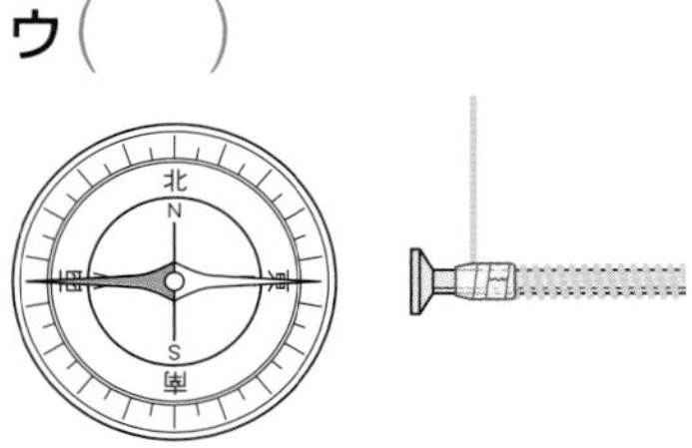

2 電流の大きさやコイルのまき数(すう)を変えて、電磁石の強さを調べました。ただし、コイルのまき数を変えるとき、回路全体の導線の長さは変えないようにしました。

1つ10点(30点)

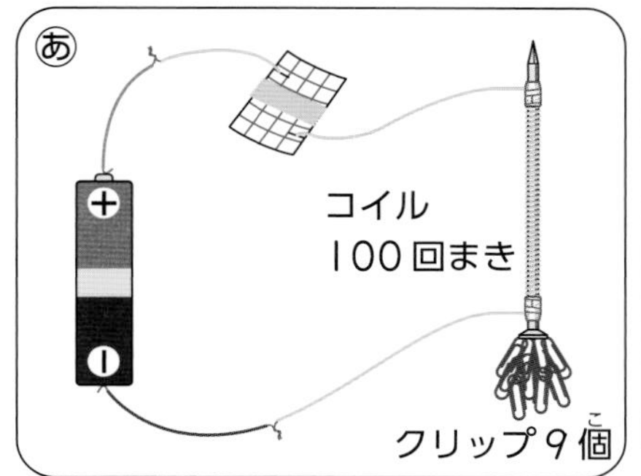

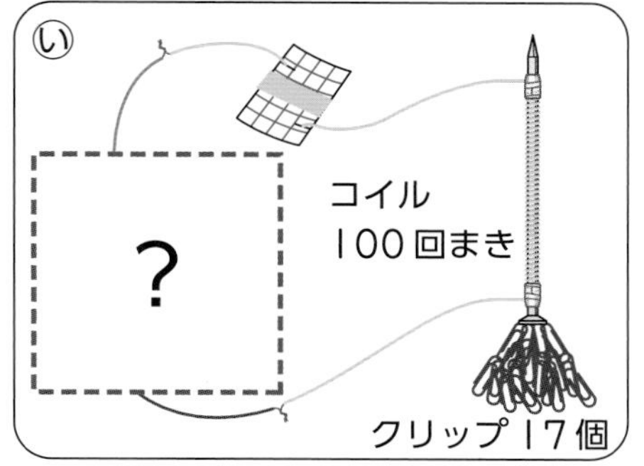

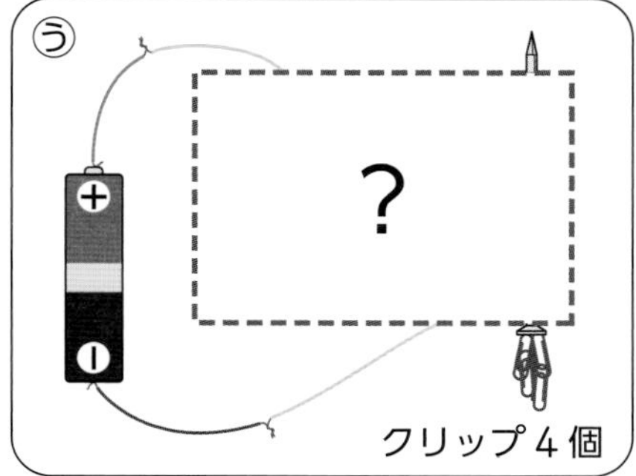

(1) いのかん電池の部分はどのようになっていると考えられますか。正しいものを1つ選んで、(　　)に○をつけましょう。

ア(　　)
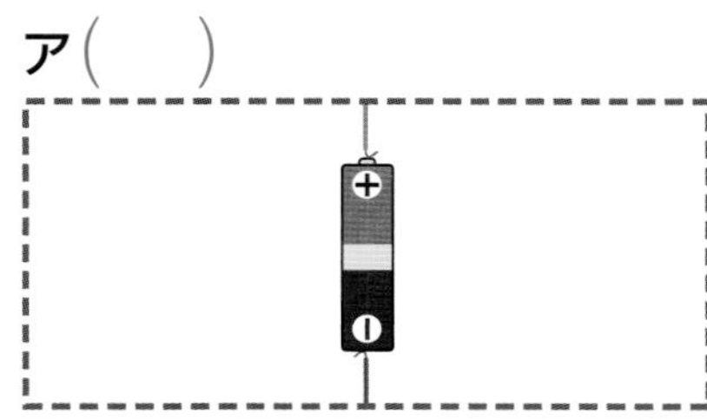

イ(　　)
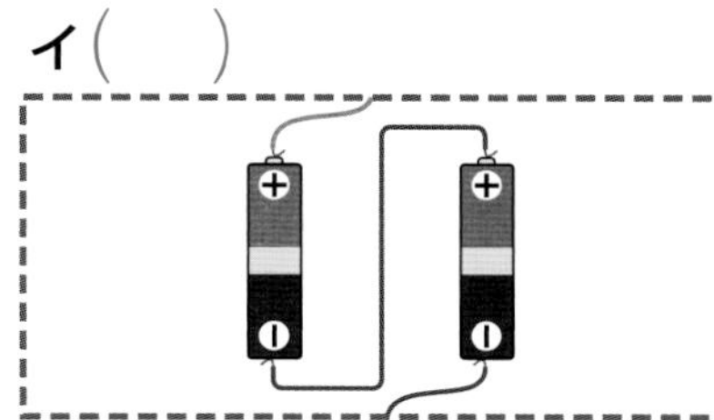

ウ(　　)
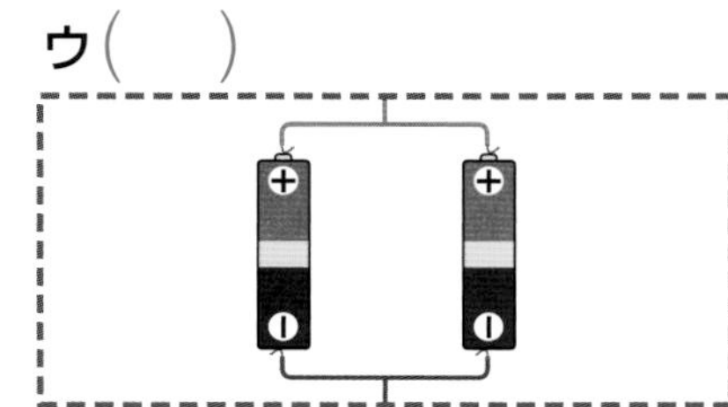

(2) うのコイルのまき数はどうなっていると考えられますか。正しいものを1つ選んで、(　　)に○をつけましょう。

ア(　　)100回　　イ(　　)100回より多い。　　ウ(　　)100回より少ない。

(3) 記述 (2)のように考えられるのはなぜですか。その理由を説明しましょう。 思考・表現

(　　　　　　　　　　　　　　　　　　　　　　　　　　　　　　　　)

できたらスゴイ!

3 電磁石の利用について調べていると、工場などのクレーンには電磁石がよく使われていることがわかりました。

1つ5点、(1)は全部できて5点(10点)

(1) 電磁石の性質について、正しいものをすべて選んで、(　　)に○をつけましょう。

ア(　　)いつでも磁石(じしゃく)としてはたらく。
イ(　　)N極の部分とS(エス)極の部分がある。
ウ(　　)流れる電流を大きくすると、引きつける力が強くなる。

(2) クレーンに電磁石でなく磁石を使ったとすると、電磁石を使ったときと比(くら)べてどのような点がよくないでしょうか。正しいと考えられる意見を1つ選んで、(　　)に○をつけましょう。 思考・表現

ア(　　)　　イ(　　)　　ウ(　　)

運んだものをおろすときに、磁石からはなしにくい点だろうね。

アルミニウムなどの金属(きんぞく)は持ち上げることができない点だと思うよ。

磁石にくっついた鉄が磁石になってしまう点じゃないかな。

ふりかえり
1がわからなかったときは、60ページの1、2にもどって確(かく)にんしよう。
3がわからなかったときは、60ページの1、62ページの1にもどって確にんしよう。

3分でまとめ

学習日　月　日

10. 人のたんじょう

母親のおなかの中での子どもの成長1

めあて
受精したヒトの卵が育っていくようすを確にんしよう。

教科書 158〜167ページ　答え 34ページ

次の(　)に当てはまる言葉を書くか、当てはまるものを○で囲(かこ)もう。

1 胎児(たいじ)は、子宮(しきゅう)の中でどのように成長して生まれるのだろうか。

教科書 158〜166ページ

- 母親のおなかの中の、生まれる前の人の子どもがいるところを、(①　　　)という。
- 子宮の中にいる子どものことを(②　　　)という。
- 女性(じょせい)の体の中でつくられた(③　　　)と、男(だん)性(せい)の体の中でつくられた(④　　　)が受精(じゅせい)して、(⑤　　　)ができる。
- 人の受精卵(じゅせいらん)は、母親の子宮の中で約(⑥ 38日間 ・ 38週間)育ってから生まれる。
- 人の受精卵の成長

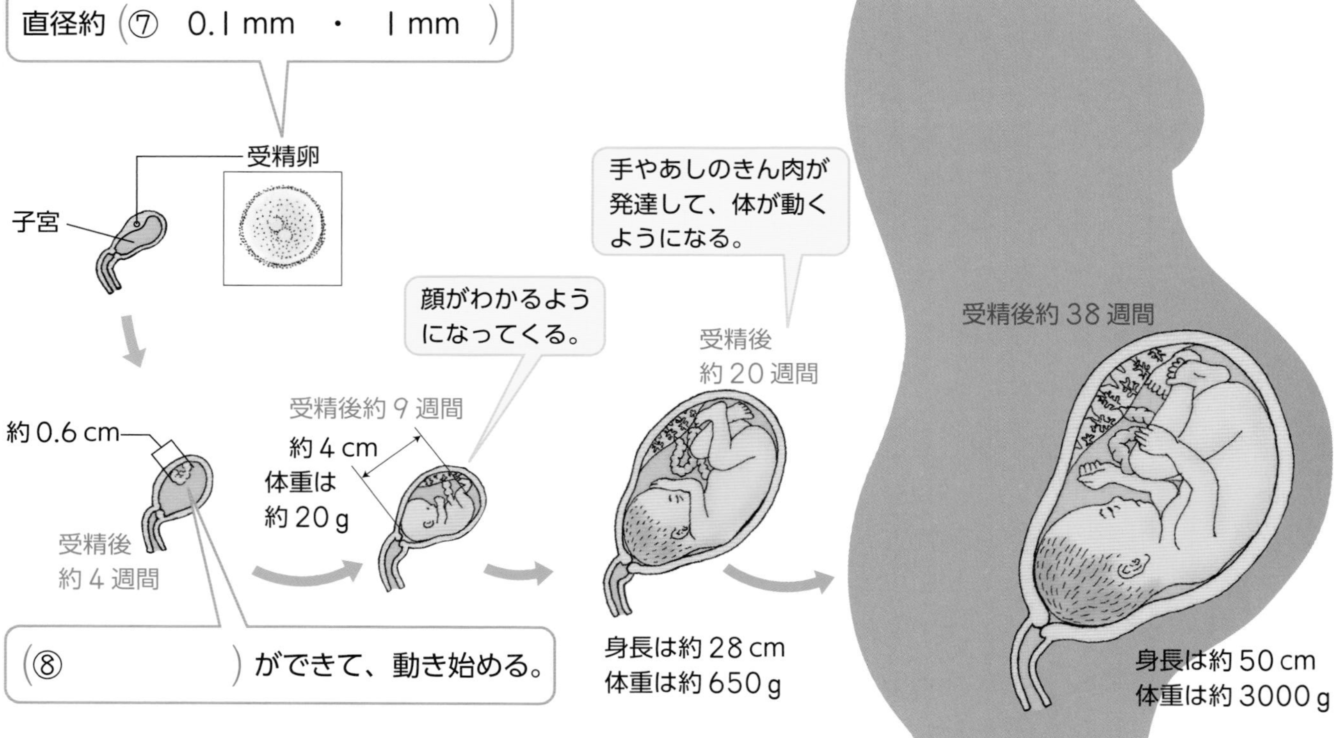

①生まれる前の子どもがいるところを子宮といい、中にいる子どもを胎児(たいじ)という。
②女性の体の中でつくられた卵(卵子)と男性の体の中でつくられた精子が受精して、受精卵ができる。
③人の受精卵は胎児になり、母親の子宮の中で約38週間育ってから生まれる。

精子のしっぽのようなものは鞭毛(べんもう)とよばれるもので、鞭毛をむちのようにくねらせて動かすことで、精子は水の中を泳ぐことができます。

学習日　月　日

10. 人のたんじょう

母親のおなかの中での子どもの成長1

教科書 158〜167ページ　答え 34ページ

1 人の新しい生命の始まりについて調べました。

(1) ㋐は女性(じょせい)の体の中でつくられるものです。㋐を何といいますか。（　　　）

(2) ㋑は男性(だんせい)の体の中でつくられるものです。㋑を何といいますか。（　　　）

(3) ㋐と㋑が結びつくことを何といいますか。（　　　）

㋐　㋑

(4) ㋐と㋑が結びついた後、子どもが生まれるまでには約何週間かかりますか。正しいものを1つ選んで、（　）に○をつけましょう。

ア（　）約19週間
イ（　）約38週間
ウ（　）約57週間
エ（　）約76週間

(5) 母親のおなかの中の、胎児(たいじ)がいるところを何といいますか。（　　　）

2 人の子どもが、母親の子宮(しきゅう)の中で育っていくようすを調べました。

(1) 子宮の中にいる子どものことを何といいますか。（　　　）

(2) ㋑の受精卵(じゅせいらん)の大きさについて、正しいものを1つ選んで、（　）に○をつけましょう。

ア（　）直径約0.1mm
イ（　）直径約0.1cm
ウ（　）直径約0.1m

㋐　約0.6cm　子宮
㋑　受精卵
㋒　約4cm
㋓

(3) 人の子どもが育つ順に、㋐〜㋓をならべかえましょう。

（　　）→（　　）→（　　）→（　　）

(4) 次の①、②は、それぞれ㋐〜㋓のどのころの説明ですか。

① 心ぞうができて、動き始める。（　　）
② 顔がわかるようになってくる。（　　）

(5) 人の子どもが育っていくときのようすについて、正しいほうの（　）に○をつけましょう。

ア（　）はじめはとても小さな人の形をしたものが、だんだん大きくなっていく。
イ（　）はじめは人の形をしていないが、少しずつ人の形ができていく。

10. 人のたんじょう

母親のおなかの中での子どもの成長２

学習日　月　日

めあて
胎児が成長に必要な養分をどのようにもらうのかを確にんしよう。

教科書 163～167ページ　答え 35ページ

次の（　）に当てはまる言葉を書こう。

1 胎児(たいじ)は、子宮(しきゅう)の中でどのように養分をもらうのだろうか。 教科書 163～166ページ

（①　　　　）…子宮の中を満たす液体(えきたい)。外から受けるしょうげきをクッションのようにやわらげて、胎児を守っている。

（②　　　　）…母親と胎児をつなぐ。母親の体からの養分などと、胎児がいらなくなったものなどは、ここで交かんされる。

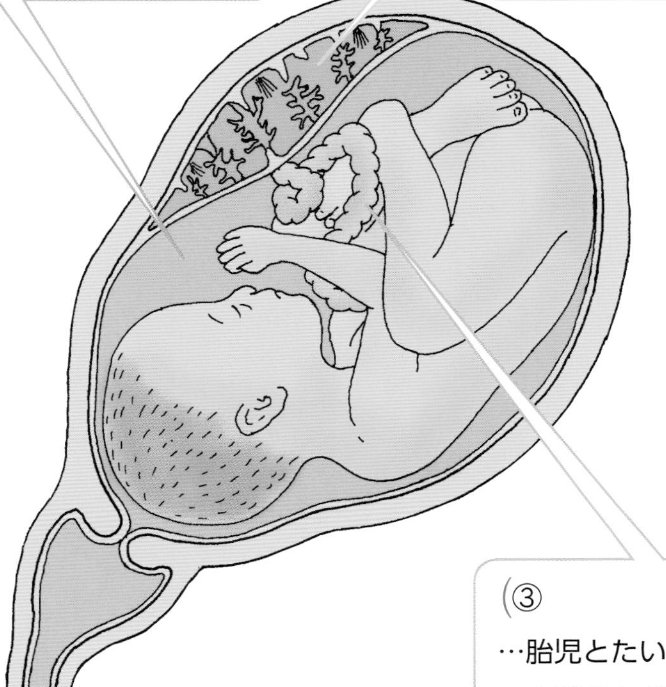

（③　　　　）…胎児とたいばんをつないでいる。母親からの養分などを胎児へ運び、胎児がいらなくなったものをたいばんへ運ぶ。

たまごの中の養分で成長するメダカとちがって、人では母親から養分をもらうんだね。

- 子宮の中は（④　　　　）で満たされている。
- 胎児と母親は、（⑤　　　　）と（⑥　　　　）でつながっている。
- 胎児の成長に必要な（⑦　　　　）などは、たいばんからへそのおを通して、母親から胎児へとわたされる。
- 人の体にある（⑧　　　　）は、へそのおがとれたあとである。

ここが だいじ！

①子宮の中の胎児の周りは羊水(ようすい)で満たされていて、胎児と母親はたいばんとへそのおでつながっている。
②胎児の成長に必要な養分などは、たいばんからへそのおを通して母親から運ばれている。

たいばんは漢字で「胎盤」とかきます。母親の体にたいばんができて、子どもが母親の体内である程度(ていど)大きくなってから生まれることを、「胎」の字を使って胎生(たいせい)といいます。

10. 人のたんじょう

母親のおなかの中での子どもの成長2

教科書 163～167ページ 答え 35ページ

1 母親の子宮(しきゅう)の中で育つ胎児(たいじ)のようすを調べました。

(1) 母親と胎児は、ⓐとⓘでつながっています。ⓐ、ⓘの部分の名前を、それぞれ何といいますか。

ⓐ(　　　　　)
ⓘ(　　　　　)

(2) 母親からⓘ→ⓐと通って、胎児へと運ばれるものは何ですか。正しいほうの(　)に○をつけましょう。

ア(　)体の中でいらなくなったもの
イ(　)養分など

(3) 胎児からⓐ→ⓘと通って、母親へと運ばれるものは何ですか。正しいほうの(　)に○をつけましょう。

ア(　)体の中でいらなくなったもの
イ(　)養分など

(4) 子宮の中は、ⓤの液体(えきたい)で満たされています。ⓤの液体を何といいますか。

(　　　　　)

(5) ⓤの液体について、正しいものをすべて選んで、(　)に○をつけましょう。

ア(　)子宮の中の胎児はⓤの液体にういたようになっている。
イ(　)ⓤの液体は、胎児を外から受けるしょうげきから守っている。
ウ(　)胎児は、ⓤの液体から養分をもらっている。

(6) 母親から生まれると、いらなくなったⓐはとれます。生まれた子どものおなかの、ⓐがとれたあとを何といいますか。

(　　　　　)

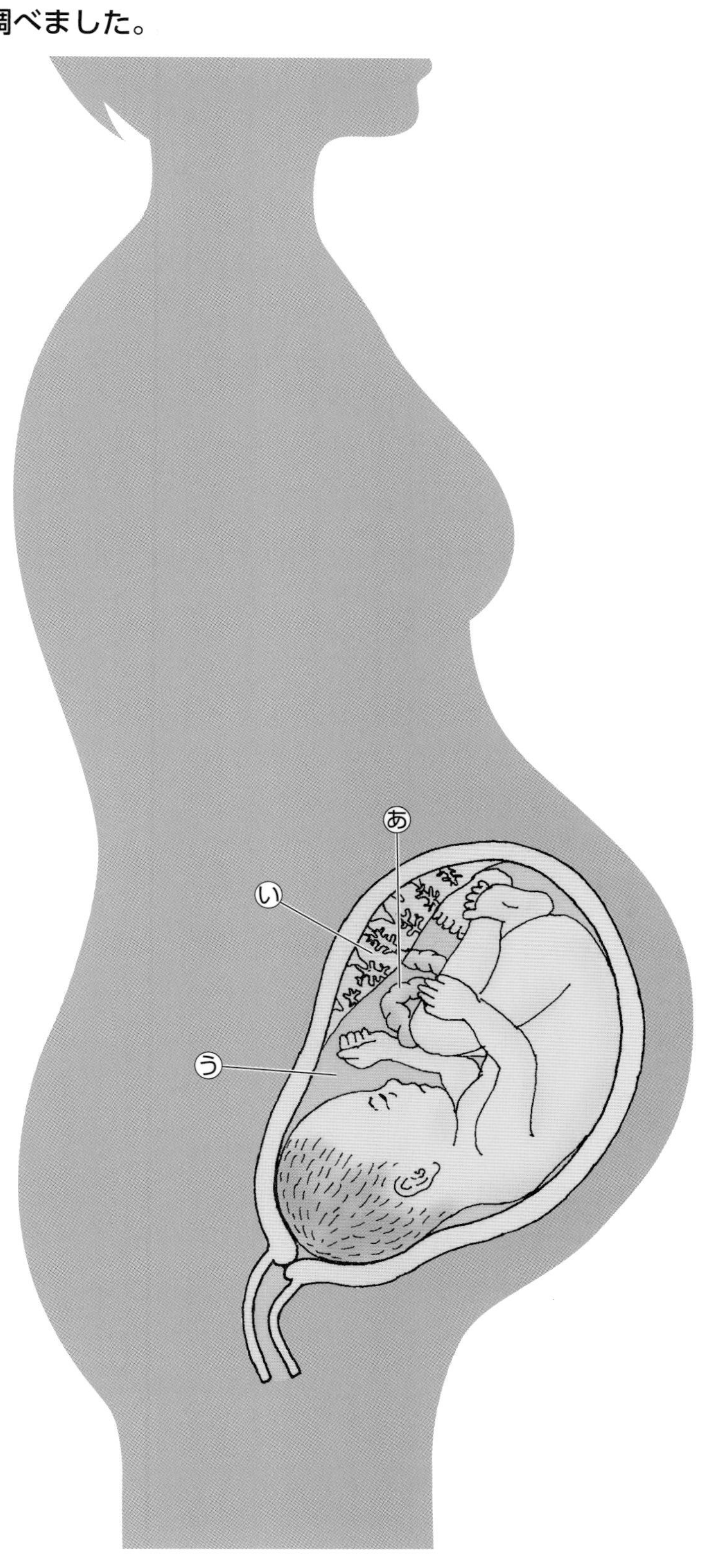

ぴったり3 確かめのテスト

10. 人のたんじょう

時間 30 分

/100

合格 70 点

教科書 158〜169ページ　答え 36ページ

1 人の新しい生命の始まりについて調べました。　1つ10点(40点)

(1) 卵(卵子)は、男性と女性のどちらの体の中でつくられますか。　(　　　)

(2) 卵(卵子)が精子と結びつくことを何といいますか。　(　　　)

(3) 精子と結びついた卵(卵子)を何といいますか。　(　　　)

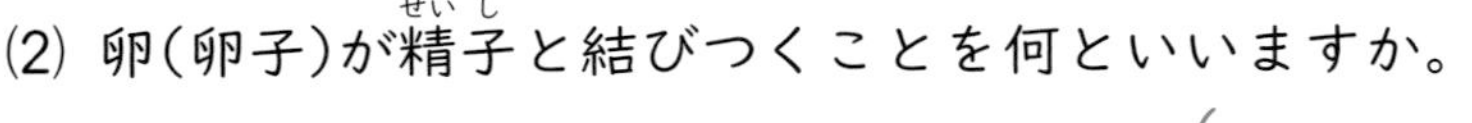

(4) (3)は、母親のおなかの中の何というところで育っていきますか。　(　　　)

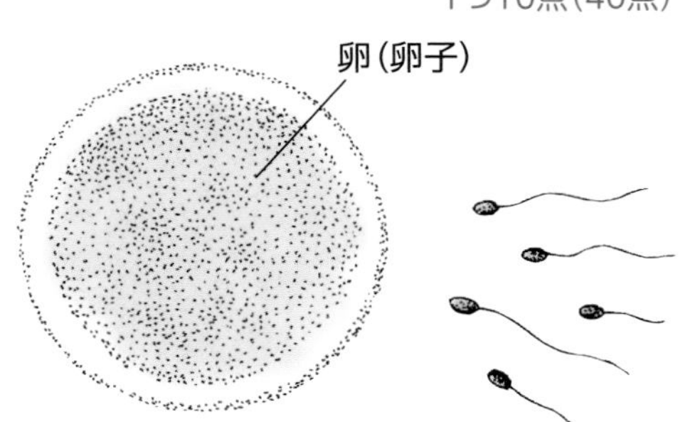

よく出る

2 母親のおなかの中での胎児の成長について調べました。　1つ5点(30点)

あ

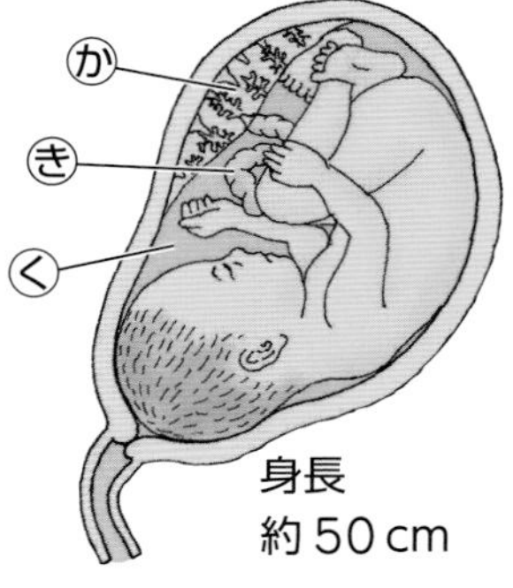

い

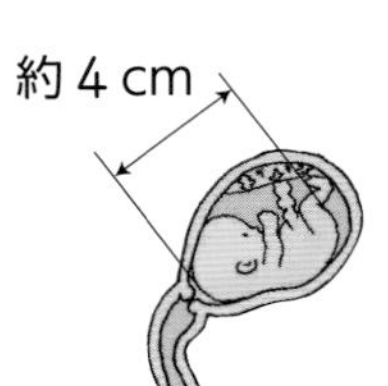

う

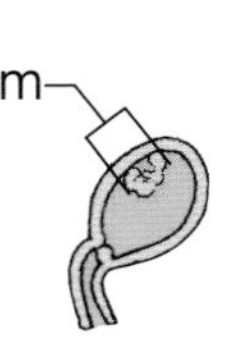

え

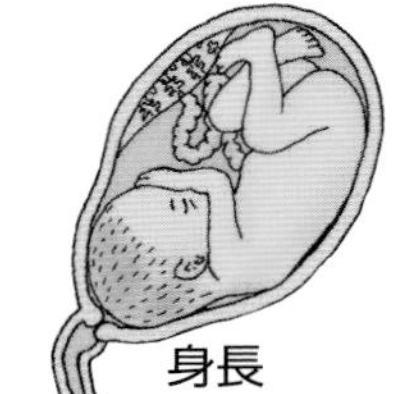

(1) 母親のおなかの中で胎児が育つ順に、あ〜えをならべかえるとどうなりますか。正しいものを1つ選んで、(　)に○をつけましょう。

ア(　)あ → え → い → う
イ(　)あ → え → う → い
ウ(　)う → い → え → あ
エ(　)う → え → い → あ

(2) か〜くを、それぞれ何といいますか。

か(　　　)
き(　　　)
く(　　　)

(3) 胎児を外から受けるしょうげきから守るために役立っているのは、か〜くのどれですか。記号で答えましょう。　(　　)

(4) 記述 胎児は、成長するために必要な養分をどのように得ていますか。　思考・表現

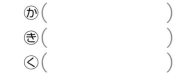

(　　　　　　　　　　　　　　　　)

3 胎児が育つようすをインターネットで調べると、胎児の身長の変化をまとめた下の表が見つかりました。

1つ10点、(1)は全部できて10点(20点)

胎児の身長の変化

受精後	4週	9週	20週	29週	38週
身長(cm)	0.6	4	28	43	50

(1) 作図 下の図は、胎児の身長の変化をまとめた表をグラフで表そうとしたものです。下の図を完成させましょう。　技能

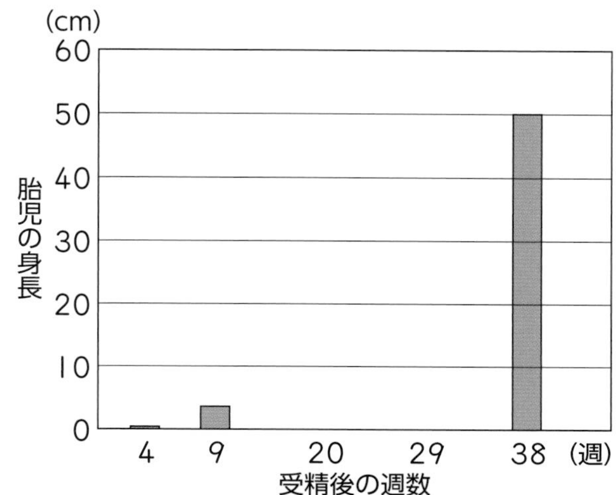

(2) 受精後38週ごろの胎児の体重はどれくらいですか。正しいものを1つ選んで、(　　)に○をつけましょう。

ア(　　)約 30 g

イ(　　)約 300 g

ウ(　　)約 3000 g

できたらスゴイ!

4 メダカと人のたんじょうを比べます。

1つ5点、(1)は全部できて5点(10点)

(1) メダカと人のたんじょうで同じところはどこですか。正しいものを2つ選んで、(　　)に○をつけましょう。

ア(　　)卵と精子が結びついて新しい生命が始まるところ

イ(　　)新しい生命が始まってからたんじょうするまでの期間が、半年以上であるところ

ウ(　　)新しい生命が始まったとき、大きさが1mmくらいであるところ

エ(　　)少しずつ体のつくりができていって、親と同じようなすがたになるところ

(2) メダカと人のたんじょうでちがうところをまとめます。まちがっているものを1つ選んで、(　　)に×をつけましょう。

ア(　　)メダカは育つための養分を必要としないが、人は養分を必要とする。

イ(　　)メダカはたまごの中で育ってふ化し、人は母親の体の中で育ってから生まれる。

ウ(　　)メダカは2週間ほどでたんじょうするが、人は38週間ほどでたんじょうする。

エ(　　)メダカは大きさがあまり変わらないが、人はたんじょうするまでにとても大きくなる。

3がわからなかったときは、66ページの1、68ページの1にもどって確にんしよう。
4がわからなかったときは、66ページの1、68ページの1にもどって確にんしよう。

ぴったり1 準備

★ 生命のつながり

学習日　　月　　日

めあて
動物や植物が、どのように次の世代へ生命をつなぐのかまとめよう。

教科書 170〜171ページ　答え 37ページ

次の（　）に当てはまる言葉を書こう。

1 生き物がどのように次の世代へ生命をつなぐかまとめよう。　教科書 170〜171ページ

▶人やメダカなどの多くの動物では、（①　　　　）から新しい生命が始まり、変化しながら成長して子どもになる。そして、子どもが育って親になり、卵と精子が（②　　　　）すると、次の世代の（③　　　　）ができる。

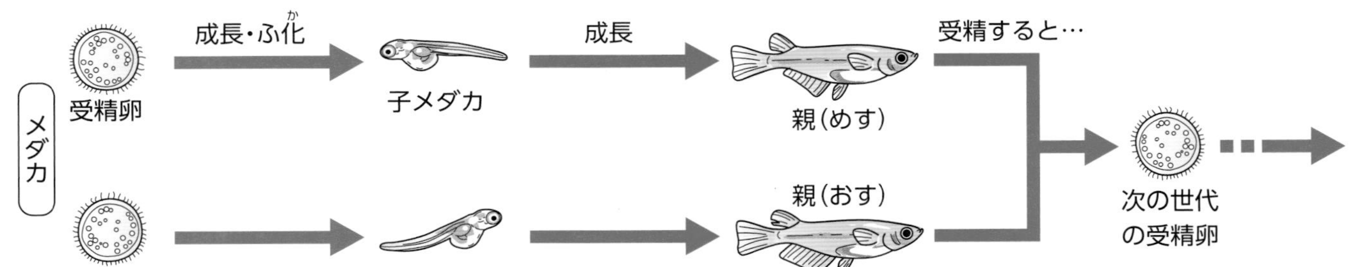

▶アサガオなどの多くの植物では、（④　　　　）が発芽して成長し、花がさく。そして、めしべの先におしべの花粉がついて（⑤　　　　）すると、（⑥　　　　）ができ、その中に次の世代の（⑦　　　　）ができる。

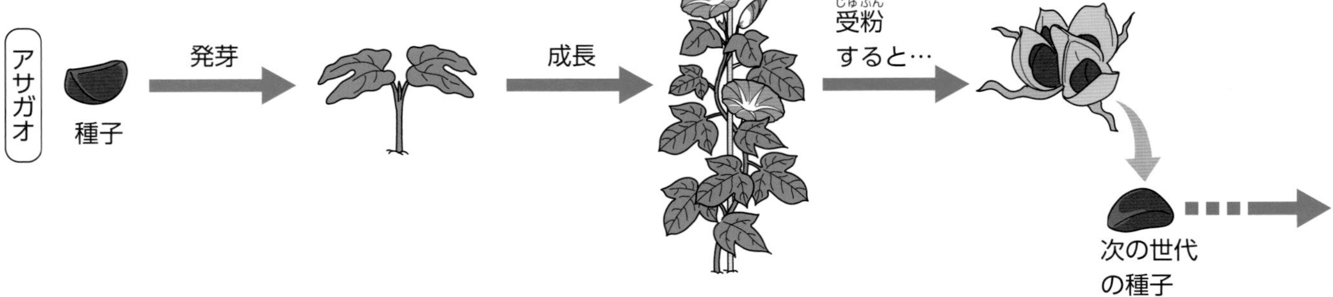

ここが、だいじ！

①動物は、受精卵が成長して子どもになり、子どもが育って親となり、次の世代の子どもができる。
②植物は、種子から育って花をさかせ、受粉すると実ができ、その中に次の世代の種子ができる。
③動物も植物も、前の世代から次の世代へと生命をつないでいる。

(切り取り線)

夏のチャレンジテスト

教科書 4~61ページ

月　日

名前

時間 40分

知識・技能	思考・判断・表現	合格80点
/60	/40	/100

答え38ページ

知識・技能

1 3日間の空全体の雲のようすを、特別なレンズを使って写しました。　1つ4点、(2)は全部できて4点(8点)

あ 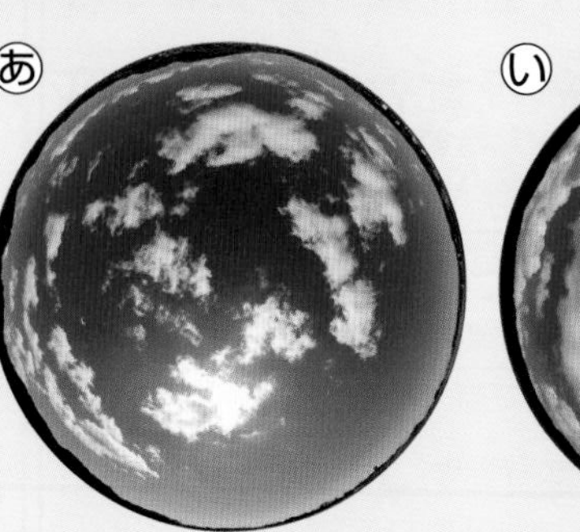
い 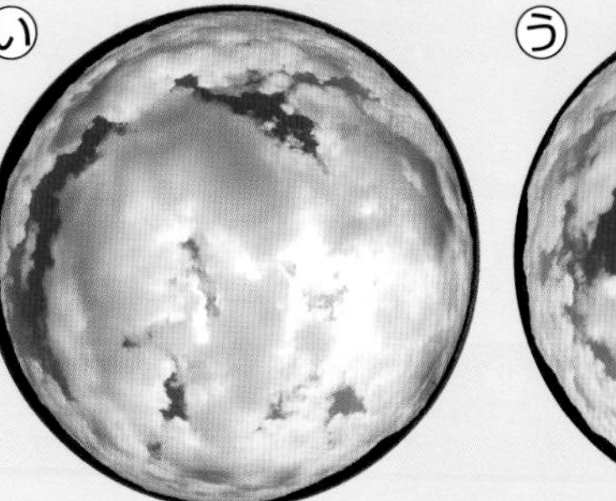
う 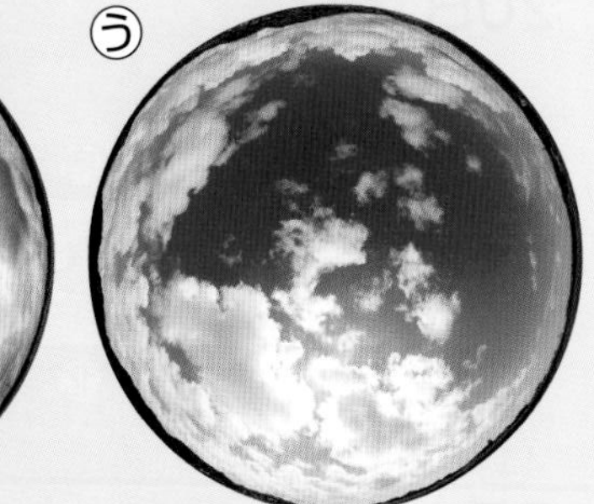

(1) 空全体の広さを10としたとき、雲のしめる量がどれくらいのときが晴れですか。正しいものに○をつけましょう。

ア(　)0~4

イ(　)0~5

ウ(　)0~6

エ(　)0~8

(2) あ~うから、晴れであるものをすべて選んで、記号で答えましょう。(　)

2 台風が日本に近づいたときの雲画像を調べました。

3 たまごを産むように、メダカのめすとおすをいっしょに飼いました。　1つ3点(12点)

あ 

い 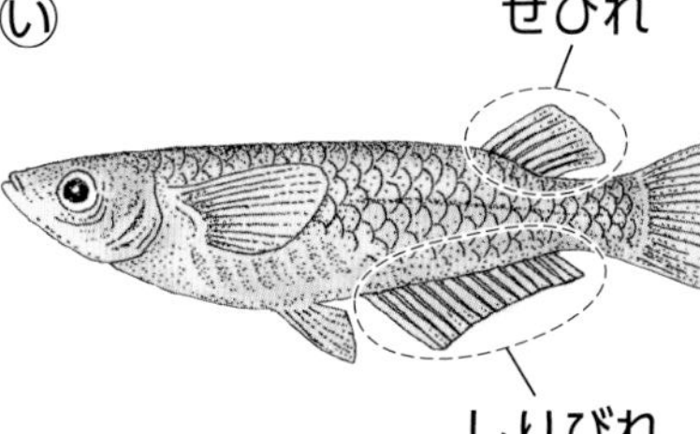

(1) メダカを飼う水そうは、どのようなところに置くとよいですか。正しいものに○をつけましょう。

ア(　)直しゃ日光が当たる明るいところ。

イ(　)直しゃ日光が当たらない明るいところ。

ウ(　)直しゃ日光が当たらない暗いところ。

(2) おすのメダカは、あ、いのどちらですか。(　)

(3) めすがたまごを産むとき、おすが体をすり合わせるようにしてたまごに何かをかけていました。かけていたものを何といいますか。(　)

(4) (3)と結びついたたまごのことを何といいますか。

(　)

2

1つ4点(8点)

7月15日　　午後３時の雲画像

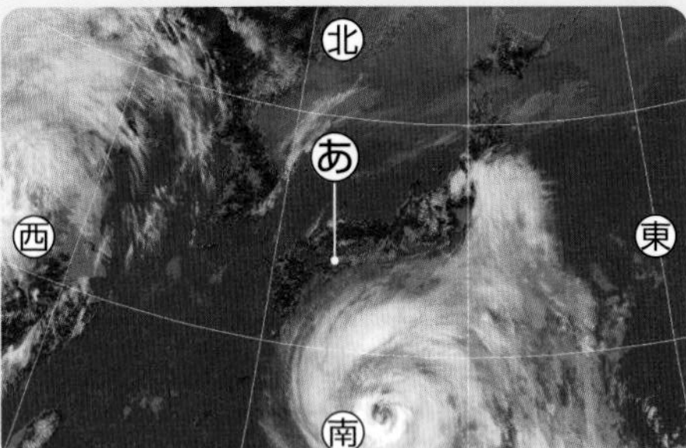

7月16日　　午後３時の雲画像

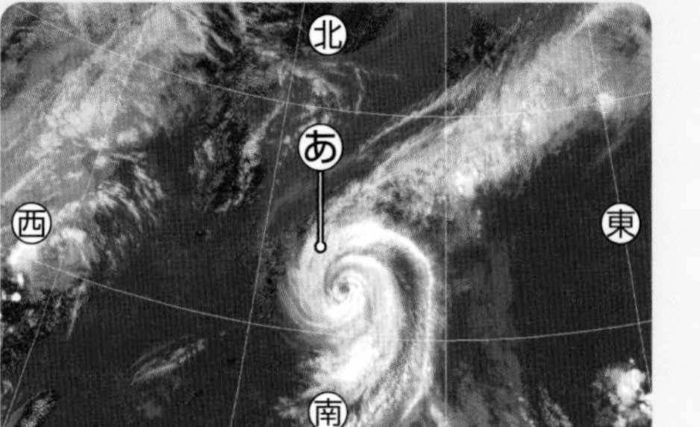

(1)　7月15日から7月16日にかけて、あの地いきの天気はどうだったと考えられますか。正しいものに○をつけましょう。

ア(　　)晴れの天気が続いた。

イ(　　)晴れから雨に変わった。

ウ(　　)雨から晴れに変わった。

(2)　台風について説明した次の文の(　　)に当てはまる言葉を、[　　]から選んで書きましょう。

東　　西　　南　　北

● 台風は、日本の(　　　)のほうからやってきて、日本に上陸したり日本付近を通り過ぎたりし、暴風や高潮、高波などによるひ害を出すことがある。

4 発芽する前と発芽した後のインゲンマメで、子葉にデンプンがふくまれているかを調べます。

1つ4点(8点)

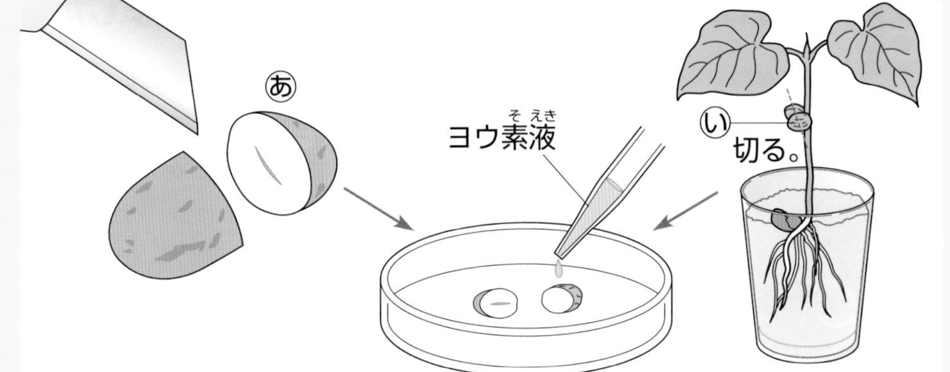

(1)　ヨウ素デンプン反応は、デンプンがふくまれているものにヨウ素液をかけたときに、何色になる反応ですか。

(　　　　　　)

(2)　あ、いの切り口にヨウ素液をかけた結果はどうなりますか。正しいものに○をつけましょう。

ア(　　)どちらもヨウ素デンプン反応が見られる。

イ(　　)あの切り口ではヨウ素デンプン反応が見られ、いの切り口ではヨウ素デンプン反応が見られない。

ウ(　　)あの切り口ではヨウ素デンプン反応が見られず、いの切り口ではヨウ素デンプン反応が見られる。

エ(　　)どちらもヨウ素デンプン反応が見られない。

うらにも問題があります。

(切り取り線)

冬のチャレンジテスト

教科書 64〜139ページ

月　日

名前

時間 40分

知識・技能	思考・判断・表現	合格80点
／60	／40	／100

答え 40ページ

知識・技能

1 アサガオの花のつくりを調べ、虫めがねを使って㋑の先を観察しました。 1つ4点(12点)

(1) ㋐〜㋓から、がくとめしべを選びましょう。

がく(　　)

めしべ(　　)

(2) ㋑の先に見られた粉(こな)は、どこでつくられますか。㋐〜㋓から選んで、記号で答えましょう。 (　　)

2 アサガオの実のでき方を調べます。 1つ4点(12点)

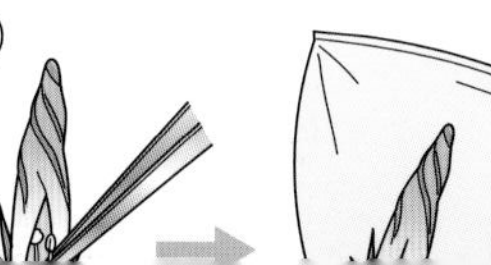

1日目

3 流水実験器に土を入れてゆるい坂をつくり、みぞをつけて静かに水を流しました。 1つ4点(12点)

水を流す。
㋐
㋑
土
㋒
㋓
タオル
水(すい)そう

(1) 流れる水が地面などをけずるはたらきを何といいますか。

(　　　　)

(2) ㋐と㋓では、どちらのほうが運ぱんのはたらきが大きくなっていますか。

(　　)

(3) ㋑、㋒がどうなったかを正しく説明しているものに、○をつけましょう。

ア(　　)㋑でも㋒でも、同じくらい土が積もった。

イ(　　)㋑では㋒よりも土がけずられた。

ウ(　　)㋒では㋑よりも土がけずられた。

2日目

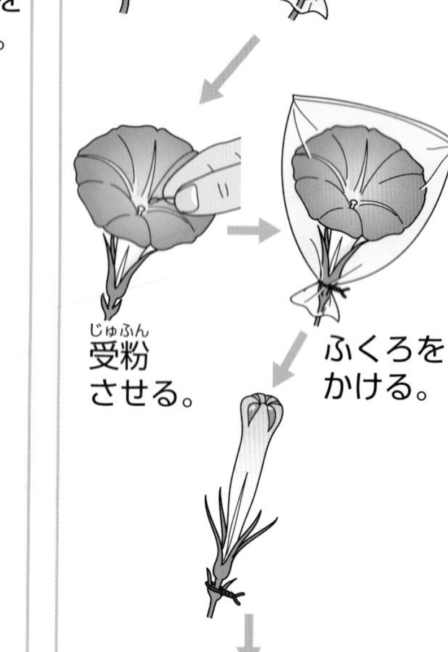

おしべを
とる。
ふくろを
かける。
ふくろをか
けたままに
しておく。
花がしぼん
だらふくろ
をとる。
受粉（じゅふん）
させる。
ふくろを
かける。

(1) はじめにおしべをとる理由に○をつけましょう。

ア(　　)実ができにくくなってしまうから。

イ(　　)花が開いた後、虫がよってきてしまうから。

ウ(　　)花が開く直前に受粉してしまうから。

(2) 実ができるのは、あ、いのどちらですか。

(　　)

(3) 記述 この実験から、実ができるためには何が必要であることがわかりますか。

(　　　　　　　　)

エ(　　)いでもうでも、同じくらい土がけずられた。

4 50 mLの水に食塩を20 g入れてかき混（ま）ぜると、とけ残りがありました。これをろ過（か）したろ液（えき）について調べます。

1つ3点(12点)

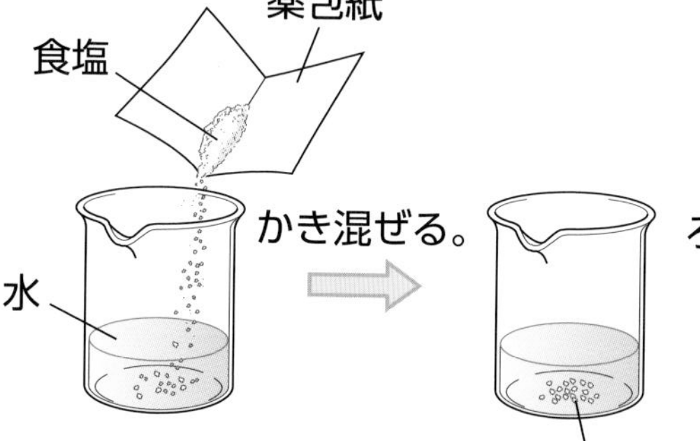

食塩
薬包紙
水
かき混ぜる。
ろ過する。
とけ残った食塩

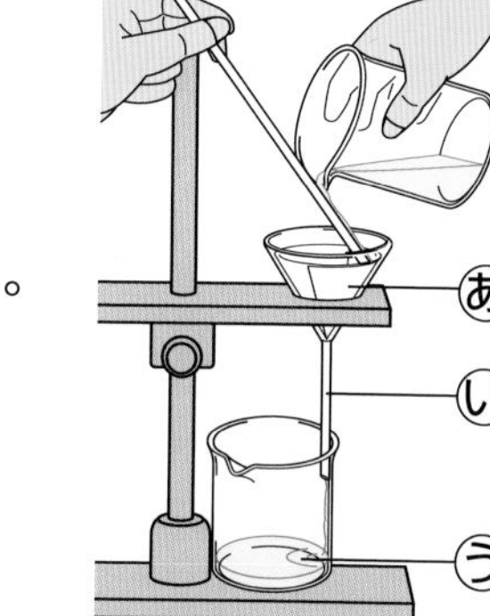

あ
い
う

(1) ろ過のときに使うあの紙といのガラス器具を何といいますか。

あ(　　　　)

い(　　　　)

(2) うのろ液を約1 mLじょう発皿にとり、実験用ガスこんろで熱すると食塩は出てきますか、出てきませんか。

(　　　　)

(3) うのろ液をビーカーごと氷水で冷やすと、食塩は出てきますか、出てきませんか。

(　　　　)

うらにも問題があります。

(切り取り線)

春のチャレンジテスト

教科書 140～171ページ

名前　　　　月　　日

時間 40分

知識・技能	思考・判断・表現	合格80点
／60	／40	／100

答え42ページ

知識・技能

1 電磁石をつくって電流を流すと、鉄のクリップが引きつけられました。 1つ2点(10点)

あ 鉄くぎ 導線 クリップ(鉄)

い 紙

(1) あのように、導線を同じ向きに何回もまいたものを何といいますか。

(　　　　)

(2) いのように、電磁石とクリップの間に紙を入れて電流を流すと、クリップはどうなりますか。正しいほうに○をつけましょう。

ア(　　)引きつけられる。

イ(　　)引きつけられない。

(3) 電磁石の性質について、正しいものに○、まちがっているものに×をつけましょう。

①(　　)電流を流していないときには、鉄のクリップをひきつけない。

②(　　)電流を流しているときには、アルミニウムはくを

3 人の子ども(胎児)が、母親のおなかの中で育つようすを調べました。 (1)～(3)は1つ3点、(4)は全部できて4点(13点)

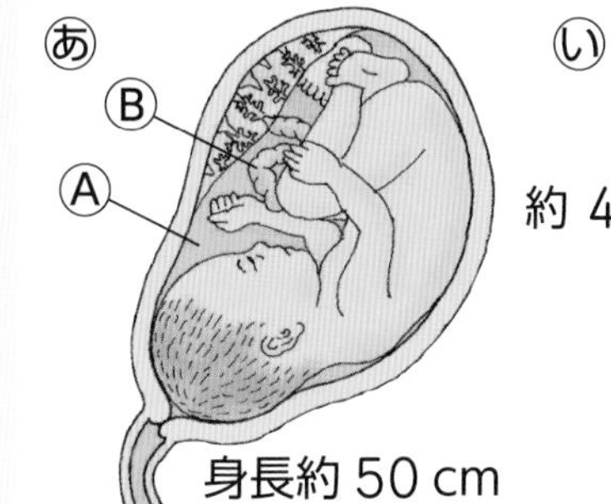

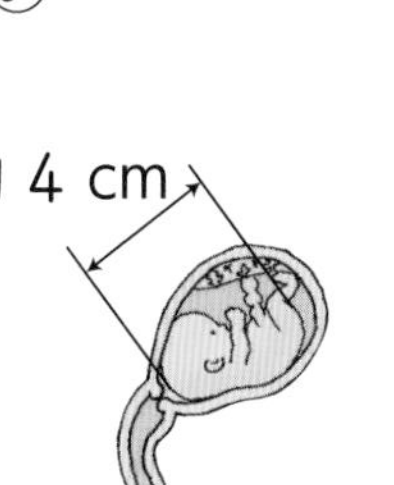

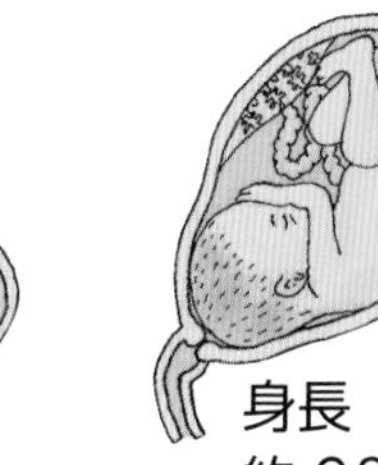
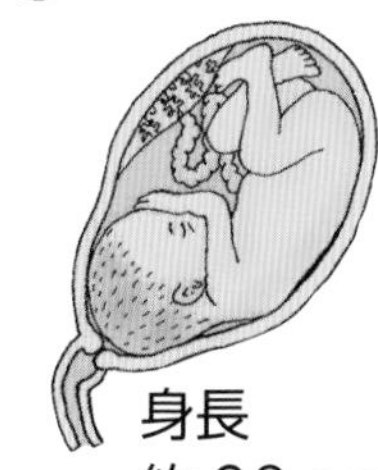

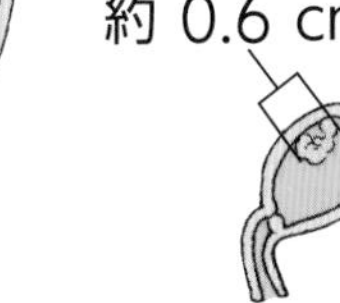

(1) 胎児が育つところは、母親のおなかの中の何というところですか。

(　　　　)

(2) (1)の中はAで満たされています。Aを何といいますか。

(　　　　)

(3) Bは胎児と母親をつないでいて、胎児の成長に必要な養分などは、Bを通して母親から胎児に運ばれます。Bの部分を何といいますか。

(　　　　)

(4) 母親のおなかの中で胎児が育つ順に、あ～えをならべましょう。

(　　)→(　　)→(　　)→(　　)

引きつける。

③(　　)電流の流れる向きを反対にしても、引きつけるクリップの数は変わらない。

2 人の新しい生命の始まりについて調べました。

1つ2点(10点)

(1) ㋐は女性、㋑は男性の体内でつくられるものです。㋐、㋑を何といいますか。

㋐(　　　　)

㋑(　　　　)

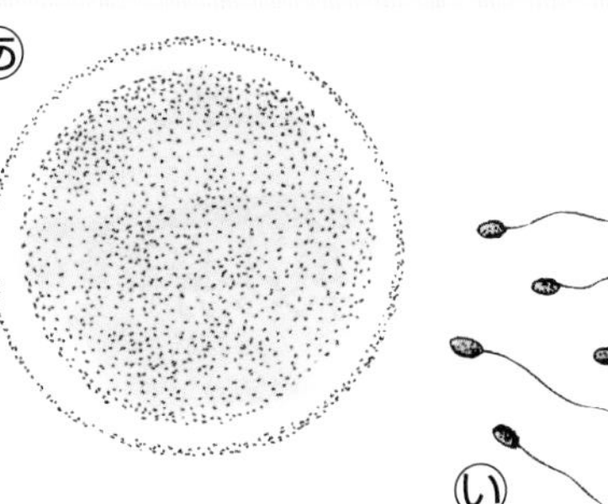

(2) ㋐、㋑が結びつくことを何といいますか。

(　　　　)

(3) ㋑が結びついた㋐を何といいますか。

(　　　　)

(4) ㋑が結びついた㋐の大きさについて、正しいものに○をつけましょう。

ア(　　)約0.1 mm

イ(　　)約1 mm

ウ(　　)約1 cm

4 人の胎児の体重の変化について調べ、まとめようとしています。

1つ3点(9点)

受精後	約4週	約9週	約20週	㋐
体重	約4 g	約20 g	約650 g	㋑

(1) ㋐は、生まれる少し前のころです。㋐に当てはまるものに○をつけましょう。

ア(　　)約24週

イ(　　)約38週

ウ(　　)約52週

(2) ㋑は、生まれる少し前のころの体重です。㋑に当てはまるものに○をつけましょう。

ア(　　)約300 g

イ(　　)約3 kg

ウ(　　)約30 kg

(3) 生まれるまでの胎児の身長はどうなっていますか。正しいものに○をつけましょう。

ア(　　)だんだん大きくなり、約50 cmで生まれる。

イ(　　)だんだん小さくなり、約50 cmで生まれる。

ウ(　　)生まれるまでの間、胎児の身長はほとんど変わらない。

うらにも問題があります。

(切り取り線)

(切り取り線)

5年 理科のまとめ 学力診断テスト

月　日

名前

時間 40分

合格80点

／100

答え44ページ

1 条件を変えてインゲンマメを育てて、植物の成長の条件を調べました。

各3点、(1)、(2)は全部できて3点(9点)

㋐

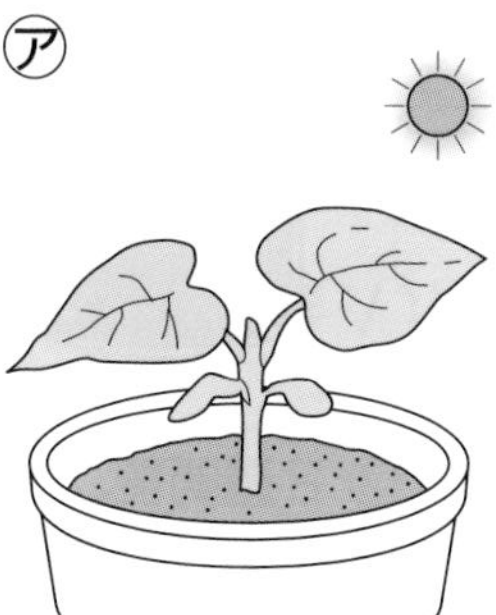

・日光＋肥料＋水

㋑

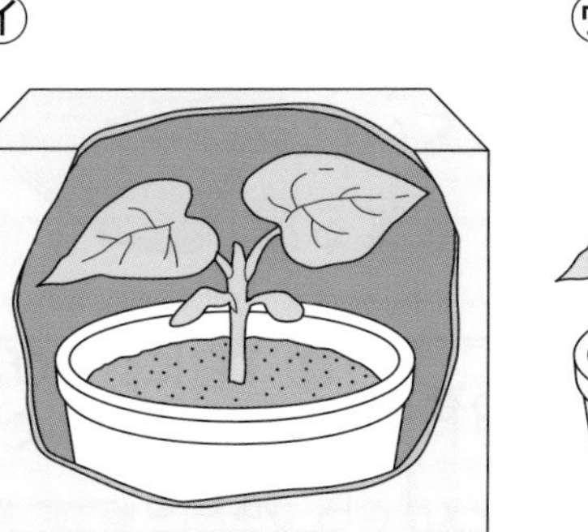

・肥料＋水

㋒

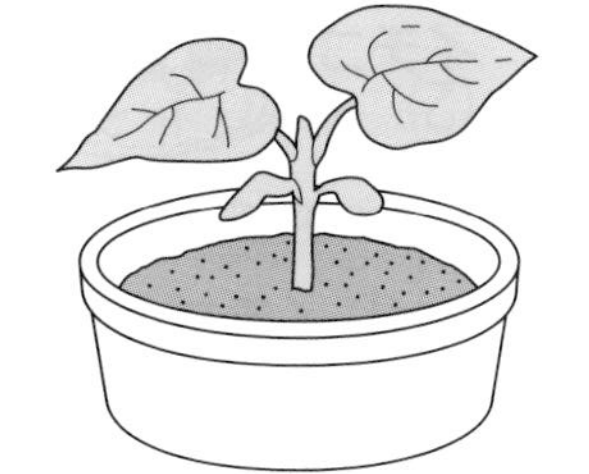

・日光＋水

(1) 日光と成長の関係を調べるには、㋐～㋒のどれとどれを比べるとよいですか。　(　　)と(　　)

(2) 肥料と成長の関係を調べるには、㋐～㋒のどれとどれを比べるとよいですか。　(　　)と(　　)

(3) 最もよく成長するのは、㋐～㋒のどれですか。(　　)

2 メダカを観察しました。

各3点(9点)

㋐ ㋑ ㋒

4 アサガオの花のつくりを観察しました。

各2点(14点)

(1) ㋐～㋓の部分を、それぞれ何といいますか。

㋐(　　　　)

㋑(　　　　)

㋒(　　　　)

㋓(　　　　)

(2) おしべの先から出る粉のようなものを、何といいますか。
(　　　　)

(3) めしべの先に(2)がつくことを、何といいますか。
(　　　　)

(4) 実ができると、その中には何ができていますか。
(　　　　)

5 天気の変化を観察しました。

各2点、(2)は全部できて2点(10点)

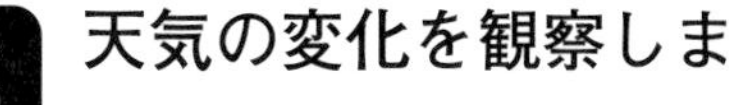

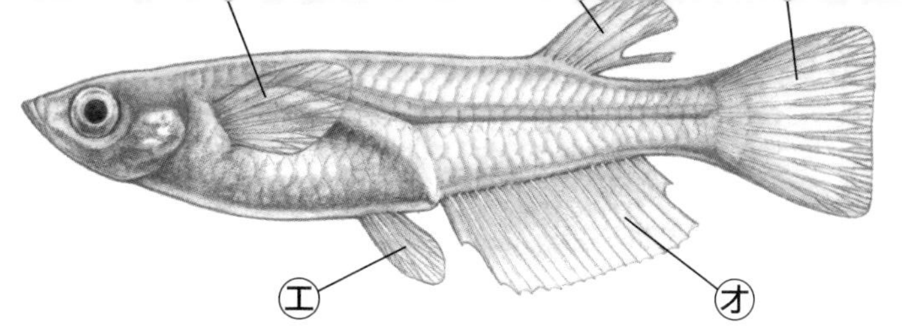

(1) 図のメダカは、めすですか、おすですか。

(　　　　)

(2) めすとおすを見分けるには、㋐～㋔のどのひれに注目するとよいですか。2つ選び、記号で答えましょう。

(　　)と(　　)

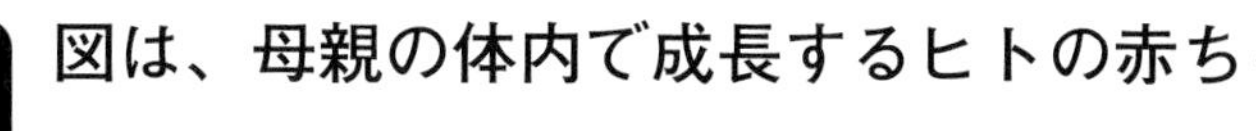

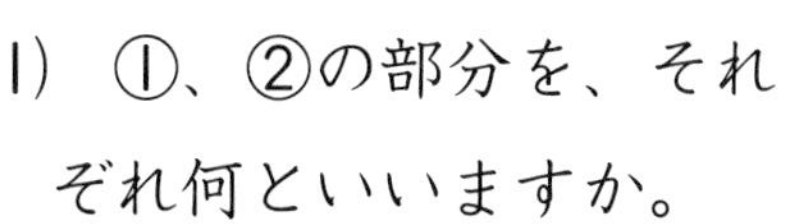

3 図は、母親の体内で成長するヒトの赤ちゃんです。

各3点(9点)

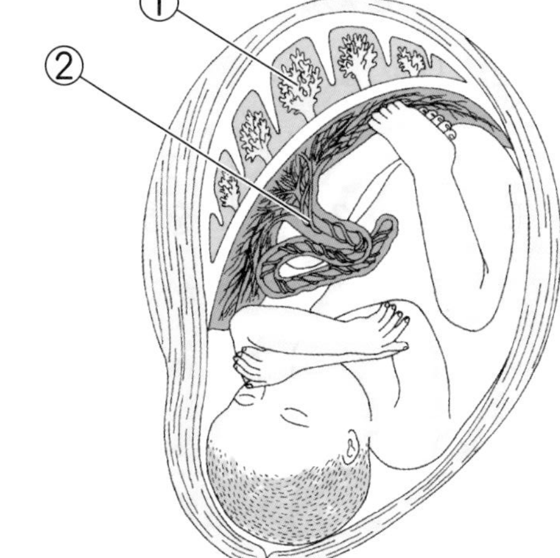

(1) ①、②の部分を、それぞれ何といいますか。

①(　　　　　　)
②(　　　　　　)

(2) 赤ちゃんが、母親の体内で育つ期間は約何週間ですか。

約(　　　)週間

気ですか。

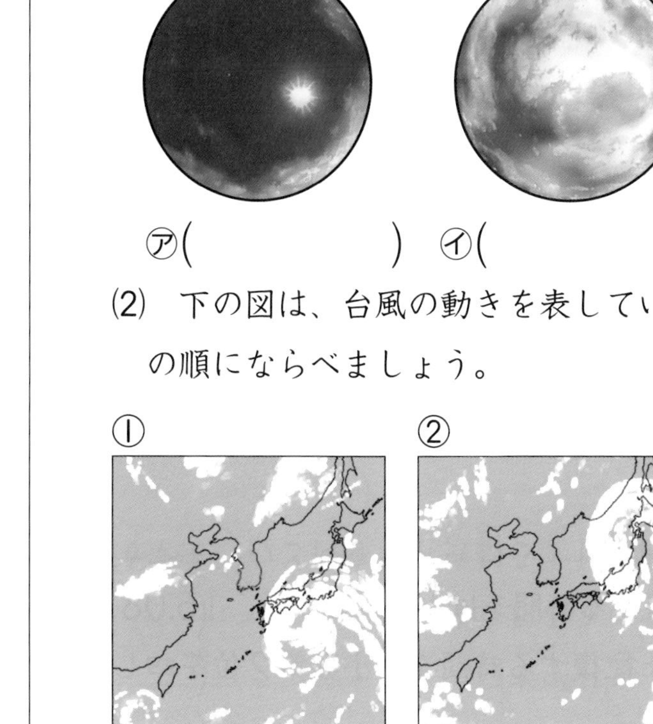

㋐(　　　　)　㋑(　　　　)　㋒(　　　　)

(2) 下の図は、台風の動きを表しています。①～③を、日付の順にならべましょう。

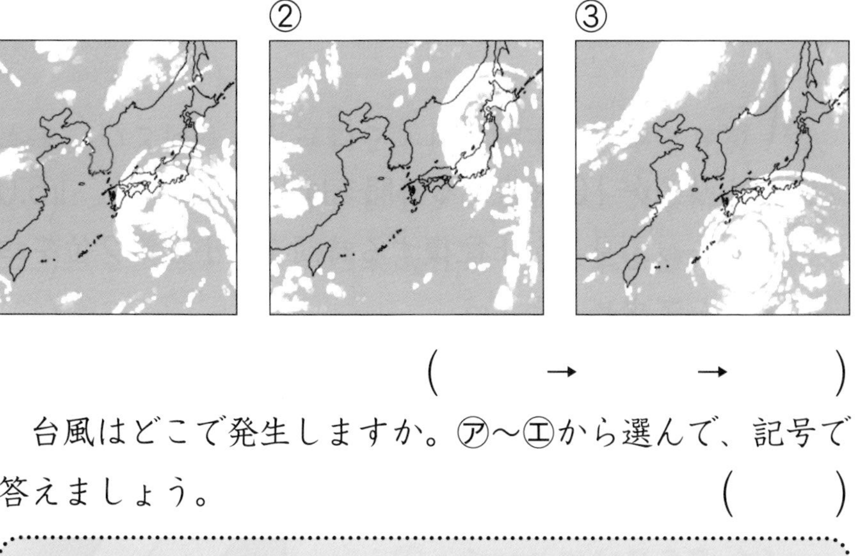

(　　→　　→　　)

(3) 台風はどこで発生しますか。㋐～㋓から選んで、記号で答えましょう。

(　　)

㋐日本の東のほうの海上　㋑日本の北のほうの海上
㋒日本の西のほうの海上　㋓日本の南のほうの海上

うらにも問題があります。

(切り取り線)

この「丸つけラクラク解答」は
とりはずしてお使いください。

教科書ぴったりトレーニング

丸つけラクラク解答

大日本図書版
理科５年

「丸つけラクラク解答」では問題と同じ紙面に、赤字で答えを書いています。

①問題がとけたら、まずは答え合わせをしましょう。

②まちがえた問題やわからなかった問題は、てびきを読んだり、教科書を読み返したりしてもう一度見直しましょう。

おうちのかたへ では、次のようなものを示しています。

- 学習のねらいやポイント
- 他の学年や他の単元の学習内容とのつながり
- まちがいやすいことやつまずきやすいところ

お子様への説明や、学習内容の把握などにご活用ください。

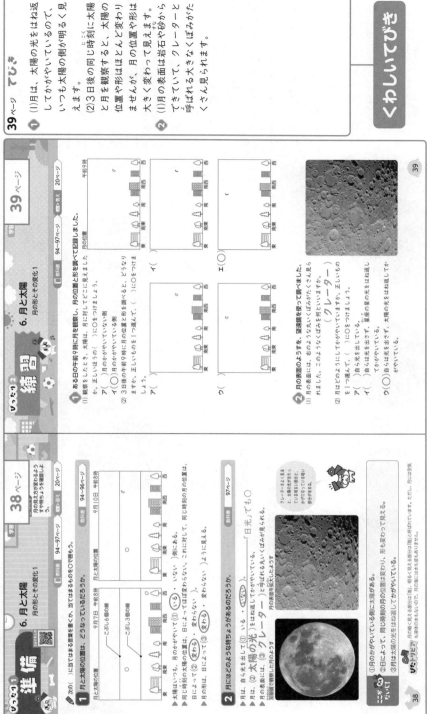

ぴったり1 準備 6. 月と太陽 月の形とその変化１ 38ページ

教科書 94〜97ページ　答え 20ページ

次の（　）に当てはまる言葉を書くか、当てはまるものを○で囲もう。

1 月と太陽の位置は、どうなっているだろうか。　教科書 94〜96ページ

- 太陽はいつも、月のかがやいて（① いる ・ いない ）側にある。
- 同じ時刻の太陽の位置は、日によってほぼ変わらない。これに対して、同じ時刻の月の位置は、日によって（② 変わる ・ 変わらない ）。
- 月の形は、日によって（③ 変わる ・ 変わらない ）ように見える。

2 月にはどのような特ちょうがあるのだろうか。　教科書 97ページ

- 月は、自ら光を出して（① いる ・ いない ）。
- 月は、（② 太陽の光 ）をはね返してかがやいている。「日光」でも○
- 月の表面には、（③ クレーター ）と呼ばれる丸いくぼみが見られる。

ここがだいじ！
①月のかがやいている側に太陽がある。
②日によって、同じ時刻の月の位置は変わり、形も変わって見える。
③月は太陽の光をはね返してかがやいている。

ぴったり2 練習 6. 月と太陽 月の形とその変化１ 39ページ

1 ある日の午前９時に月を観察し、月の位置と形を調べて記録しました。
(1) 観察をしたとき、太陽は、月に対してどこに見えましたか。正しいほうの（　）に○をつけましょう。
ア（　）月のかがやいていない側
イ（○）月のかがやいている側
(2) ３日後の午前９時に月の位置と形を調べると、どうなりますか。正しいものを１つ選んで、（　）に○をつけましょう。
ア（　）　イ（　）　ウ（　）　エ（○）

2 月の表面のようすを、望遠鏡を使って調べました。
(1) 月の表面には、右のような丸いくぼみがたくさん見られました。このようなくぼみを何といいますか。
（ クレーター ）
(2) 月はどのようにしてかがやいていますか。正しいものを１つ選んで、（　）に○をつけましょう。
ア（　）自ら光を出している。
イ（　）自らは光を出さず、星座の星の光をはね返してかがやいている。
ウ（○）自らは光を出さず、太陽の光をはね返してかがやいている。

見やすい答え

39ページ　てびき

❶ (1)月は、太陽の光をはね返してかがやいているので、いつも太陽の側が明るく見えます。
(2)３日後の同じ時刻に太陽と月を観察すると、太陽の位置や形はほとんど変わりませんが、月の位置や形は大きく変わって見えます。

❷ (1)月の表面は岩石や砂からできていて、クレーターと呼ばれる大きなくぼみがたくさん見られます。

くわしいてびき

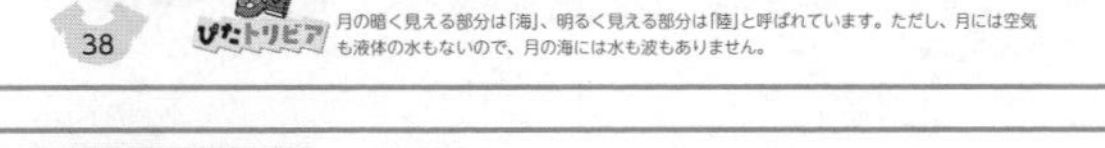

おうちのかたへ　6. 月と太陽
月の形の見え方について学習します。月と太陽の位置関係によって月の形の見え方がどうなるかを理解しているかがポイントです。なお、時間がたつと、太陽が東から南の空の高いところを通り、西へと動くことは、3年で学習しています。

おうちのかたへ

※紙面はイメージです。

ぴったり1 **準備**

1. 天気の変化
①雲のようすと天気の変化

学習 2ページ

1日の天気は雲のようすによって、どのように変わるかを確にんしよう。

教科書 4~9ページ　答え 2ページ

次の(　)に当てはまる言葉を書くか、当てはまるものを○で囲もう。

1 「晴れ」と「くもり」の決め方をまとめよう。　教科書 6ページ

▶空全体の広さを10として、雲のしめる量が0～8のときが(① (晴れ) ・ くもり)である。

▶空全体の広さを10として、雲のしめる量が9～10のときが(② 晴れ ・ (くもり))である。

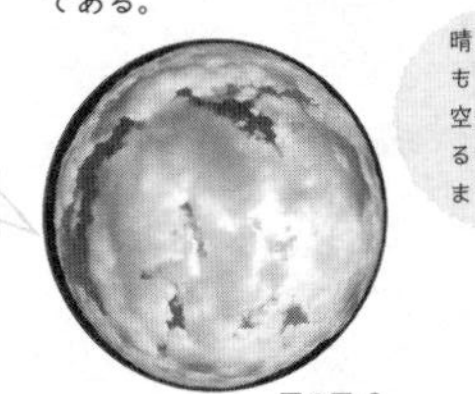

特別なレンズを使って空全体を写した写真

雲の量 3

雲の量 9

晴れなのかくもりなのかは、空全体にしめる雲の量で決まるよ。

2 天気は、雲のようすとどのような関係があるのだろうか。　教科書 4~9ページ

▶雲のようすと天気の関係を調べるときには、いつも(① (同じ) ・ ちがう)場所で調べるようにする。

▶タブレットなどで雲を画像として記録するときには、同じ方向を向き、(② 飛行機 ・ (建てもの))などを入れて写すようにする。

▶天気が晴れからくもりに変わるとき、雲の量は(③ (増える) ・ 減る)。

▶天気がくもりから晴れに変わるとき、雲の量は(④ 増える ・ (減る))。

▶雲にはいろいろな種類があり、乱層雲や積乱雲のような、(⑤ 雨)をふらす雲もある。

乱層雲　積乱雲

乱層雲は雨雲ともよばれ、積乱雲はかみなり雲や入道雲ともよばれるよ。

ここがだいじ！ ①雲の量が増えたり減ったりすることや、雲が動くことによって、天気が変化する。
②雲にはいろいろな種類があり、雨をふらす雲もある。

ぴたトリビア 雲は、できる高さと形によって、10種類に分けられます。雲の種類によって特ちょうがあり、雨がふるかどうかを知るのに、役立てることができます。

ぴったり2 **練習**

1. 天気の変化
①雲のようすと天気の変化

学習 3ページ

教科書 4~9ページ　答え 2ページ

1 晴れとくもりの決め方をまとめます。

あ　い　う

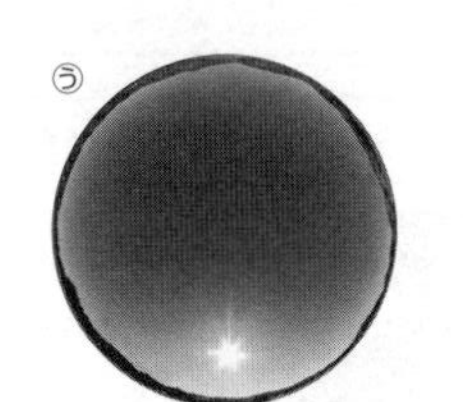

(1) 晴れの日の空全体のようすを、あ～うからすべて選びましょう。　(い、う)

(2) 空全体の広さを10として、雲のしめる量がどのようなときがくもりですか。正しいものを1つ選んで、(　)に○をつけましょう。

ア(　)5～10
イ(　)7～10
ウ(○)9～10

2 天気と雲の関係を調べました。

(1) 午前と午後に雲のようす(量や形、動き)を観察して、その変化を調べるためには、同じ場所、ちがう場所のどちらで観察するとよいですか。　(同じ場所)

(2) 雲と天気の関係について、次の文の(　)に当てはまる言葉を書きましょう。

●天気は、雲の(① 量)が増えたり減ったりすることや、雲が(② 動く)ことによって、変化する。

(3) 雨をふらす雲を2つ選んで、(　)に○をつけましょう。

ア(○)　イ(　)

ウ(　)　エ(○)

ヒント 2 (3)雨をふらす雲は、雲が厚くて太陽の光をさえぎるので、雲の下から見ると、黒っぽく見えます。

3ページ　てびき

1 空全体の広さを10としたとき、雲のしめる量が0～8のときが「晴れ」、9～10のときが「くもり」です。雲の量は、あが9、いが3、うが0なので、いとうが晴れで、あがくもりです。

2 (1)観察する場所を変えると、雲がどう動いたかが正しくわかりません。

(2)雲の量が0～8⇄9～10となれば、晴れ⇄くもりとなります。

(3)アは乱層雲、エは積乱雲で、どちらも下から見ると、黒っぽく見えます。このような雲が上空にあると、雨がふります。

おうちのかたへ
天気による1日の気温の変化は4年で学習しています。また、台風については、「4.台風と防災」で学習します。

おうちのかたへ　1. 天気の変化
雲の様子と天気の変化について学習します。雲の量や動き方によって天気がどのように変化するかを理解しているか、気象情報を読み取って天気を予想することができるか、などがポイントです。

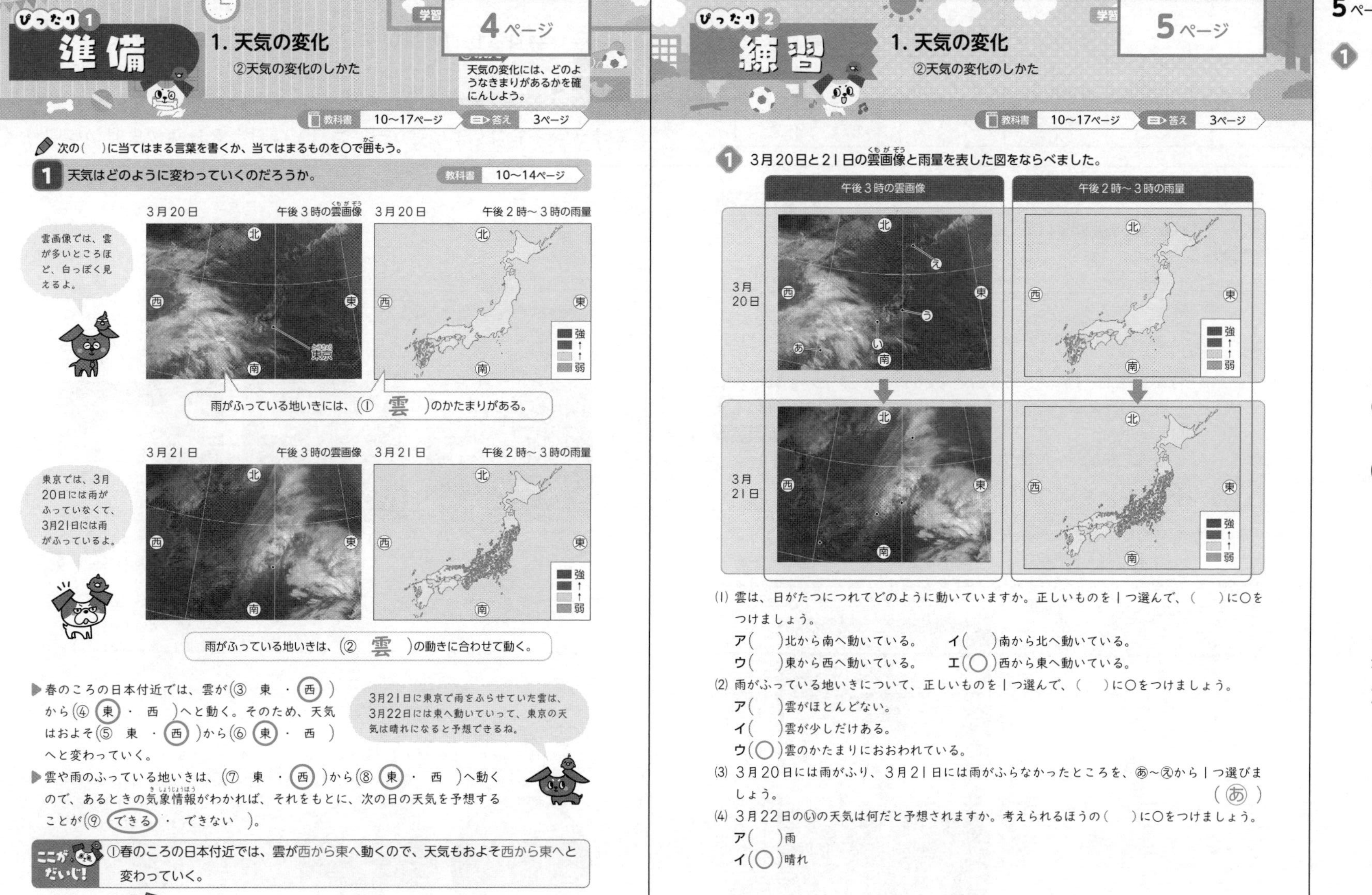

ぴったり1 準備

1. 天気の変化
②天気の変化のしかた

学習 4ページ

天気の変化には、どのようなきまりがあるかを確にんしよう。

教科書 10〜17ページ　答え 3ページ

次の(　)に当てはまる言葉を書くか、当てはまるものを○で囲もう。

1 天気はどのように変わっていくのだろうか。　教科書 10〜14ページ

3月20日　午後3時の雲画像　3月20日　午後2時〜3時の雨量

雲画像では、雲が多いところほど、白っぽく見えるよ。

北　西　東　南　東京　強 ↑ ↑ 弱

雨がふっている地いきには、(① 雲)のかたまりがある。

3月21日　午後3時の雲画像　3月21日　午後2時〜3時の雨量

東京では、3月20日には雨がふっていなくて、3月21日には雨がふっているよ。

雨がふっている地いきは、(② 雲)の動きに合わせて動く。

▶春のころの日本付近では、雲が(③ 東 ・ 西)から(④ 東 ・ 西)へと動く。そのため、天気はおよそ(⑤ 東 ・ 西)から(⑥ 東 ・ 西)へと変わっていく。

3月21日に東京で雨をふらせていた雲は、3月22日には東へ動いていって、東京の天気は晴れになると予想できるね。

▶雲や雨のふっている地いきは、(⑦ 東 ・ 西)から(⑧ 東 ・ 西)へ動くので、あるときの気象情報がわかれば、それをもとに、次の日の天気を予想することが(⑨ できる ・ できない)。

ここがだいじ! ①春のころの日本付近では、雲が西から東へ動くので、天気もおよそ西から東へと変わっていく。

ぴたトリビア 全国各地の無人の観測所で自動的に気象観測を行い、その結果を気象ちょうで集計するしくみを、「アメダス(地いき気象観測システム)」といいます。

4

ぴったり2 練習

1. 天気の変化
②天気の変化のしかた

学習 5ページ

教科書 10〜17ページ　答え 3ページ

1 3月20日と21日の雲画像と雨量を表した図をならべました。

午後3時の雲画像　午後2時〜3時の雨量

3月20日　3月21日

北　西　東　南　あ　い　う　え　強 ↑ ↑ 弱

(1) 雲は、日がたつにつれてどのように動いていますか。正しいものを1つ選んで、(　)に○をつけましょう。
ア(　)北から南へ動いている。　イ(　)南から北へ動いている。
ウ(　)東から西へ動いている。　エ(○)西から東へ動いている。

(2) 雨がふっている地いきについて、正しいものを1つ選んで、(　)に○をつけましょう。
ア(　)雲がほとんどない。
イ(　)雲が少しだけある。
ウ(○)雲のかたまりにおおわれている。

(3) 3月20日には雨がふり、3月21日には雨がふらなかったところを、あ〜えから1つ選びましょう。　(あ)

(4) 3月22日のいの天気は何だと予想されますか。考えられるほうの(　)に○をつけましょう。
ア(　)雨
イ(○)晴れ

ヒント 1 (3)、(4)雲の動きとともに、天気も変化します。

5

5ページ　てびき

1 (1)3月20日の雲画像(くもがぞう)では西日本の上空にあった雲が、3月21日には東へ動き、い、う、えをおおっています。
(3)3月20日の雨量の図から、3月20日にはあで雨がふり、い、う、えで雨がふっていなかったことがわかります。また、3月21日の雨量の図から、3月21日にはあで雨がふらず、い、うで雨がふっていたことがわかります。
(4)雲画像を見ると、雨をふらす雲は3月20日から21日の間にいの上空を通りぬけ、もうすぐ雲が過ぎ去ると考えられます。また、3月21日のいの西側には雲がほとんどないので、3月22日の天気は晴れになると考えられます。

ぴったり3 確かめのテスト。

1. 天気の変化

6ページ

/100 合格70点

教科書 4~19ページ 答え 4ページ

1 ある日の午前10時と午後2時の天気と雲のようすを調べます。 技能 1つ5点(30点)

(1) 午前10時と午後2時の天気はそれぞれ、晴れ、くもりのどちらですか。

午前10時(晴れ)
午後2時(くもり)

(2) 晴れの決め方について、次の文の( )に当てはまる数字を書きましょう。

● 空全体の広さを10として、雲のしめる量が(① 0)~(② 8)のときが「晴れ」である。

(3) 天気や雲のようすの変化を調べるとき、午前10時と午後2時で、観察する場所は同じ場所、ちがう場所のどちらにしますか。 (同じ場所)

(4) タブレットなどで雲のようすをさつえいするとき、いっしょに写すとよいものは何ですか。正しいものを1つ選んで、( )に○をつけましょう。

ア( )空を飛んでいる飛行機
イ( )空に見える月や太陽
ウ(○)地上に見える建てもの
エ( )地上を走っているバスや電車

2 雲について調べました。 1つ10点、(1)は全部できて10点(30点)

(1) 雨をふらす雲をすべて選んで、( )に○をつけましょう。

(2) 雲と天気の関係について、正しいものを2つ選んで、( )に○をつけましょう。

ア(○)雲があまり動かないときには、天気はしばらく変わらない。
イ( )天気が晴れからくもりに変わると、かならず雨がふる。
ウ( )雲が動いて雲の量が増えると、晴れになる。
エ(○)雨がふっているときには、空が雲におおわれて暗くなっていることが多い。

7ページ

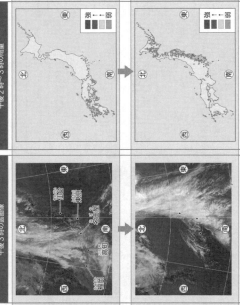

学習

よく出る

3 昨日と今日の気象情報を調べました。 思考・表現 1つ10点、(1)は全部できて10点(30点)

午後3時の雲画像 / 午後2時~3時の雨量

昨日 / 今日 (北・南・東・西、福岡、高知、名古屋、東京、仙台、強↔弱)

(1) 昨日の天気が晴れまたはくもりで、今日の天気が雨であるところを、雲画像の5つの都市からすべて選びましょう。 (東京、仙台)

(2) 明日の東京では、雨はふりますか、ふりませんか。 (ふらない。)

(3) 記述 (2)のように予想した理由を説明しましょう。

(今日の午後3時に雨をふらせている雲が、東へ動いていき、東京の西側には雲がないから。)

できたらスゴイ!

4 「夕焼けのときは、明日、晴れ」といういい習わしについて考えます。 1つ5点(10点)

(1) 夕焼けが見られたときの空のようすを1つ選んで、( )に○をつけましょう。

ア( )東の空の遠いところまで、ほとんど雲がない。
イ( )東の空の遠いところまで、たくさんの雲がある。
ウ(○)西の空の遠いところまで、ほとんど雲がない。
エ( )西の空の遠いところまで、たくさんの雲がある。

(2) 記述 (1)のことがわかると、次の日に晴れると予想できる理由を説明しましょう。 思考・表現

(天気はおよそ西から東へ変わっていくから。)

ふりかえり
3がわからないときは、4ページの1にもどって確にんしましょう。
4がわからないときは、4ページの1にもどって確にんしましょう。

3 (1)5つの都市の昨日と今日の天気は、右の表のようにまとめられます。
(3)雨がふっている地いきは、雨をふらす雲の動きとともに動きます。

4 (2)雲が西から東へ動くにつれて、天気も西から東へ動くので、西の空の遠いところまで雲がなければ、その後しばらくは晴れが続くと考えられます。

	福岡	高知	名古屋	東京	仙台
昨日の天気	雨	雨	晴れまたはくもり	晴れまたはくもり	晴れまたはくもり
今日の天気	晴れまたはくもり	晴れまたはくもり	晴れまたはくもり	雨	雨

6~7ページ てびき

1 (1)午前10時の空は、雲の量が5、青空が5くらいなので、晴れです。午後2時の空は、雲の量が9、青空が1くらいなので、くもりです。
(2)空全体の広さを10として、雲のしめる量が0~8のときは「晴れ」、9~10のときは「くもり」です。
(4)動かないものをいっしょに写すと、雲の動きがわかりやすくなります。

2 (1)イの積乱雲は、夏の晴れた日などに高く大きく広がることが多い雲で、短時間に大量の雨やひょうがふったり、強い風がふいたりします。積乱雲はかみなりを発生させることもあるので、かみなり雲とよばれることもあります。
ウの乱層雲は、低い空に広くたちこめ、広い地いきに弱い雨を長時間ふらすことが多い雲です。乱層雲は雨雲ともよばれます。
(2)雨をふらす雲は厚みがあるため、日光をさえぎり、暗くなります。また、そのような雲は、下から見ると黒っぽく見えます。

2. 植物の発芽と成長

①発芽の条件１

8ページ

種子が発芽するために水が必要かどうかを確にんしよう。

教科書 20～24ページ　答え 5ページ

次の（　）に当てはまる言葉を書くか、当てはまるものを○で囲もう。

1 種子が発芽するために、水は必要なのだろうか。

教科書 20～23ページ

▶植物の種子から芽が出ることを（① 発芽 ）という。

種子は発芽（② (する) ・ しない ）。　種子は発芽（③ する ・ (しない) ）。

肥料がなくても発芽したということは、肥料は発芽に必要ないということだね。

▶種子が発芽するためには、水が必要（④ (である) ・ ではない ）。

2 発芽に必要な条件を調べる実験の計画を立てよう。

教科書 23～24ページ

▶実験を行うときは、条件を（① (１つだけ) ・ いくつか ）変え、ほかの条件をそろえて調べる。

▶種子の発芽に水が必要かどうか調べるためには、（② 水 ）の条件だけを変えて実験する。

▶種子の発芽に空気が必要かどうか調べるためには、（③ 空気 ）の条件だけを変えて実験する。

▶種子の発芽に温度が関係しているかどうか調べるためには、（④ 温度 ）の条件だけを変えて実験する。

水が必要かどうか調べるとき

	㋐	㋑
水	あり	なし
空気	あり	
温度	同じ温度のところ（約20℃）	

空気が必要かどうか調べるとき

	㋒	㋓
水	あり	
空気	あり	（⑤ あり ・ (なし)）
温度	同じ温度のところ（約20℃）	

温度が関係しているかどうか調べるとき

	㋔	㋕
水	あり	
空気	あり	
温度	約20℃	約5℃

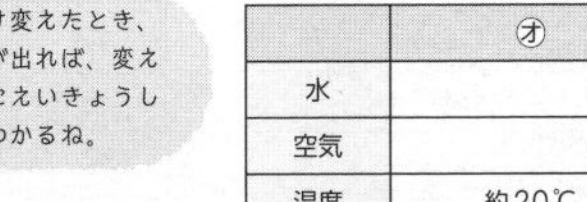

条件を１つだけ変えたとき、結果にちがいが出れば、変えた条件が結果にえいきょうしていることがわかるね。

ここがだいじ！
①種子が発芽するためには、水が必要である。
②実験を行うときは、条件を１つだけ変え、ほかの条件はそろえて調べるようにする。

ぴたトリビア　長い時間がたった種子でも、発芽することがあります。1000年以上前の種子が、発芽に必要なすべての条件をそろえたら発芽したという研究結果もあります。

ぴったり2 練習

2. 植物の発芽と成長

①発芽の条件１

9ページ

教科書 20～24ページ　答え 5ページ

1 インゲンマメの種子から芽が出る条件を調べます。

(1) 植物の種子から芽が出ることを何といいますか。

（ 発芽 ）

(2) 種子から芽が出るのは、㋐、㋑のどちらですか。

（ ㋑ ）

(3) 次の文は、㋐、㋑の結果からわかることをまとめたものです。（　）に当てはまる言葉を下の［　］から選んで書きましょう。

●㋐、㋑の実験の結果から、種子から芽が出るためには、（① 水 ）が必要であることがわかる。また、（② 肥料 ）はないが、（①）があれば芽が出るので、（②）は必要ではないことがわかる。

［ 空気　水　肥料　温度 ］

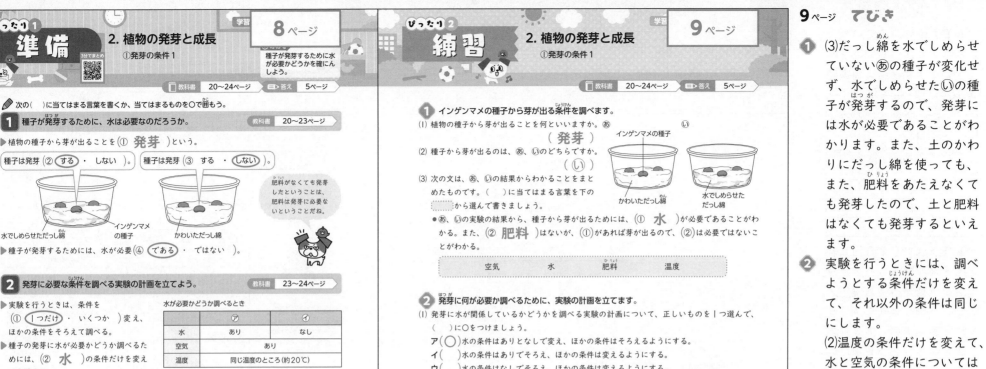

㋐ かわいただっし綿　インゲンマメの種子
㋑ 水でしめらせただっし綿

2 発芽に何が必要か調べるために、実験の計画を立てます。

(1) 発芽に水が関係しているかどうかを調べる実験の計画について、正しいものを１つ選んで、（　）に○をつけましょう。

ア（○）水の条件はありとなしで変え、ほかの条件はそろえるようにする。
イ（　）水の条件はありでそろえ、ほかの条件は変えるようにする。
ウ（　）水の条件はなしでそろえ、ほかの条件は変えるようにする。

(2) 発芽に温度が関係しているかどうかを調べるときには、次の①～③のそれぞれの条件は変えますか、同じにしますか。

① 水　（ 同じにする。 ）
② 空気　（ 同じにする。 ）
③ 温度　（ 変える。 ）

(3) 発芽に空気が必要かどうかを調べるために行う実験を２つ選んで、（　）に○をつけましょう。

ア（　）かわいただっし綿
イ（○）水でしめらせる。
ウ（○）水にしずめる。
エ（　）肥料を入れた水でしめらせる。

ヒント
1 (3)㋐ではかわいただっし綿、㋑では水でしめらせただっし綿、という点が変えている条件です。
2 調べようとしている条件１つだけを変え、ほかの条件はそろえます。

おうちのかたへ　**2. 植物の発芽と成長**

植物の発芽や成長に必要な条件を学習します。ここでは、変える条件・同じにする条件を考えて実験できるか、発芽や成長に必要な条件を理解しているか、などがポイントです。

9ページ　てびき

1 (3)だっし綿を水でしめらせていない㋐の種子が変化せず、水でしめらせた㋑の種子が発芽するので、発芽には水が必要であることがわかります。また、土のかわりにだっし綿を使っても、また、肥料をあたえなくても発芽したので、土と肥料はなくても発芽するといえます。

2 実験を行うときには、調べようとする条件だけを変えて、それ以外の条件は同じにします。

(2)温度の条件だけを変えて、水と空気の条件については同じにします。

(3)空気の条件だけがちがい、それ以外の水や肥料などの条件は同じである２つを選びます。

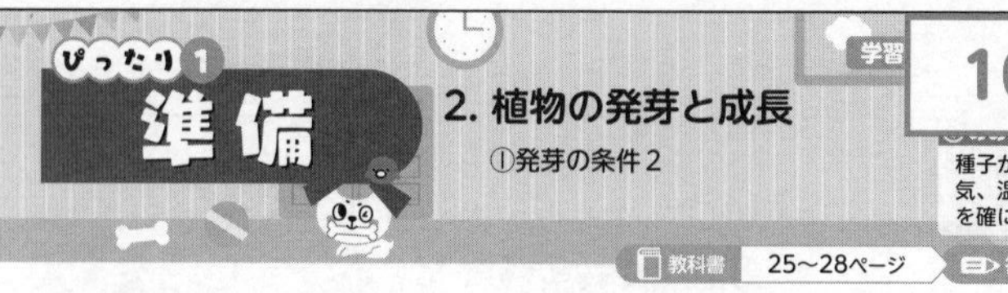

ぴったり1 準備

2. 植物の発芽と成長

①発芽の条件２

学習 10ページ

種子が発芽するために空気、温度が必要かどうかを確にんしよう。

教科書 25〜28ページ　答え 6ページ

次の(　)に当てはまる言葉を書くか、当てはまるものを○で囲もう。

1 種子が発芽するために、空気は必要なのだろうか。

教科書 25〜27ページ

インゲンマメの種子／水でしめらせただっし綿		水にしずめる。
(① (あり)・なし)	水	(② (あり)・なし)
(③ (あり)・なし)	空気	(④ あり・(なし))
約20℃(同じ部屋の中)	温度	約20℃(同じ部屋の中)
発芽(⑤ (する)・しない)。	結果	発芽(⑥ する・(しない))。

▶種子が発芽するためには、空気が必要(⑦ (である)・ではない)。

2 種子の発芽に、温度は関係しているのだろうか。

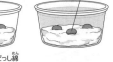

教科書 25〜27ページ

だんボールの箱／インゲンマメの種子／水でしめらせただっし綿		冷ぞう庫の中に入れる。／水でしめらせただっし綿
(① (あり)・なし)	水	(② (あり)・なし)
(③ (あり)・なし)	空気	(④ (あり)・なし)
約20℃(部屋の中)	温度	約5℃(冷ぞう庫の中)
発芽(⑤ (する)・しない)。	結果	発芽(⑥ する・(しない))。

▶種子が発芽するためには、発芽に適した温度が必要(⑦ (である)・ではない)。

▶種子が発芽するためには、(⑧ 水)、(⑨ 空気)、発芽に適した温度の３つの条件が必要である。

ここがだいじ! ①種子の発芽には、水、空気、発芽に適した温度の３つの条件が必要である。

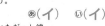

ぴたトリビア　多くの植物はインゲンマメと同じで発芽に光が必要ないですが、レタスやシソなどのように、日光に一定時間当たることで発芽しやすくなる植物もあります。

ぴったり2 練習

2. 植物の発芽と成長

①発芽の条件２

学習 11ページ

教科書 25〜28ページ　答え 6ページ

1 発芽に必要な条件を調べるために、あ、いの種子が発芽するか調べました。

(1) あ、いの種子は、それぞれ発芽しますか。

あ(　発芽する。　)
い(　発芽しない。)

あ　インゲンマメの種子／水でしめらせただっし綿　　い　水にしずめる。

(あ、いは約20℃の部屋の中に置く。)

(2) この実験から、どのようなことがわかりますか。正しいものを１つ選んで、(　)に○をつけましょう。

ア(　)発芽には水が必要である。
イ(○)発芽には空気が必要である。
ウ(　)発芽には空気が必要ではない。

2 インゲンマメの種子の発芽に温度が関係しているかどうか調べました。

あ 部屋の中(約20℃)　い 冷ぞう庫の中(約5℃)

(1) あ、いの種子は、どのようなだっし綿の上に置きますか。それぞれア、イから選びましょう。

あ(イ)　い(イ)

ア　かわいただっし綿
イ　水でしめらせただっし綿

(2) あ、いの明るさの条件はどうしますか。正しいほうの(　)に○をつけましょう。

ア(○)同じにする。
イ(　)同じにしなくてよい。

(3) この実験では、あ、いの種子はどうなりましたか。正しいものを１つ選んで、(　)に○をつけましょう。

ア(　)どちらも発芽しなかった。
イ(　)あは発芽せず、いは発芽した。
ウ(○)いは発芽せず、あは発芽した。
エ(　)どちらも発芽した。

(4) あ、いの結果からわかることを１つ選んで、(　)に○をつけましょう。

ア(　)温度は、発芽には関係ない。
イ(　)温度は発芽に関係があり、温度が低くないと発芽しない。
ウ(○)温度は発芽に関係があり、発芽に適した温度だと発芽する。

11ページ　てびき

❶ あは水でしめらせただっし綿の上に種子を置いているので、水も空気も「あり」です。いは種子を水にしずめているので、水は「あり」ですが、空気は「なし」です。

	あ	い
水	あり	
空気	あり	なし
温度	部屋の中(約20℃)	

❷ (1)水は発芽に必要な条件なので、水の条件は「あり」でそろえておきます。

(2)温度が関係しているかどうか調べようとしているので、温度以外の条件は同じにします。冷ぞう庫はドアをしめると中が暗くなるので、部屋の中に置くほうも、だんボールの箱などをかぶせて同じように暗くします。

	あ	い
水	あり	
空気	あり	
温度	部屋の中(約20℃)	冷ぞう庫の中(約5℃)
明るさ	同じ明るさ	

(4)この実験では、約20℃の温度では発芽することと、約5℃の低い温度では発芽しないことがわかります。

ぴったり1 準備

2. 植物の発芽と成長

②発芽と養分

学習 12ページ

発芽に必要な養分が種子にふくまれているかどうかを確にんしよう。

教科書 29～32ページ　答え 7ページ

次の(　)に当てはまる言葉を書くか、当てはまるものを○で囲もう。

1 ヨウ素デンプン反応についてまとめよう。　教科書 31ページ

▶ヨウ素液は、(① デンプン)がふくまれているかどうかを調べるときに使う。

▶ヨウ素液を(①)にかけて青むらさき色に変化する反応を、(② ヨウ素デンプン)反応という。

▶(②)反応が見られれば、(①)がふくまれて(③ (いる)・ いない)といえる。

ヨウ素液　ご飯

ヨウ素液をかけると、(④ 青むらさき)色に変化する。

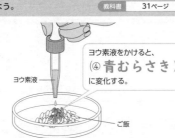

2 種子には、発芽に必要な養分がふくまれているのだろうか。　教科書 29～32ページ

▶種子(発芽する前のインゲンマメ)

根・くき・(① 葉)になるところ

(② 子葉)

▶発芽して成長したもの

葉　くき　根

(④ 子葉)

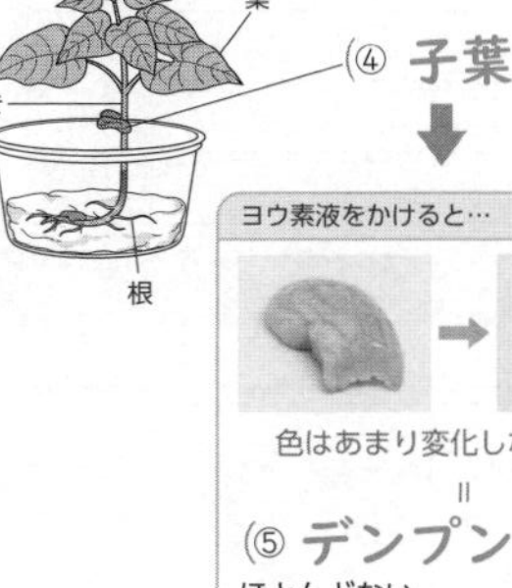

ヨウ素液をかけると…

青むらさき色に変化した。

＝

(③ デンプン)がある。

ヨウ素液をかけると…

色はあまり変化しなかった。

＝

(⑤ デンプン)がほとんどない。

▶発芽して成長したものの子葉にデンプンがほとんどふくまれていないのは、(⑥ 発芽)のときに種子にふくまれている養分が使われたからである。

ここがだいじ!

①デンプンにヨウ素液をかけると青むらさき色に変化する。これをヨウ素デンプン反応といい、デンプンがあることを調べられる。

②植物は、種子にふくまれている養分(デンプン)を使って発芽する。

ぴたトリビア　種子にデンプンを多くふくむイネ、ムギ、トウモロコシなどは地球上の多くの地いきで主食として食べられるほか、家ちくのえさとしても利用されます。

ぴったり2 練習

2. 植物の発芽と成長

②発芽と養分

学習 13ページ

教科書 29～32ページ　答え 7ページ

1 ご飯にヨウ素液をかけると、色が変わりました。

ヨウ素液　ご飯

(1) ヨウ素液がかかった部分は、何色になりますか。正しいものを1つ選んで、(　)に○をつけましょう。

ア(　)赤色

イ(　)うすい茶色

ウ(　)白色

エ(○)青むらさき色

(2) ヨウ素液によって(1)のような色になる反応を何といいますか。

(ヨウ素デンプン反応)

(3) ヨウ素液をかけて(1)のような色になったことから、ご飯には何がふくまれていることがわかりますか。

(デンプン)

2 発芽する前のインゲンマメの種子と、発芽してから成長したものについて調べます。

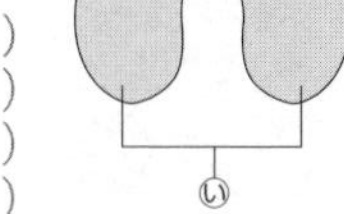

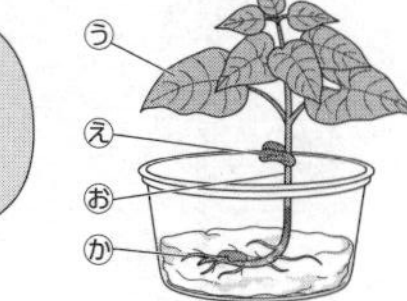

(1) 種子の子葉は、あ、いのどちらですか。

(い)

(2) う～かは、それぞれあ、いのどちらが変化したものですか。

う(あ)

え(い)

お(あ)

か(あ)

(3) いの部分にヨウ素液をかけるとどうなりますか。正しいものを1つ選んで、(　)に○をつけましょう。

ア(　)変化しない。

イ(　)白色に変化する。

ウ(　)赤色に変化する。

エ(○)青むらさき色に変化する。

(4) えを切り、その切り口にヨウ素液をかけるとどうなりますか。正しいほうの(　)に○をつけましょう。

ア(○)ヨウ素デンプン反応があまり見られない。

イ(　)ヨウ素デンプン反応が見られる。

(5) 次の文は、(3)、(4)の結果からわかることをまとめたものです。(　)に当てはまる言葉を書きましょう。

● 種子のいの部分には(① デンプン)とよばれる養分がふくまれている。この養分は、インゲンマメの種子が(② 発芽)するために使われる。

13ページ　てびき

1 (1)ヨウ素液はこう茶のようなうすい茶色ですが、デンプンをふくむもの(ご飯やいもの切り口など)にかけると、デンプンをふくむ部分が青むらさき色になります。

(3)ヨウ素デンプン反応が見られればデンプンがふくまれているといえ、ヨウ素デンプン反応が見られなければデンプンがふくまれていないといえます。

2 (2)あの部分は、発芽した後に根、くき、葉になります。

(3)発芽する前の子葉にはデンプンがふくまれています。

(4)発芽して成長したものの子葉には、デンプンがほとんどふくまれていません。

(5)発芽する前の子葉にはデンプンがふくまれていて、発芽するときにこのデンプンを養分として使うため、発芽した後の子葉の中のデンプンはほとんどなくなっています。

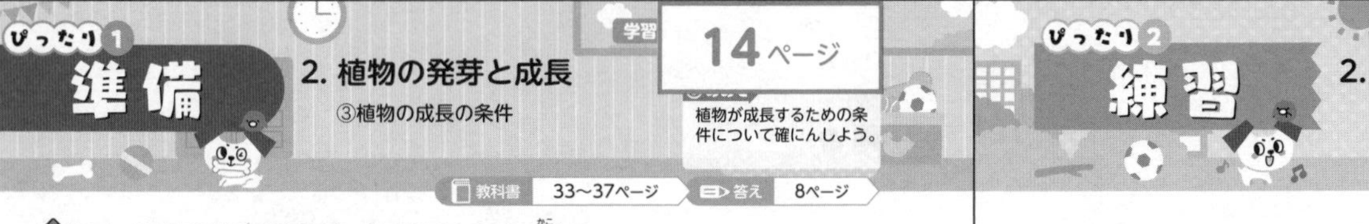

ぴったり1 準備

2. 植物の発芽と成長

③植物の成長の条件

学習 14ページ

植物が成長するための条件について確にんしよう。

教科書 33〜37ページ　答え 8ページ

次の(　)に当てはまる言葉を書くか、当てはまるものを○で囲もう。

1 植物の成長には、日光が関係するのだろうか。

教科書 33〜37ページ

Ⓐ日光が当たるところに置く。　Ⓑ日光が当たらないところに置く。

水・空気・温度・肥料の条件は同じにする。

	Ⓐ	Ⓑ
日光	あり	なし
肥料	(① あり)	(② あり)
2週間後のようす	葉の数が多く、こい緑色で大きい。くきはよくのびて、全体的に大きい。	葉の数が少なく、黄色い葉もある。くきは細く、全体的に小さい。

▶(③ Ⓐ ・ Ⓑ)のほうがよく成長したので、植物の成長には(④ 日光)が関係していることがわかる。

2 植物の成長には、肥料が関係するのだろうか。

教科書 33〜37ページ

Ⓒ肥料をとかした水を入れる。　Ⓓ水のみを入れる。

水・空気・温度・日光の条件は同じにする。

	Ⓒ	Ⓓ
日光	(① あり)	(② あり)
肥料	(③ あり)	(④ なし)
2週間後のようす	葉の数が多く、こい緑色で大きい。くきはよくのびて、全体的に大きい。	葉の数が少なく、こい緑色で小さい。くきは短く、全体的に小さい。

▶(⑤ Ⓒ ・ Ⓓ)のほうがよく成長したので、植物の成長には(⑥ 肥料)が関係していることがわかる。

▶植物の成長には、発芽するために必要な条件である、(⑦ 水)、(⑧ 空気)、適した(⑨ 温度)も関係している。

ここがだいじ！
①植物の成長には、日光と肥料が関係している。
②植物の成長には、水、空気、適した温度も関係している。

ぴたトリビア　自然の土の中や表面にいるミミズやダンゴムシなどの小さな生物は、落ち葉やほかの生物の死がいやふんなどを、植物の肥料となるものに変えるはたらきがあります。

ぴったり2 練習

2. 植物の発芽と成長

③植物の成長の条件

学習 15ページ

教科書 33〜37ページ　答え 8ページ

1 インゲンマメの成長に関係する条件を調べる実験をしました。

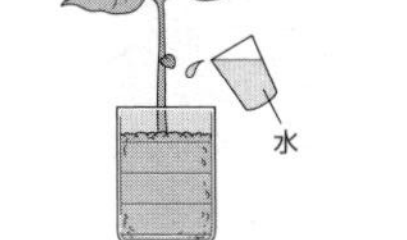

(1) あといで変えている条件は何ですか。正しいものを１つ選んで、(　)に○をつけましょう。
ア(　)空気
イ(　)水の量
ウ(○)日光
エ(　)肥料

(2) ２週間後、あ、いはどうなりましたか。正しいものを１つ選んで、(　)に○をつけましょう。
ア(　)あもいもよく育ち、同じくらいくきが太く、じょうぶになった。
イ(　)あもいも成長したが、あのほうが葉の数が多く、全体的に大きくなった。
ウ(○)あもいも成長したが、いのほうが葉の数が多く、全体的に大きくなった。
エ(　)あもいもあまり育たず、はじめとほとんど同じ大きさのままだった。

(3) この実験から、インゲンマメの成長には何が関係していることがわかりますか。
(日光)

2 インゲンマメを、条件を変えて育てました。

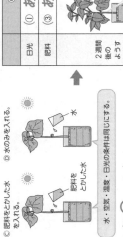

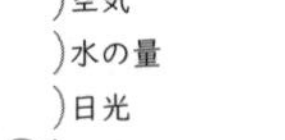

(1) あといで変えている条件は何ですか。正しいものを１つ選んで、(　)に○をつけましょう。
ア(　)空気
イ(　)水の量
ウ(　)日光
エ(○)肥料

(2) ２週間後、あ、いはどうなりましたか。正しいものを１つ選んで、(　)に○をつけましょう。
ア(　)あもいもよく育ち、同じくらいの大きさになった。
イ(　)あのほうが、葉の数が多く、くきもよくのびた。
ウ(○)いのほうが、葉の数が多く、くきもよくのびた。
エ(　)あもいもあまり育たず、はじめとほとんど同じ大きさのままだった。

(3) この実験から、インゲンマメの成長には何が関係していることがわかりますか。
(肥料)

(4) この実験からわかることのほかに、植物の成長に関係していることをすべて選んで、(　)に○をつけましょう。
ア(○)水　イ(　)土　ウ(○)空気　エ(○)適した温度

ヒント
1 (1)変える条件は１つだけで、ほかの条件はそろえます。
2 (4)発芽に必要な条件は、植物の成長にも関係しています。

15ページ てびき

1 (2)日光を当てなかったあは、葉の数が少し増え、くきが細く長くなりますが、色がうすくて弱々しくなります。これに対して、日光を当てたいは、葉の数は日光を当てなかったあよりも多くなり、くきが太くなって、全体的に大きく成長します。
(3)日光が当たらなくても育ちはしますが、日光が当たったほうがよく成長したことから、日光は成長に関係があるといえます。

2 (2)あもいも同じくらい日光に当たっているので、同じくらいこい緑色になりますが、肥料があるかないかで、葉の数やくきがのびる長さが変わります。
(3)肥料がなくても育ちはしますが、肥料があるほうがよく成長したことから、肥料は成長に関係があるといえます。
(4)植物の成長には、発芽に必要な条件である水、空気、適した温度も関係しています。

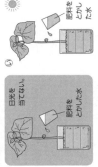

2. 植物の発芽と成長

/100 合格70点

教科書 20〜39ページ　答え 9ページ

1 インゲンマメの種子の発芽に必要な条件を調べます。　1つ5点、(5)は全部できて5点(30点)

実験1（部屋の中）　あ 水でしめらせただっし綿　い かわいただっし綿
実験2（部屋の中）　か 水にしずめる。　き 水でしめらせただっし綿
実験3　さ部屋の中　し冷ぞう庫の中

(1) 実験1は、発芽と何との関係を調べる実験ですか。正しいものを1つ選んで、（　）に○をつけましょう。　技能
ア（○）水　イ（　）空気
ウ（　）温度　エ（　）肥料

(2) あ、いのうち、発芽するのはどちらですか。
（ あ ）

(3) 実験2、実験3は、発芽と何との関係を調べる実験ですか。　技能
実験2（ 空気 ）
実験3（ 温度 ）

(4) さで箱をかぶせるのはなぜですか。正しいものを1つ選んで、（　）に○をつけましょう。　技能
ア（　）発芽に光が必要かどうか調べるため。
イ（○）冷ぞう庫の中と同じ明るさにするため。
ウ（　）冷ぞう庫の中と同じ温度にするため。

(5) か、き、さ、しのうち、発芽するものをすべて選びましょう。
（ き、さ ）

よく出る
2 インゲンマメの種子にデンプンがふくまれているかを調べます。　1つ5点(20点)

(1) デンプンがふくまれているかどうかを調べるために使うあの液を、何といいますか。　技能
（ ヨウ素液 ）

(2) あの液をかけた種子の切り口は、何色になりますか。　技能
（ 青むらさき色 ）

(3) 種子の中にデンプンはありますか、ないですか。
（ ある。 ）

(4) 発芽してから成長したものの子葉を切り、その切り口にあの液をかけるとどうなりますか。正しいものを1つ選んで、（　）に○をつけましょう。
ア（　）青むらさき色に変化する。
イ（　）白色に変化する。
ウ（○）変化はほとんど見られない。

3 インゲンマメを、条件を変えた3通りの方法で2週間育てます。　1つ10点、(1)は全部できて10点(30点)

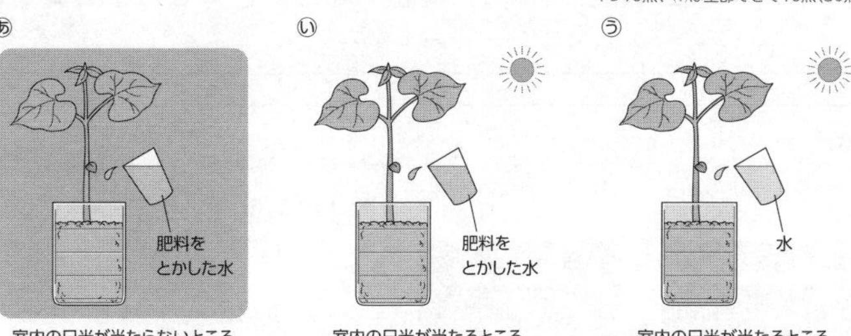

(1) 実験の結果からわかることについて、正しいものをすべて選んで、（　）に○をつけましょう。
ア（○）あといの結果を比べると、成長に日光が関係あるかどうかがわかる。
イ（　）あといの結果を比べると、成長に肥料が関係あるかどうかがわかる。
ウ（　）いとうの結果を比べると、成長に日光が関係あるかどうかがわかる。
エ（○）いとうの結果を比べると、成長に肥料が関係あるかどうかがわかる。

(2) 記述 あとうの結果を比べても、成長に関係がある条件はわかりません。その理由を説明しましょう。　思考・表現
（ 2つの条件が変わっているから。
（日光と肥料の条件が変わっているから。） ）

(3) いちばん大きくじょうぶに育ち、葉の数もいちばん多くなるのは、あ〜うのどれだと考えられますか。
（ い ）

できたらスゴイ！
4 はち植えのホウセンカを家の外のあ、いの場所に置くと、同じように水や肥料をあたえても育ち方にちがいが出てきました。　思考・表現　1つ10点(20点)

ななめ横から見た図　上から見た図（あ、い、←北、南→）

(1) よく育っていたのは、あ、いのどちらだと考えられますか。
（ い ）

(2) 記述 (1)のように考えられる理由を説明しましょう。
（ 家の南側にあるほうが、日光が当たる時間が長いから。 ）

ふりかえり　2がわからないときは、12ページの1、2にもどって確にんしましょう。
4がわからないときは、14ページの1にもどって確にんしましょう。

16〜17ページ てびき

1 (3)かは種子が水にしずめてあり、空気にふれていないので、「水あり、空気なし」の条件です。きは種子が空気にふれているので、「水あり、空気あり」の条件です。
(4)冷ぞう庫の中は光が入らず暗くなるので、明るさの条件を同じにするために、箱の中に入れて暗くします。

2 (3)、(4)発芽する前の種子にはデンプンがふくまれていて、発芽のための養分として使われます。

3 (1)あといは肥料の条件が同じで、日光の条件がちがいます。いとうは日光の条件が同じで、肥料の条件がちがいます。
(2)あとうは日光の条件も肥料の条件もちがうため、なぜ結果がちがうのか、特定することができません。
(3)日光を当て、肥料もあたえているいがいちばんよく育つと考えられます。

4 あは家の北側で、日が出ていても日かげである時間が長く、日光があまり当たりません。いは家の南側で、日が出ている間はほとんど日なたで、日光がよく当たります。

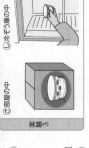

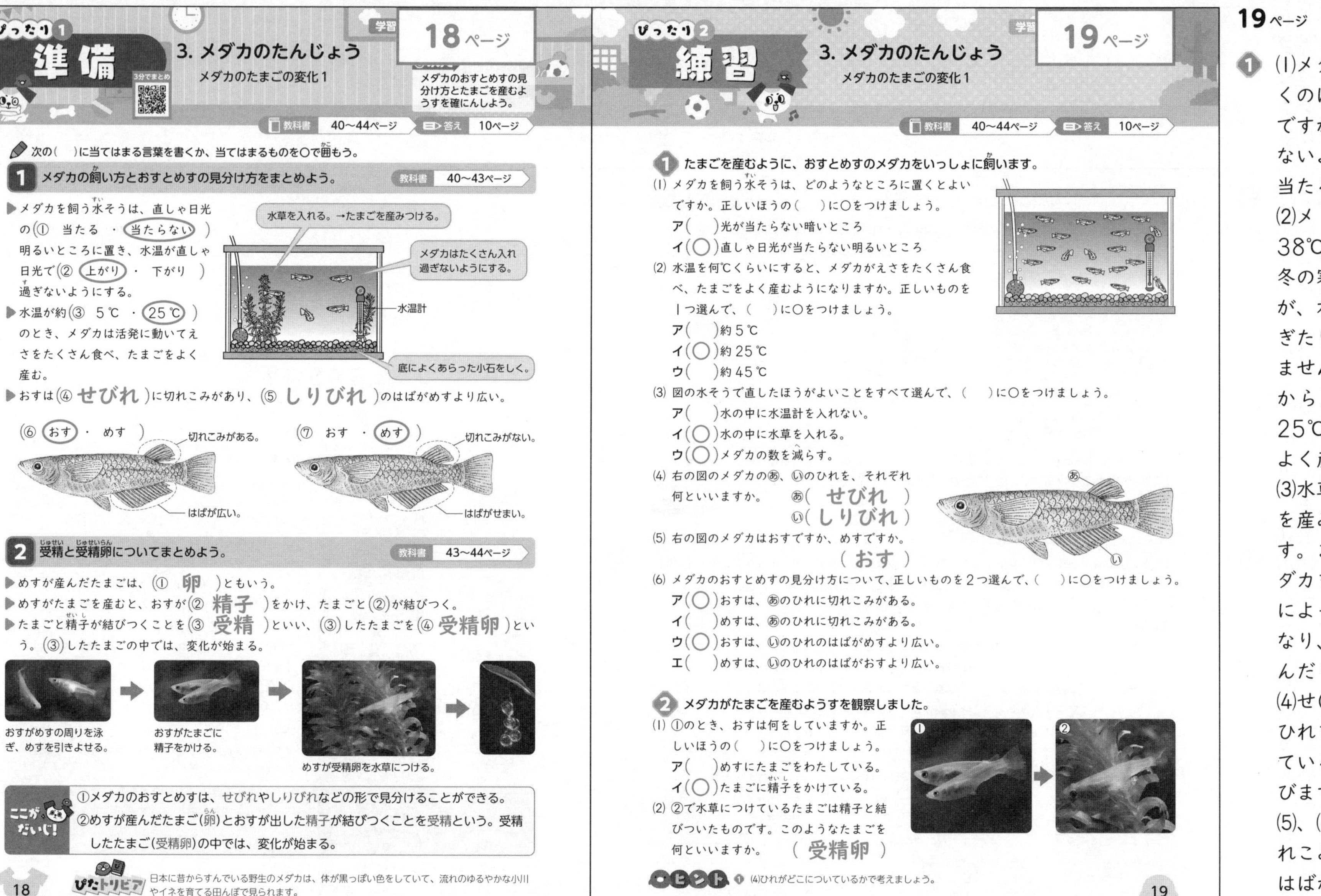

ぴったり1 準備

3. メダカのたんじょう

メダカのたまごの変化1

学習 18ページ

メダカのおすとめすの見分け方とたまごを産むようすを確にんしよう。

教科書 40〜44ページ　答え 10ページ

次の(　)に当てはまる言葉を書くか、当てはまるものを○で囲もう。

1 メダカの飼い方とおすとめすの見分け方をまとめよう。　教科書 40〜43ページ

▶メダカを飼う水そうは、直しゃ日光の(① 当たる ・ (当たらない))明るいところに置き、水温が直しゃ日光で(② (上がり) ・ 下がり)過ぎないようにする。

▶水温が約(③ 5℃ ・ (25℃))のとき、メダカは活発に動いてえさをたくさん食べ、たまごをよく産む。

水草を入れる。→たまごを産みつける。
メダカはたくさん入れ過ぎないようにする。
水温計
底によくあらった小石をしく。

▶おすは(④ せびれ)に切れこみがあり、(⑤ しりびれ)のはばがめすより広い。

(⑥ (おす) ・ めす)　(⑦ おす ・ (めす))

切れこみがある。
はばが広い。
切れこみがない。
はばがせまい。

2 受精と受精卵についてまとめよう。　教科書 43〜44ページ

▶めすが産んだたまごは、(① 卵)ともいう。

▶めすがたまごを産むと、おすが(② 精子)をかけ、たまごと(②)が結びつく。

▶たまごと精子が結びつくことを(③ 受精)といい、(③)したたまごを(④ 受精卵)という。(③)したたまごの中では、変化が始まる。

おすがめすの周りを泳ぎ、めすを引きよせる。

おすがたまごに精子をかける。

めすが受精卵を水草につける。

ここがだいじ!

①メダカのおすとめすは、せびれやしりびれなどの形で見分けることができる。

②めすが産んだたまご(卵)とおすが出した精子が結びつくことを受精という。受精したたまご(受精卵)の中では、変化が始まる。

ぴたトリビア　日本に昔からすんでいる野生のメダカは、体が黒っぽい色をしていて、流れのゆるやかな小川やイネを育てる田んぼで見られます。

18

ぴったり2 練習

3. メダカのたんじょう

メダカのたまごの変化1

学習 19ページ

教科書 40〜44ページ　答え 10ページ

1 たまごを産むように、おすとめすのメダカをいっしょに飼います。

(1) メダカを飼う水そうは、どのようなところに置くとよいですか。正しいほうの(　)に○をつけましょう。

ア(　)光が当たらない暗いところ

イ(○)直しゃ日光が当たらない明るいところ

(2) 水温を何℃くらいにすると、メダカがえさをたくさん食べ、たまごをよく産むようになりますか。正しいものを1つ選んで、(　)に○をつけましょう。

ア(　)約5℃

イ(○)約25℃

ウ(　)約45℃

(3) 図の水そうで直したほうがよいことをすべて選んで、(　)に○をつけましょう。

ア(　)水の中に水温計を入れない。

イ(○)水の中に水草を入れる。

ウ(○)メダカの数を減らす。

(4) 右の図のメダカのあ、いのひれを、それぞれ何といいますか。　あ(せびれ)　い(しりびれ)

(5) 右の図のメダカはおすですか、めすですか。(おす)

(6) メダカのおすとめすの見分け方について、正しいものを2つ選んで、(　)に○をつけましょう。

ア(○)おすは、あのひれに切れこみがある。

イ(　)めすは、あのひれに切れこみがある。

ウ(○)おすは、いのひれのはばがめすより広い。

エ(　)めすは、いのひれのはばがおすより広い。

2 メダカがたまごを産むようすを観察しました。

(1) ①のとき、おすは何をしていますか。正しいほうの(　)に○をつけましょう。

ア(　)めすにたまごをわたしている。

イ(○)たまごに精子をかけている。

(2) ②で水草につけているたまごは精子と結びついたものです。このようなたまごを何といいますか。(受精卵)

ヒント　1 (4)ひれがどこについているかで考えましょう。

19

おうちのかたへ　3. メダカのたんじょう

動物の発生や成長について学習します。ここでは、魚(メダカ)を対象として扱います。めすとおすがいること、受精した卵が変化して子メダカが生まれることを理解しているか、などがポイントです。

19ページ てびき

1 (1)メダカを飼う水そうを置くのは明るいところがよいですが、水温が上がり過ぎないように、直しゃ日光が当たるところはさけます。

(2)メダカは水温が2〜38℃で生きることができ、冬の寒さにもたえられますが、水温が低すぎたり高すぎたりするとたまごは産みません。自然の中では、春から夏にかけて水温が約25℃になると、たまごをよく産むようになります。

(3)水草は、メダカがたまごを産みつける場所になります。また、あまり多くのメダカを入れると、ふんなどによって水がよごれやすくなり、メダカが弱ったり死んだりすることがあります。

(4)せ(せなか)についているひれをせびれ、しりについているひれをしりびれとよびます。

(5)、(6)おすは、せびれに切れこみがあり、しりびれのはばがめすより広くなっています。

2 (2)めすが産んだたまご(卵)とおすがかけた精子が結びつくことを受精といい、受精したたまごを受精卵といいます。

ぴったり1 準備

3. メダカのたんじょう

メダカのたまごの変化2

学習 20ページ

メダカの受精卵がどのように変化していくかを確にんしよう。

教科書 44～49ページ　答え 11ページ

次の(　)に当てはまる言葉を書くか、当てはまるものを○で囲もう。

1 そう眼実体けんび鏡の使い方をまとめよう。

教科書 182ページ

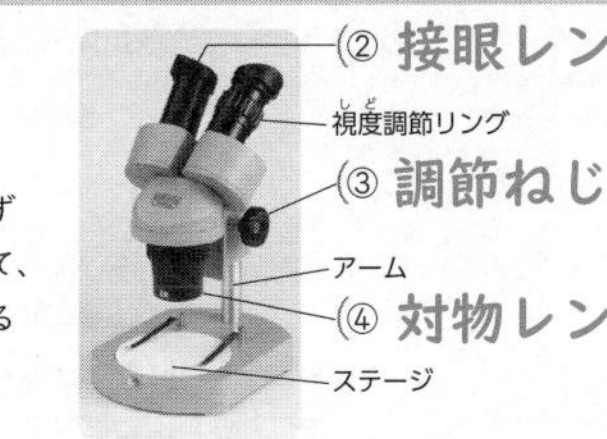

▶そう眼実体けんび鏡は、厚みのあるものを(① 立体)的に観察できる。

▶そうさのじゅんじょ

1 ステージの上に観察するものを置く。まずは接眼レンズのはばを目のはばくらいにして、(⑤ 片目 ・ (両目))で見て、見えているものが１つに重なるようにはばを調節する。

2 右目だけでのぞきながら、(⑥ (調節ねじ) ・ 視度調節リング)を回して、はっきり見えるように調節する。次に、左目だけでのぞきながら、(⑦ 調節ねじ ・ (視度調節リング))を回して、はっきり見えるように調節する。

3 観察したい部分が、(⑧ 接眼レンズ ・ (対物レンズ))の真下にくるようにして観察する。

2 メダカのたまごは、どのように変化していくのだろうか。

教科書 44～48ページ

▶メダカは、少しずつたまごの中で変化して(① 親(大人))と似た体の形になっていき、子メダカがたまごのまくを破ってたんじょうする。

▶子メダカがたまごのまくを破って出てくることを、(② ふ化)という。

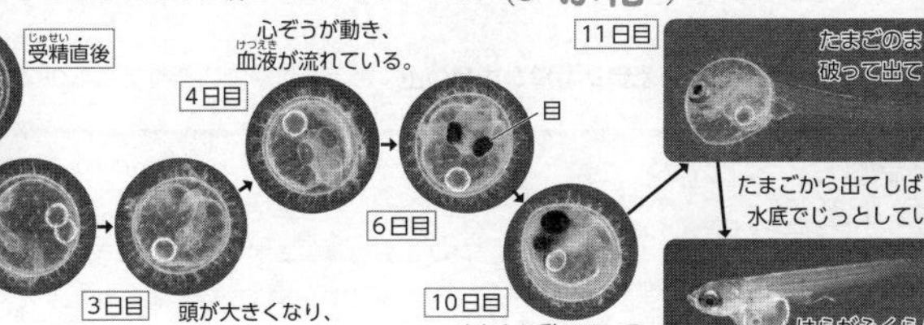

▶ふ化する前のメダカは、たまごの(③ 外 ・ (中))にある養分を使って育つ。

▶ふ化した子メダカは、しばらくは(④ 頭 ・ (はら))の中にある養分を使って育つ。

ここがだいじ！
①メダカは、たまごの中で少しずつ変化して親と似たすがたになり、ふ化する。
②ふ化する前のメダカはたまごの中の養分で成長する。また、ふ化してからしばらくの間は、ふくらんだはらの中にある養分を使って育つ。

ぴたトリビア　昔から日本にいる野生のメダカは、生活する場所のようすが大きく変化して、数が減っています。そこで、各地で地いき固有のメダカを守る活動が行われています。

ぴったり2 練習

3. メダカのたんじょう

メダカのたまごの変化2

学習 21ページ

教科書 44～49ページ　答え 11ページ

1 メダカのたまごを、そう眼実体けんび鏡で観察します。

(1) そう眼実体けんび鏡の接眼レンズと調節ねじ、視度調節リングは、あ～おのどれですか。

接眼レンズ　(あ)
調節ねじ　(う)
視度調節リング(い)

(2) 次の①～③の文は、そう眼実体けんび鏡のそうさを順に説明したものです。(　)に当てはまる部分を、あ～おから選んで答えましょう。

① ステージの上に観察するものを置く。(あ)のはばを目のはばくらいにして、両目で見て、見えているものが１つに重なるようにはばを調節する。

② 右目だけでのぞきながら、(う)を回して、はっきり見えるように調節する。次に、左目だけでのぞきながら、(い)を回して、はっきり見えるように調節する。

③ 観察したい部分が、(え)の真下にくるようにして観察する。

2 メダカのたまごがどのように変化するか調べました。

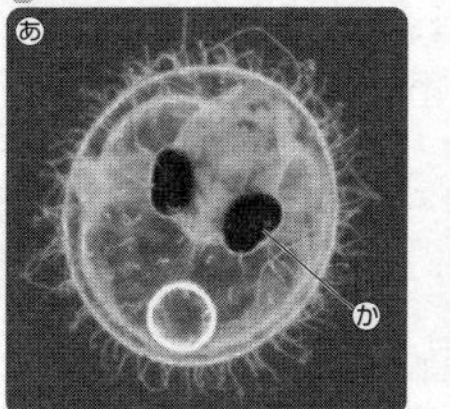

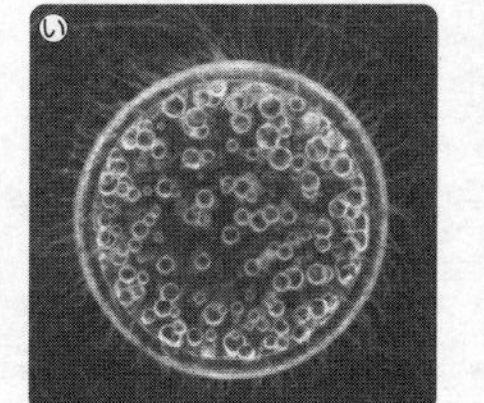

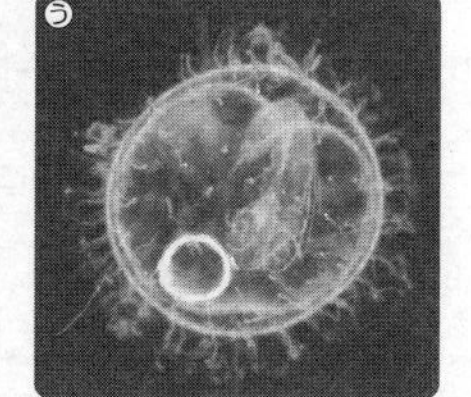

(1) メダカのたまごが変化していく順に、あ～うをならべるとどうなりますか。正しいものを１つ選んで、(　)に○をつけましょう。

ア(　)あ → う → い　　イ(　)い → あ → う
ウ(○)い → う → あ　　エ(　)う → あ → い

(2) かは、メダカの何ですか。　(目)

(3) たまごの変化のしかたについて、正しいほうの(　)に○をつけましょう。

ア(○)たまごの中で少しずつ変化して、親と同じような体ができてくる。
イ(　)たまごの中には、受精したときから親と同じすがたの小さいメダカがいて、それが少しずつ大きくなる。

(4) 子メダカがたまごのまくを破って出てくることを、何といいますか。　(ふ化)

ヒント ❶ (1)目を近づけるほうのレンズを接眼レンズ、観察するものに近いほうのレンズを対物レンズといいます。

21ページ てびき

❶ (1)あは接眼レンズ、いは視度調節リング、うは調節ねじ、えは対物レンズ、おはステージです。

❷ (1)、(3)あは受精後6日目、いは受精直後、うは受精後3日目のようすです。
メダカのたまごが受精すると、たまごの中でメダカの体がだんだんできていきます。なお、このときに必要な養分は、たまごの中にもともとふくまれています。
(2)黒く見える2つものは目です。このころのたまごの中では、心ぞうが動いているようすや、体の中を血液が流れているようすも観察できます。
(4)子メダカがたまごのまくを破って出てくることをふ化といいます。ふ化したばかりの子メダカはしばらく食べものを食べず、ふくらんだはらの中にある養分を使って育ちます。

3. メダカのたんじょう

／100 合格70点

教科書 40〜51ページ　答え 12ページ

1 メダカのおすとめすをいっしょに飼い、たまごを産むようすを観察します。　1つ5点(30点)

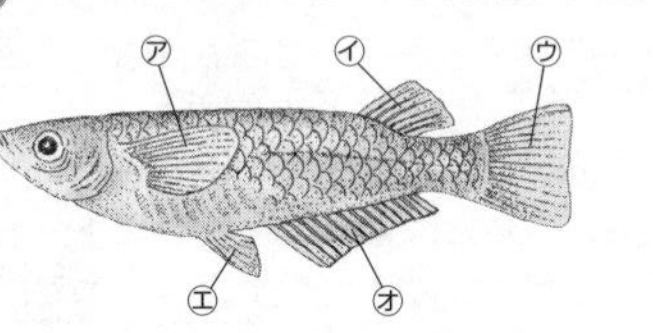

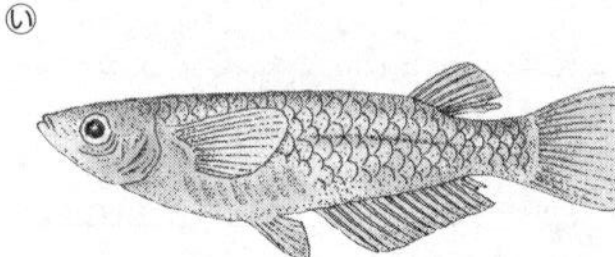

(1) メダカのおすとめすを見分けるには、どのひれを手がかりにするとよいですか。ア〜オから2つ選び、記号を書きましょう。　（イ）（オ）

(2) オのひれを何といいますか。　（しりびれ）

(3) めすのメダカは、あ、いのどちらですか。　（あ）

(4) めすがたまご(卵)を産むと、おすが精子をかけ、たまごと精子が結びつきます。たまごと精子が結びつくことを何といいますか。　（受精）

(5) 精子と結びついたたまごのことを何といいますか。　（受精卵）

2 メダカのたまごが変化するようすを、下の写真の器具で観察します。　技能

1つ5点、(4)は全部できて5点(25点)

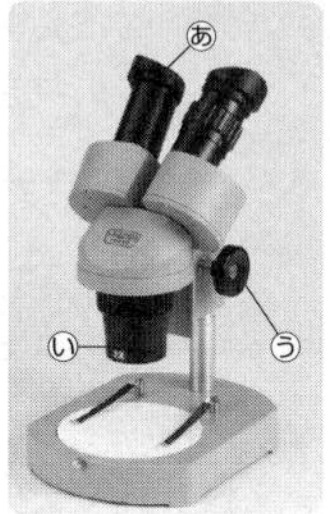

(1) 写真の器具の名前を書きましょう。　（そう眼実体けんび鏡）

(2) あ、いのレンズを、それぞれ何といいますか。

あ（接眼レンズ）
い（対物レンズ）

(3) うの部分を何といいますか。　（調節ねじ）

(4) 写真の器具で観察するときの正しいそうさの順になるように、①〜③をならべかえましょう。　（③）→（②）→（①）

① 観察したい部分がいの真下にくるようにして観察する。

② 右目でのぞきながらうを回して、メダカのたまごがはっきり見えるように調節する。次に左目でのぞきながら視度調節リングを回して、メダカのたまごがはっきり見えるように調節する。

③ あのはばを目のはばくらいにして両目で見て、見えているメダカのたまごが1つに重なるようにあのはばを調節する。

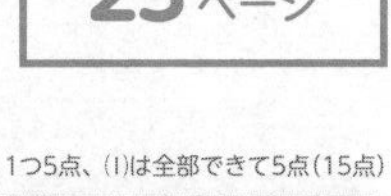

よく出る

3 メダカのたまごがどのように変化するか調べました。　1つ5点、(1)は全部できて5点(15点)

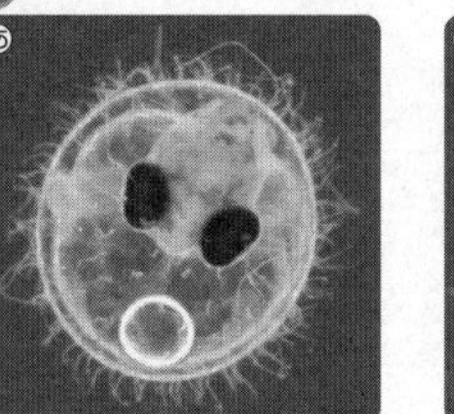

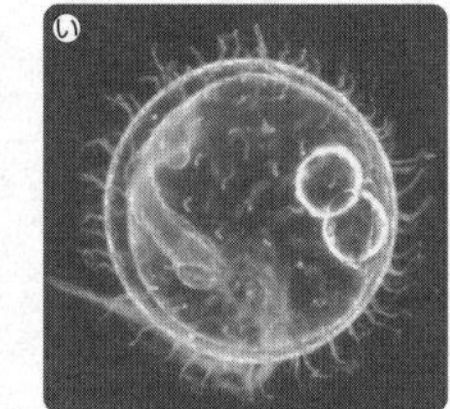

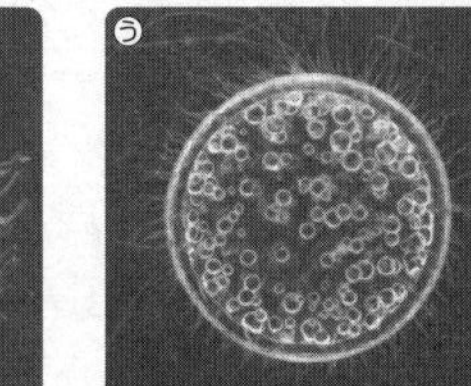

(1) たまごが変化していく順に、あ〜うをならべかえましょう。　（う）→（い）→（あ）

(2) あでは、目の近くのうすい赤色の部分が動き続けているようすが見られました。この動き続けている部分は何ですか。　（心ぞう）

(3) ふ化したばかりの子メダカは、しばらく水底のほうで何も食べずにじっとしていました。このときのメダカについて、正しいものを1つ選んで、（　）に○をつけましょう。

ア（　）水の中にふくまれている養分を使って育つ。
イ（　）ふくらんだ頭の中にある養分を使って育つ。
ウ（○）ふくらんだはらの中にある養分を使って育つ。

できたらスゴイ!

4 たけしさんは、水そうにメダカを5ひき入れて、下の図のようにして飼い始めました。　思考・表現　1つ15点(30点)

(1) 先生がメダカを飼っているようすを見ると、「水そうを直しゃ日光が当たらないところに動かしましょう。」とアドバイスしてくれました。先生がそのようにアドバイスしてくれた理由を説明した次の文の（　）に、当てはまる言葉を書きましょう。

● 水そうを直しゃ日光が当たるところに置いておくと、（水温(水の温度)）が上がり過ぎてしまうから。

(2) 記述 先生は、「この水そうにはおすのメダカがいないので、子メダカは生まれません。メダカをふやしたいなら、いっしょにおすのメダカも飼いましょう。」とアドバイスしてくれました。先生が下線のように発言した理由を説明しましょう。

（おすのメダカが出す精子がないと、めすが産んだたまごが受精しないから。）

ふりかえり
3がわからないときは、20ページの2にもどって確にんしましょう。
4がわからないときは、18ページの1、2にもどって確にんしましょう。

22〜23ページ　てびき

1 (1)〜(3)アはむなびれ、イはせびれ、ウはおびれ、エははらびれ、オはしりびれです。メダカのおすは、せびれに切れこみがあり、しりびれのはばがめすより広くなっています。
(4)、(5)たまご(卵)と精子が結びつくことを受精といい、受精したたまごを受精卵といいます。

2 (1)そう眼実体けんび鏡は、両目で見ることで、観察するものを立体的に見ることができる器具です。
(2)目を近づけるほうのレンズを接眼レンズ、観察するものに近いほうのレンズを対物レンズといいます。

3 (1)あは受精後6日目、いは受精後2日目、うは受精直後のようすです。
(2)受精後4日目くらいから見られる心ぞうは、ポンプのように血液を体全体にめぐらせるはたらきがあり、動き続けています。

4 (2)めすが産んだたまご(卵)とおすが出した精子が結びつかないと、たまごの中での子メダカへの変化は起こりません。

ぴったり1 準備

4. 台風と防災
台風の接近と天気

学習 24ページ
台風の動きや台風が近づいてきたときの天気を確にんしよう。

教科書 52〜60ページ　答え 13ページ

次の(　)に当てはまる言葉を書くか、当てはまるものを〇で囲もう。

1 台風が接近すると、天気はどのように変わるのだろうか。　教科書 52〜59ページ

午後3時の雲画像
8月24日　8月25日　8月26日

午後2〜3時の雨量
8月24日　8月25日　8月26日

▶台風が接近すると、多くの(① 雨)がふり、強い(② 風)がふくようになる。
▶台風が過ぎ去ったあとには、雨や風はおさまり、天気は(③ (晴れ) ・ くもり)になることが多い。
▶台風は、日本の(④ 北 ・ (南))のほうからやってきて、日本に上陸したり、日本付近を通っていったりする。

強風でこわれた鉄とう
台風による大波
台風による高波でこわれた道路

台風の強風や大雨でひ害が出ることもあるので、情報を集めて、ひ害が発生する前にひなんできるようにしよう。

ここがだいじ！
①台風が接近すると、多くの雨がふり、強い風がふくようになる。台風が過ぎ去ると、晴れることが多い。
②台風は日本の南のほうからやってきて、日本に上陸したり、日本付近を通っていったりする。

ぴたトリビア　自然災害が起こったときに予想されるひ害を、地図上に表したものを「ハザードマップ」といいます。

24

ぴったり2 練習

4. 台風と防災
台風の接近と天気

学習 25ページ

教科書 52〜60ページ　答え 13ページ

1 7月15日から7月17日の雲画像と雨量を表した図をならべました。

午後3時の雲画像　午後2時〜3時の雨量
7月15日　7月16日　7月17日

(1) 台風はどのように動いていますか。正しいものを1つ選んで、(　)に〇をつけましょう。
ア(　)日本の東のほうからやってきて、日本付近を通り過ぎていく。
イ(　)日本の西のほうからやってきて、日本付近を通り過ぎていく。
ウ(〇)日本の南のほうからやってきて、日本付近を通り過ぎていく。
エ(　)日本の北のほうからやってきて、日本付近を通り過ぎていく。
(2) 台風が近づいてきたときの雨のようすを1つ選んで、(　)に〇をつけましょう。
ア(　)雨はふらない。　イ(　)弱い雨がふる。　ウ(〇)大量の雨がふる。
(3) 台風が近づいてくると、風は強くなりますか、弱くなりますか。
(強くなる。)

25

25ページ　てびき

1 (1)7月15日には日本の南にあった台風が、1日ごとに北のほうへ進み、それにともなって雨がふっている場所も北のほうへ動いていきます。
多くの場合、台風は、日本から遠い南の海上で発生し、日本付近を通っていったり、日本に上陸したりします。
(2)台風が近づくと、とても多くの雨がふります。そのため、川がはんらんしてこう水が起きたり、山などで土砂くずれが起きたりすることがあります。
(3)台風が近づくと、とても強い風がふくようになります。そのため、木や鉄とうなどがたおれたり、電柱が折れたりすることがあります。

おうちのかたへ
台風ではない一般的な天気の変化は、「1. 天気の変化」で学習しています。

おうちのかたへ　4. 台風と防災
台風の進路と天気の変化について学習します。台風の動き方や、台風が大量の降雨をもたらすことを理解しているか、などがポイントです。

4. 台風と防災

26ページ

/100 合格70点

教科書 52~61ページ　答え 14ページ

よく出る

1 台風が日本に近づいたときの雲画像と各地の雨量を調べました。

1つ10点(50点)

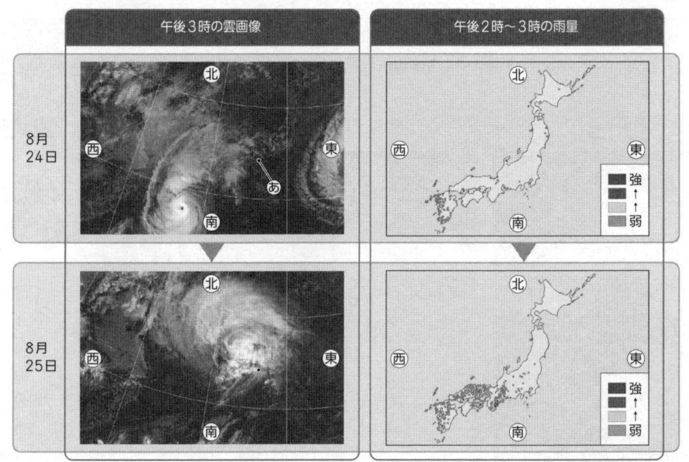

(1) あの地いきの天気はこの2日間でどのように変化しましたか。正しいものを1つ選んで、(　)に○をつけましょう。

ア(　)雨→晴れ　イ(　)晴れ→くもり　ウ(○)くもり→雨

(2) 8月26日には、台風はあの地いきを過ぎ去っていました。8月26日のあの地いきの天気はどうなると考えられますか。正しいほうの(　)に○をつけましょう。

ア(　)雨　イ(○)晴れ

(3) 風のようすについて、正しいものを2つ選んで、(　)に○をつけましょう。

ア(○)台風が近づくと、風がとても強くなる。
イ(　)台風が近づくほど、風が弱くなる。
ウ(　)台風が過ぎ去ったあとには、風が強くなることが多い。
エ(○)台風が過ぎ去ったあとには、風はおさまることが多い。

(4) 次の文は、台風の動きについて説明したものです。(　)に当てはまる方角を書きましょう。

● 台風は、日本の(南)のほうからやってきて、日本付近を通っていくことが多い。

学習 27ページ

2 インターネットで、台風が日本に近づいたときの雲画像を3日分集め、これについて発表しようとしています。

1つ10点、(1)は全部できて10点(20点)

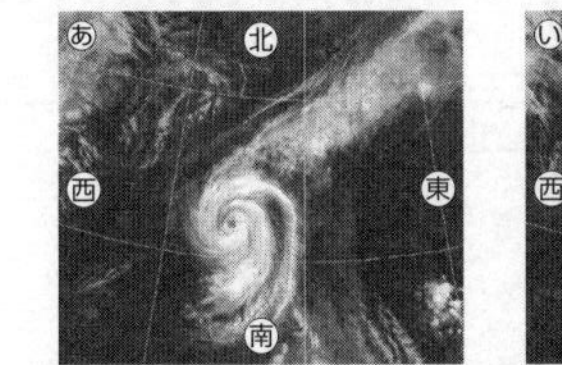

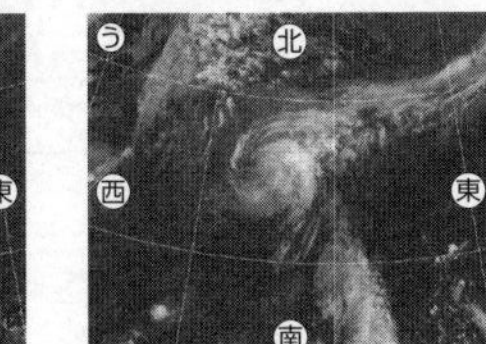
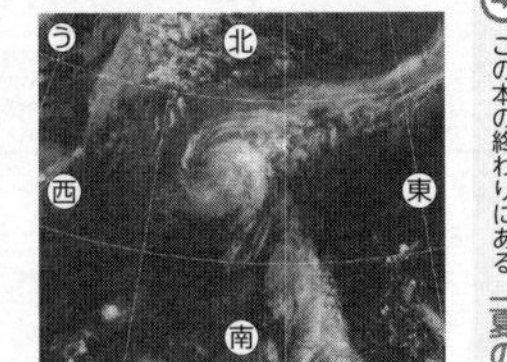

(1) 台風が進んでいく順に、あ~うの雲画像をならべかえましょう。

(い) → (あ) → (う)

(2) 台風が日本に近づくことが多い時期を1つ選んで、(　)に○をつけましょう。

ア(　)冬から春にかけて　イ(　)春から夏にかけて
ウ(○)夏から秋にかけて　エ(　)秋から冬にかけて

この本の終わりにある「夏のチャレンジテスト」をやってみよう！

できたらスゴイ！

3 台風のえいきょうについて考えます。　思考・表現　1つ10点、(2)は全部できて10点(30点)

(1) 台風によるひ害のようすを表しているものとして、正しいものを2つ選んで、(　)に○をつけましょう。

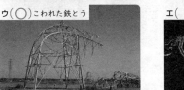

ア(○)高波でこわれた道路

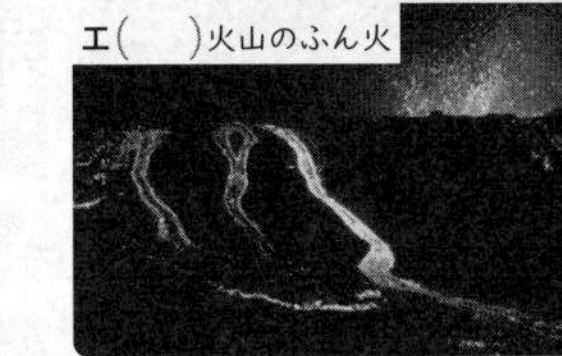
イ(　)ひからびた水田

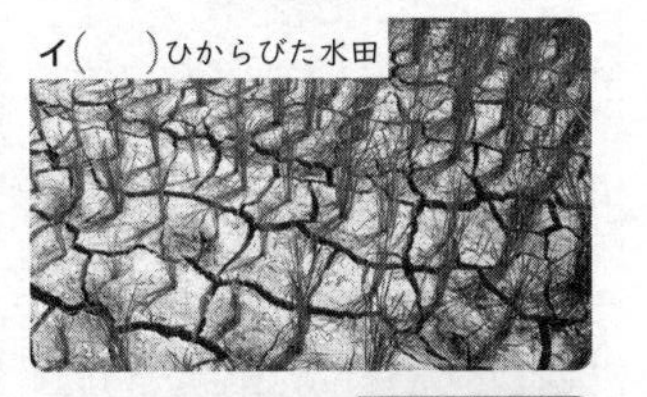
ウ(○)こわれた鉄とう

エ(　)火山のふん火

(2) 台風が接近しているときにしたほうがよいことをすべて選んで、(　)に○をつけましょう。

ア(○)台風の進路予想などの情報を集める。
イ(○)外出をしないようにする。
ウ(　)台所のガスこんろなどの火を消す。
エ(○)ひなん情報が出たら、安全な場所へひなんする。

ふりかえり 1がわからないときは、24ページの1にもどって確にんしましょう。
3がわからないときは、24ページの1にもどって確にんしましょう。

26~27ページ　てびき

1 (1)雨量の図を見ると、あの地いきでは、8月24日には雨はふっておらず、8月25日には強い雨がふっていたことがわかります。
(2)、(3)ほとんどの場合、台風が過ぎ去った後は、雨や風がおさまって、おだやかに晴れます。

2 (1)多くの場合、日本に近づく台風は南のほうから北や東のほうへと動いていきます。
(2)台風が日本の近くを通ったり上陸したりすることが多いのは、7月~10月です。

3 (1)台風の大雨によりこう水や土砂くずれが起きたり、強風により木や鉄とうなどがたおれたり、高波のひ害が出たりすることがあります。また、台風により飛行機が飛ばなくなることもあります。
(2)台風が接近しているときには、ひ害にあわないようにするために、まずは外出しないようにします。そして、ひなん情報が出たときには、安全な場所へひなんします。

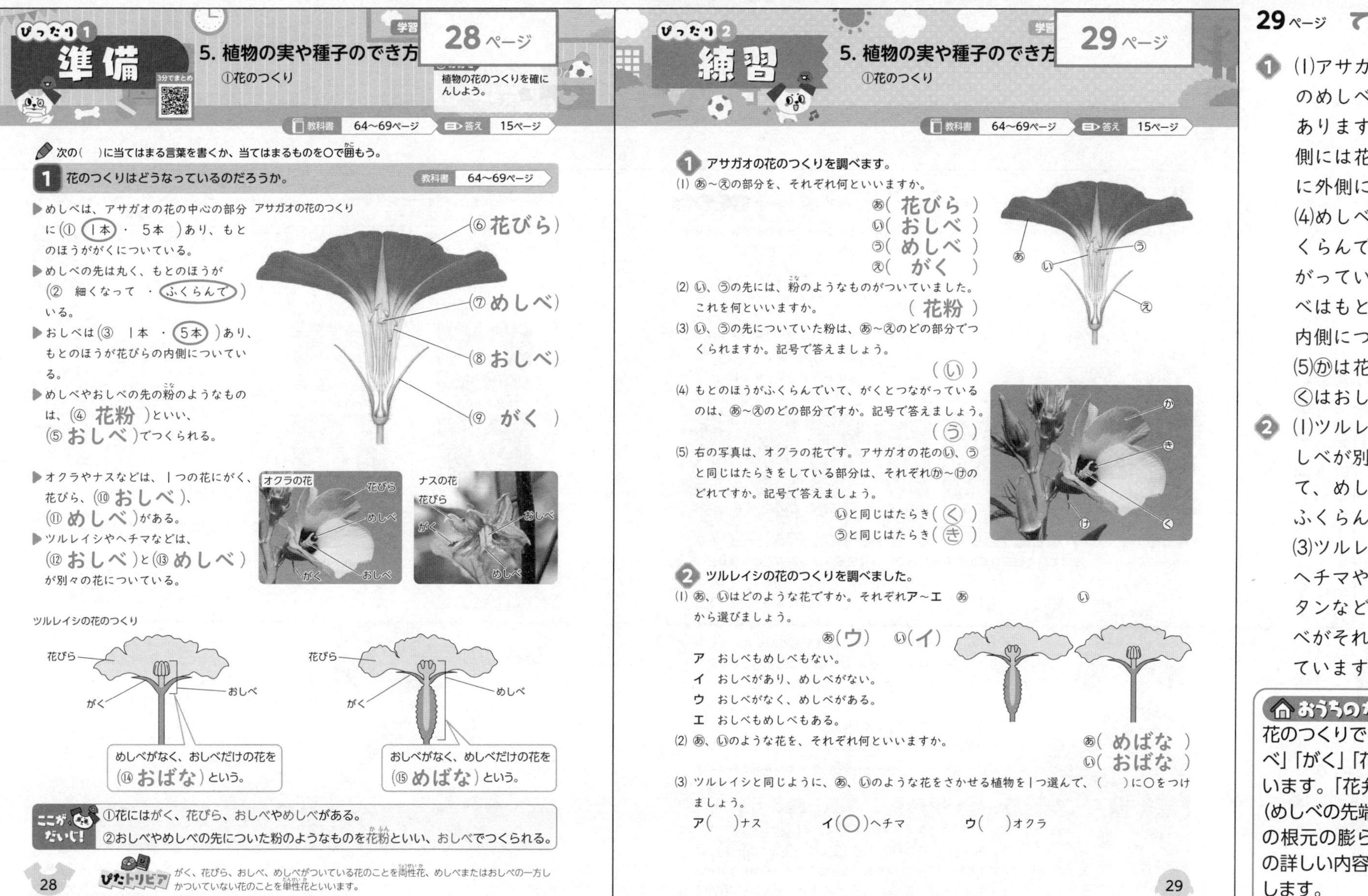

ぴったり1 準備 5. 植物の実や種子のでき方 ①花のつくり 28ページ
学習日　植物の花のつくりを確にんしよう。　教科書 64～69ページ　答え 15ページ

次の(　)に当てはまる言葉を書くか、当てはまるものを○で囲もう。

1 花のつくりはどうなっているのだろうか。　教科書 64～69ページ

▶めしべは、アサガオの花の中心の部分に(① (1本)・5本)あり、もとのほうががくについている。
▶めしべの先は丸く、もとのほうが(② 細くなって・(ふくらんで))いる。
▶おしべは(③ 1本・(5本))あり、もとのほうが花びらの内側についている。
▶めしべやおしべの先の粉のようなものは、(④ 花粉)といい、(⑤ おしべ)でつくられる。

アサガオの花のつくり
(⑥ 花びら)
(⑦ めしべ)
(⑧ おしべ)
(⑨ がく)

▶オクラやナスなどは、1つの花にがく、花びら、(⑩ おしべ)、(⑪ めしべ)がある。
▶ツルレイシやヘチマなどは、(⑫ おしべ)と(⑬ めしべ)が別々の花についている。

オクラの花　花びら　めしべ　がく　おしべ
ナスの花　花びら　がく　おしべ　めしべ

ツルレイシの花のつくり
花びら　がく　おしべ
めしべがなく、おしべだけの花を(⑭ おばな)という。
花びら　がく　めしべ
おしべがなく、めしべだけの花を(⑮ めばな)という。

ここがだいじ！
①花にはがく、花びら、おしべやめしべがある。
②おしべやめしべの先についた粉のようなものを花粉といい、おしべでつくられる。

ぴたトリビア　がく、花びら、おしべ、めしべがついている花のことを両性花、めしべまたはおしべの一方しかついていない花のことを単性花といいます。

28

ぴったり2 練習 5. 植物の実や種子のでき方 ①花のつくり 29ページ
教科書 64～69ページ　答え 15ページ

1 アサガオの花のつくりを調べます。
(1) あ～えの部分を、それぞれ何といいますか。
あ(花びら)
い(おしべ)
う(めしべ)
え(がく)
(2) い、うの先には、粉のようなものがついていました。これを何といいますか。(花粉)
(3) い、うの先についていた粉は、あ～えのどの部分でつくられますか。記号で答えましょう。(い)
(4) もとのほうがふくらんでいて、がくとつながっているのは、あ～えのどの部分ですか。記号で答えましょう。(う)
(5) 右の写真は、オクラの花です。アサガオの花のい、うと同じはたらきをしている部分は、それぞれか～けのどれですか。記号で答えましょう。
いと同じはたらき(く)
うと同じはたらき(き)

2 ツルレイシの花のつくりを調べました。
(1) あ、いはどのような花ですか。それぞれア～エから選びましょう。
あ(ウ)　い(イ)
ア　おしべもめしべもない。
イ　おしべがあり、めしべがない。
ウ　おしべがなく、めしべがある。
エ　おしべもめしべもある。
(2) あ、いのような花を、それぞれ何といいますか。
あ(めばな)
い(おばな)
(3) ツルレイシと同じように、あ、いのような花をさかせる植物を1つ選んで、(　)に○をつけましょう。
ア(　)ナス　イ(○)ヘチマ　ウ(　)オクラ

29

29ページ　てびき

1 (1)アサガオの花には、1本のめしべと5本のおしべがあります。そして、その外側には花びらがあり、さらに外側にはがくがあります。
(4)めしべはもとのほうがふくらんでいて、がくとつながっています。また、おしべはもとのほうが花びらの内側についています。
(5)かは花びら、きはめしべ、くはおしべ、けはがくです。

2 (1)ツルレイシはおしべとめしべが別々の花についていて、めしべのもとのほうはふくらんでいます。
(3)ツルレイシのほかにも、ヘチマやカボチャ、ヒョウタンなどは、おしべとめしべがそれぞれ別の花についています。

おうちのかたへ
花のつくりでは「めしべ」「おしべ」「がく」「花びら」の4つを扱います。「花弁(花びら)」「柱頭(めしべの先端)」、「子房(めしべの根元の膨らんだ部分)」などの詳しい内容は、中学校で学習します。

おうちのかたへ　**5. 植物の実や種子のでき方**
植物の花のつくりと結実について学習します。ここでは、花にはめしべ、おしべ、花びら、がくがあることを理解しているか、顕微鏡を使って花粉を観察することができるか、受粉することで実ができることを理解しているか、などがポイントです。

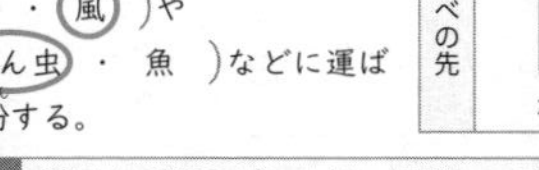

ぴったり1 準備

5. 植物の実や種子のでき方

②受粉の役わり1

学習 30ページ

おしべからめしべへ花粉が運ばれることを確にんしよう。

教科書 70〜72ページ　答え 16ページ

次の(　)に当てはまる言葉を書くか、当てはまるものを○で囲もう。

1 けんび鏡の使い方をまとめよう。　教科書 183ページ

▶目をいためないよう、直しゃ日光が(① 当たる ・ (当たらない))明るいところに置いて使う。

▶けんび鏡の倍率＝(② 接眼レンズ)の倍率×(③ 対物レンズ)の倍率

▶そうさのじゅんじょ

1 対物レンズをいちばん(④ 高い ・ (低い))倍率にして、接眼レンズをのぞきながら、(⑤ 反しゃ鏡)の向きを変えて、(⑥ (明るく) ・ 暗く)見えるようにする。

2 (⑦ ステージ)の上にスライドガラスを置き、見たい部分があなの中央にくるようにする。

3 横から見ながら調節ねじを回し、対物レンズとスライドガラスの間をできるだけ(⑧ 広く ・ (せまく))する。

4 接眼レンズをのぞきながら調節ねじを回し、対物レンズとスライドガラスの間を少しずつ(⑨ (広く) ・ せまく)して、ピントを合わせる。

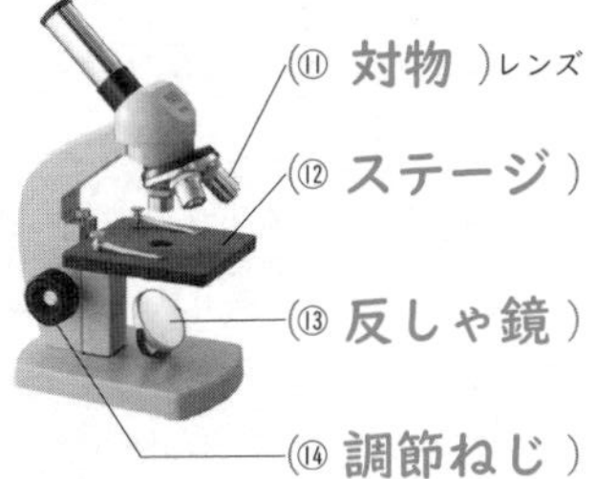

2 アサガオの花粉がおしべからめしべにつくのはいつだろうか。　教科書 70〜72ページ

▶アサガオでは、花粉がめしべの先につくのは、花が(① (開く直前) ・ 開いた後)である。

▶花粉がめしべの先につくことを(② 受粉)という。

▶植物によっては、おしべの花粉が(③ 雨 ・ (風))や(④ (こん虫) ・ 魚)などに運ばれて受粉する。

	花が開く前	花が開いた後
おしべの先	花粉は出ていない。	花粉が出ている。
めしべの先	花粉はついていない。	花粉がついている。

ここがだいじ！

①けんび鏡のピントは、接眼レンズをのぞきながら調節ねじを回して、対物レンズとスライドガラスの間を少しずつ広げていって合わせる。

②めしべの先に花粉がつくことを受粉という。

ぴたトリビア　受粉するときに、風で花粉が運ばれるものを風媒花、主にこん虫によって花粉が運ばれるものを虫媒花、主に鳥によって花粉が運ばれるものを鳥媒花といいます。

ぴったり2 練習

5. 植物の実や種子のでき方

②受粉の役わり1

学習 31ページ

教科書 70〜72ページ　答え 16ページ

1 けんび鏡を使って、アサガオの花粉を観察します。

(1) 次の1〜4の文は、けんび鏡のそうさを順に説明したものです。(　)に当てはまる部分を、写真から選んで答えましょう。

1 (① 対物レンズ)をいちばん低い倍率にしてから、(② 接眼レンズ)をのぞきながら、(③ 反しゃ鏡)を動かして、明るく見えるようにする。

2 スライドガラスを(④ ステージ)の上に置いて、見ようとするところがあなの中央にくるようにする。

3 横から見ながら(⑤ 調節ねじ)を回して、(①)とスライドガラスの間をせまくする。

4 (②)をのぞきながら(⑤)を回して、(①)とスライドガラスの間を広げていき、ピントを合わせる。

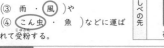

(2) 右のアサガオの花粉を観察したとき、接眼レンズの倍率は10倍、対物レンズの倍率は10倍でした。このときのけんび鏡の倍率は何倍ですか。　(100倍)

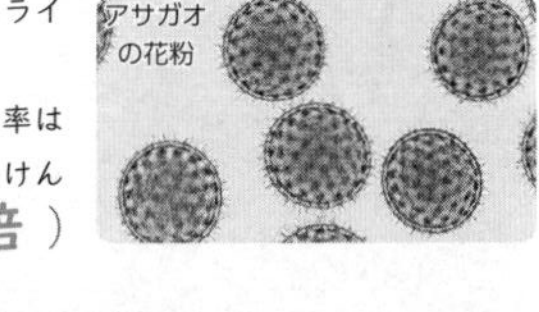

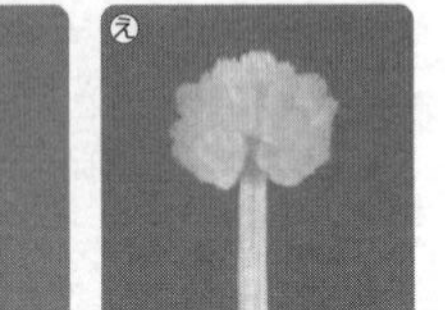

2 アサガオの花が開く前と後のおしべとめしべを虫めがねで観察しました。

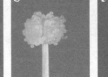

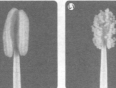

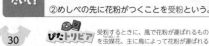

あ　い　う　え

(1) 次の①、②に当てはまるものを、それぞれあ〜えから選びましょう。

① つぼみのときのめしべの先　(え)

② 開いている花のおしべの先　(い)

(2) アサガオのめしべの先に花粉がつくのはいつですか。正しいものを1つ選んで、(　)に○をつけましょう。

ア(　)つぼみができてすぐのころ

イ(○)花がさく直前

ウ(　)花が開いてしばらくたった後

(3) 花粉がめしべの先につくことを何といいますか。　(受粉)

ヒント　1 (2)(けんび鏡の倍率)＝(接眼レンズの倍率)×(対物レンズの倍率)　です。
2 (1)つぼみの中のめしべには、花粉がついていません。

31ページ てびき

1 (1)ピントを合わせるときには、まず、横から見ながら調節ねじを回し、対物レンズとスライドガラスの間をできるだけ近づけます。そして、接眼レンズをのぞきながら調節ねじを少しずつ回して対物レンズとスライドガラスの間を広げ、ピントが合ったら止めます。

(2)接眼レンズが10倍、対物レンズが10倍なので、

10×10＝100(倍)

2 (1)花粉はおしべの先のふくろの中に入っていて、このふくろがわれると中からたくさんの花粉が出てきます。つぼみのとき、つまり花が開く前には、おしべの先のふくろはわれていないため、めしべの先に花粉はついていません。

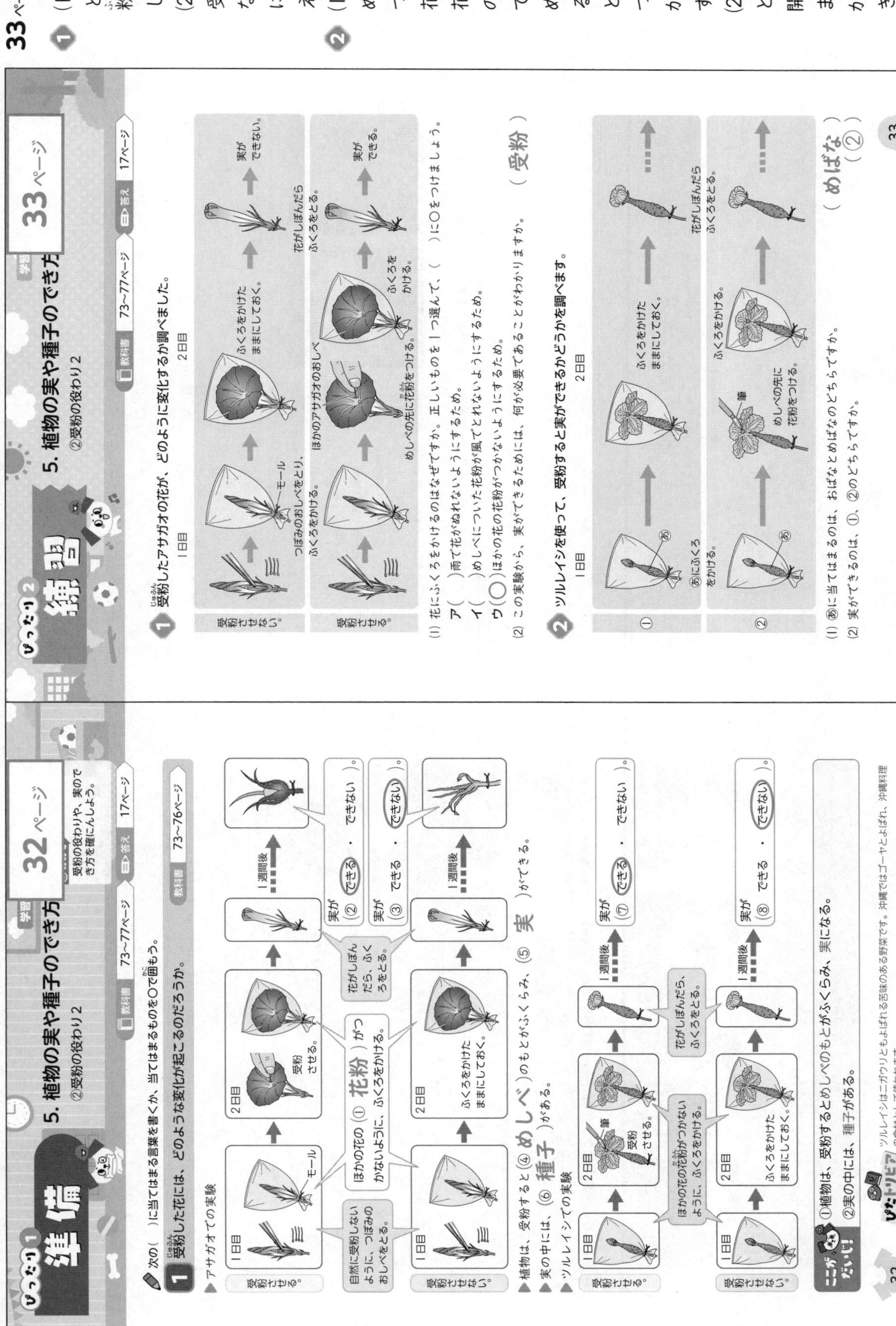
ぴったり1 準備
5. 植物の実や種子のでき方
②受粉の役わり2
32ページ
受粉の役わりや、実のでき方を確にんしよう。
教科書 73~77ページ　答え 17ページ

次の（　）に当てはまる言葉を書くか、当てはまるものを○で囲もう。

1 受粉した花には、どのような変化が起こるのだろうか。　教科書 73~76ページ

▶アサガオでの実験
受粉させる。　1日目　モール　2日目　受粉させる。
受粉させない。
自然に受粉しないように、つぼみのおしべをとる。
ほかの花の（①花粉）がつかないように、ふくろをかける。
ふくろをかけたままにしておく。
花がしぼんだら、ふくろをとる。
1週間後
実が（②できる・できない）。
実が（③できる・できない）。

▶植物は、受粉すると（④めしべ）のもとがふくらみ、（⑤実）ができる。
▶実の中には、（⑥種子）がある。

▶ツルレイシでの実験
受粉させる。　1日目　2日目　筆　受粉させる。
ほかの花の花粉がつかないように、ふくろをかける。
花がしぼんだら、ふくろをとる。
1週間後　実が（⑦できる・できない）。
受粉させない。　ふくろをかけたままにしておく。
実が（⑧できる・できない）。

ここがだいじ
①植物は、受粉するとめしべのもとがふくらみ、実になる。
②実の中には、種子がある。

ぴたトリビア　ツルレイシはニガウリともよばれる苦味のある野菜です。沖縄ではゴーヤとよばれ、沖縄料理の食材として使われます。

32

ぴったり2 練習
5. 植物の実や種子のでき方
②受粉の役わり2
33ページ
教科書 73~77ページ　答え 17ページ

1 受粉したアサガオの花が、どのように変化するか調べました。
1日目　2日目
受粉させない。　つぼみのおしべをとり、ふくろをかける。　モール　ふくろをかけたままにしておく。　花がしぼんだら、ふくろをとる。　実ができない。
受粉させる。　ふくろをかける。　ほかのアサガオのおしべ　めしべの先に花粉をつける。　ふくろをかける。　花がしぼんだら、ふくろをとる。　実ができる。

(1) 花にふくろをかけるのはなぜですか。正しいものを1つ選んで、（　）に○をつけましょう。
ア（　）雨で花がぬれないようにするため。
イ（　）めしべについた花粉が風でとれないようにするため。
ウ（○）ほかの花の花粉がつかないようにするため。
(2) この実験から、実ができるためには、何が必要であることがわかりますか。（受粉）

2 ツルレイシを使って、受粉すると実ができるかどうかを調べます。
1日目　2日目
① あにふくろをかける。　ふくろをかけたままにしておく。　花がしぼんだら、ふくろをとる。
② 筆　めしべの先に花粉をつける。　ふくろをかける。

(1) あに当てはまるのは、おばなとめばなのどちらですか。（めばな）
(2) 実ができるのは、①、②のどちらですか。（②）

33

33ページ　てびき

① (1)ふくろをかけておかないと、こん虫がほかの花の花粉を運んできて、受粉してしまうことがあります。
(2)受粉をさせると実ができ、受粉をさせないと実ができないので、実ができるためには受粉が必要であるといえます。

② (1)ツルレイシは、おしべとめしべがそれぞれ別の花についていて、おしべだけの花をおばな、めしべだけの花をめばなといいます。この実験は、受粉すると実ができるかどうかを調べるために行うので、めしべのあるめばなに、おばなからとった花粉をつけるものとつけないものを用意し、実ができるかどうかを比べます。
(2)①は、めばながつぼみのときにふくろをかけ、花が開いた後もふくろをかけたままにしているので、花粉がつくことはなく、実ができません。②は、めばなが開いた後に筆を使って花粉をつけているので、受粉しており、実ができます。

5. 植物の実や種子のでき方

/100 合格 70 点

教科書 64～79ページ　答え 18ページ

1 アサガオの花のつくりを調べました。 1つ5点(30点)

(1) あ～えの部分を、それぞれ何といいますか。

あ(花びら)
い(めしべ)
う(おしべ)
え(がく)

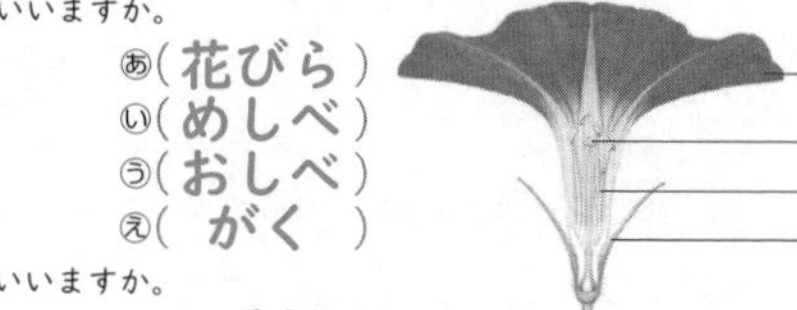

(2) 花粉がいの先につくことを何といいますか。

(受粉)

(3) 花が開く前のうの先のようすを選んで、( )に○をつけましょう。

2 けんび鏡を使って、アサガオの花粉を観察しました。 技能 1つ5点、(2)は全部できて5点(20点)

(1) 対物レンズと調節ねじは、あ～おのどれですか。

対物レンズ(い)
調節ねじ (う)

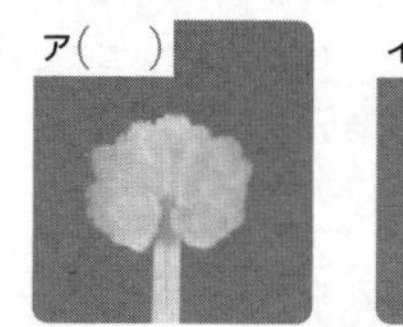

(2) けんび鏡で観察するときの正しいそうさの順になるように、①～④をならべかえましょう。

(②) → (①) → (④) → (③)

① えの上にスライドガラスを置き、見たい部分があなの中央にくるようにする。
② いをいちばん低い倍率にして、あをのぞきながら、おの向きを変えて、明るく見えるようにする。
③ あをのぞきながらうを回し、いとスライドガラスの間を少しずつ広くして、ピントを合わせる。
④ 横から見ながらうを回し、いとスライドガラスの間をできるだけせまくする。

(3) 右のアサガオの花粉を観察したとき、あの倍率は10倍、いの倍率は20倍でした。このとき、アサガオの花粉は実物の何倍の大きさに見えていますか。

(200倍)

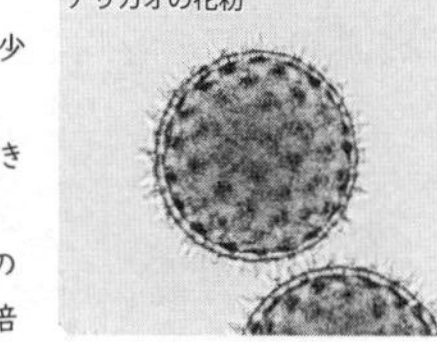
アサガオの花粉

よく出る

3 アサガオの実のでき方を調べます。 1つ10点(30点)

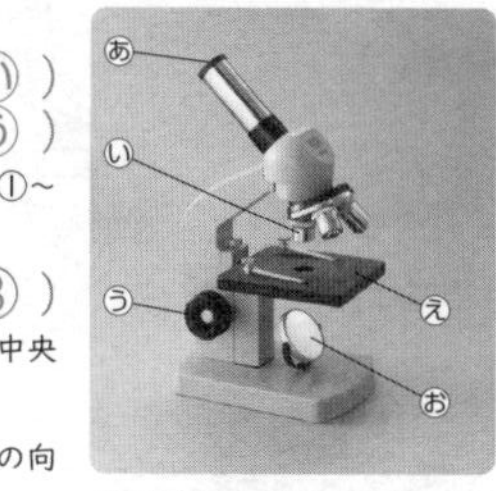

(1) 記述 あで、ふくろをかけたままにしておく理由を説明しましょう。 思考・表現

(めしべの先に花粉がつかないようにするため。)

(2) 実ができるのは、あ、いのどちらですか。 (い)

(3) 実験のはじめにおしべをとり去らないと、実験の結果はどうなると考えられますか。正しいものを1つ選んで、( )に○をつけましょう。

ア( )あもいも実ができない。
イ( )あは実ができ、いは実ができない。
ウ( )あは実ができず、いは実ができる。
エ(○)あもいも実ができる。

できたらスゴイ!

4 イチゴの温室さいばいをしている農家では、イチゴを育てている温室の中にミツバチをはなしていることがあります。 思考・表現 1つ10点(20点)

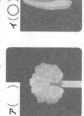

(1) ミツバチをはなすとよい時期はいつですか。いちばんよいと考えられるものを1つ選んで、( )に○をつけましょう。

ア( )芽が出はじめた時期
イ( )子葉とちがう葉が出はじめた時期
ウ(○)花が開き始めた時期
エ( )しゅうかくする直前の時期

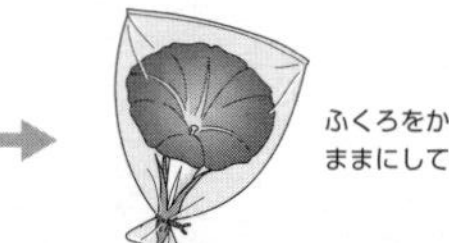

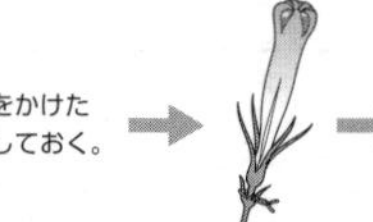

(2) 記述 (1)のように考えられる理由を説明しましょう。

(ミツバチによって花粉が花から花へ運ばれて、多くのめしべが受粉するから。)

ふりかえり
3がわからないときは、32ページの1にもどって確にんしましょう。
4がわからないときは、32ページの1にもどって確にんしましょう。

34～35ページ てびき

1 (3)アは花が開く前のめしべの先、イは花が開く前のおしべの先、ウは花が開いた後のめしべの先、エは花が開いた後のおしべの先です。花が開く前のつぼみのときには、花粉が入ったおしべの先のふくろはわれていません。

2 (1)、(2)あは接眼レンズ、いは対物レンズ、うは調節ねじ、えはステージ、おは反しゃ鏡です。
(3)接眼レンズの倍率は10倍、対物レンズの倍率は20倍なので、けんび鏡の倍率は、10×20＝200(倍)

3 (1)ふくろをかけておかないと、ほかの花の花粉がこん虫や風に運ばれて受粉してしまうことがあります。
(3)つぼみのうちにおしべをとり去らないと、花が開く直前に受粉してしまうため、2日目に花粉をつけてもつけなくても実ができてしまいます。

4 ミツバチは、イチゴの花から花へ飛び回って花のみつを集め、そのときに体に花粉をつけて、ほかの花へと花粉を運ぶため、イチゴの花が受粉しやすくなり、実ができやすくなります。

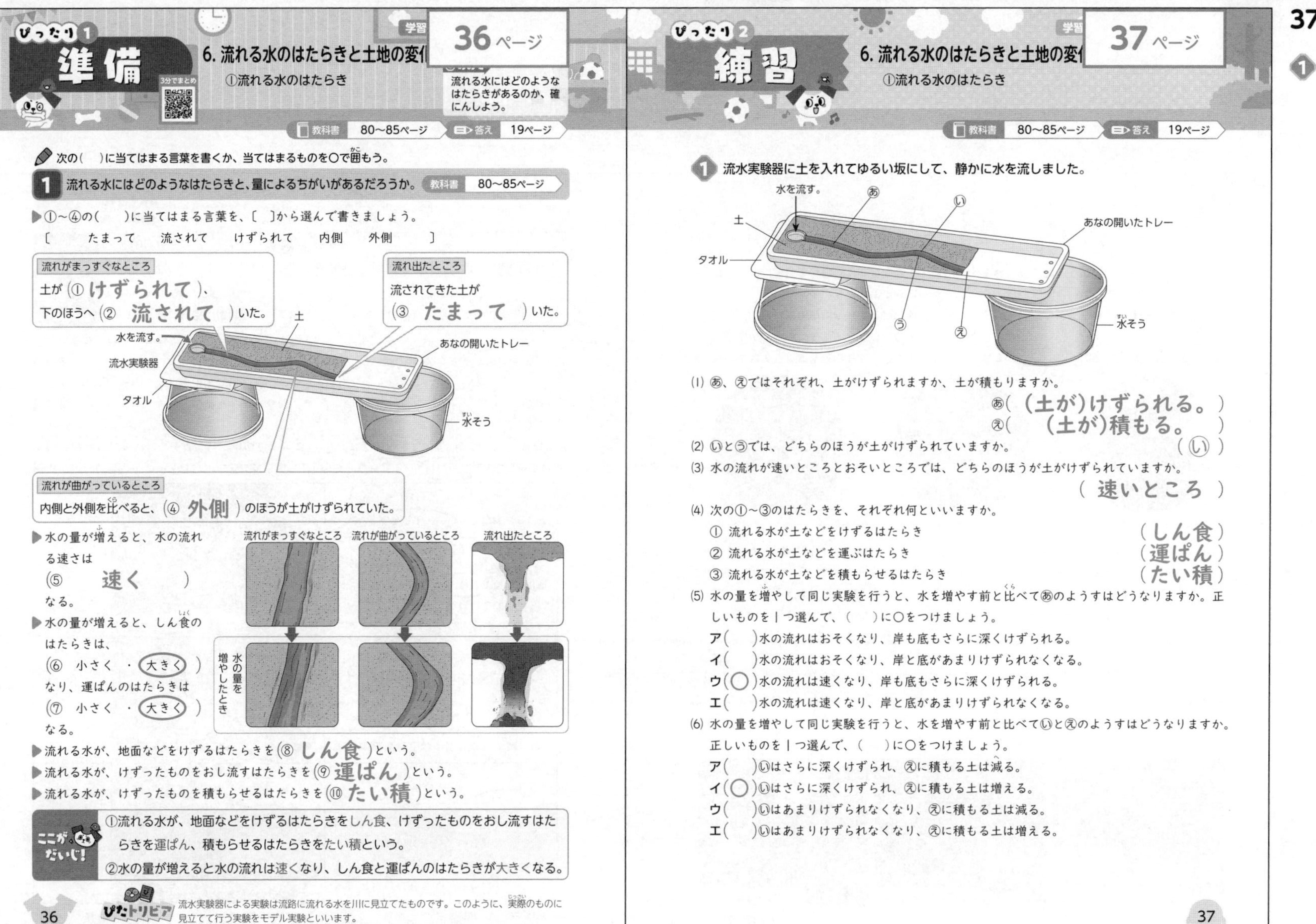

ぴったり1 準備

6. 流れる水のはたらきと土地の変化

①流れる水のはたらき

学習日 36ページ

流れる水にはどのようなはたらきがあるのか、確にんしよう。

3分でまとめ

教科書 80〜85ページ　答え 19ページ

次の(　)に当てはまる言葉を書くか、当てはまるものを○で囲もう。

1 流れる水にはどのようなはたらきと、量によるちがいがあるだろうか。 教科書 80〜85ページ

▶①〜④の(　)に当てはまる言葉を、〔 〕から選んで書きましょう。

〔　たまって　流されて　けずられて　内側　外側　〕

流れがまっすぐなところ

土が(① けずられて)、下のほうへ(② 流されて)いた。

流れ出たところ

流されてきた土が(③ たまって)いた。

流れが曲がっているところ

内側と外側を比べると、(④ 外側)のほうが土がけずられていた。

▶水の量が増えると、水の流れる速さは(⑤ 速く)なる。

▶水の量が増えると、しん食のはたらきは、(⑥ 小さく・大きく)なり、運ぱんのはたらきは(⑦ 小さく・大きく)なる。

▶流れる水が、地面などをけずるはたらきを(⑧ しん食)という。

▶流れる水が、けずったものをおし流すはたらきを(⑨ 運ぱん)という。

▶流れる水が、けずったものを積もらせるはたらきを(⑩ たい積)という。

ここが だいじ!

①流れる水が、地面などをけずるはたらきをしん食、けずったものをおし流すはたらきを運ぱん、積もらせるはたらきをたい積という。

②水の量が増えると水の流れは速くなり、しん食と運ぱんのはたらきが大きくなる。

ぴたトリビア 流水実験器による実験は流路に流れる水を川に見立てたものです。このように、実際のものに見立てて行う実験をモデル実験といいます。

36

ぴったり2 練習

6. 流れる水のはたらきと土地の変化

①流れる水のはたらき

学習日 37ページ

教科書 80〜85ページ　答え 19ページ

1 流水実験器に土を入れてゆるい坂にして、静かに水を流しました。

(1) あ、えではそれぞれ、土がけずられますか、土が積もりますか。

あ((土が)けずられる。)

え((土が)積もる。)

(2) いとうでは、どちらのほうが土がけずられていますか。　(い)

(3) 水の流れが速いところとおそいところでは、どちらのほうが土がけずられていますか。

(速いところ)

(4) 次の①〜③のはたらきを、それぞれ何といいますか。

① 流れる水が土などをけずるはたらき　(しん食)

② 流れる水が土などを運ぶはたらき　(運ぱん)

③ 流れる水が土などを積もらせるはたらき　(たい積)

(5) 水の量を増やして同じ実験を行うと、水を増やす前と比べてあのようすはどうなりますか。正しいものを1つ選んで、(　)に○をつけましょう。

ア(　)水の流れはおそくなり、岸も底もさらに深くけずられる。

イ(　)水の流れはおそくなり、岸と底があまりけずられなくなる。

ウ(○)水の流れは速くなり、岸も底もさらに深くけずられる。

エ(　)水の流れは速くなり、岸と底があまりけずられなくなる。

(6) 水の量を増やして同じ実験を行うと、水を増やす前と比べていとえのようすはどうなりますか。正しいものを1つ選んで、(　)に○をつけましょう。

ア(　)いはさらに深くけずられ、えに積もる土は減る。

イ(○)いはさらに深くけずられ、えに積もる土は増える。

ウ(　)いはあまりけずられなくなり、えに積もる土は減る。

エ(　)いはあまりけずられなくなり、えに積もる土は増える。

37

37ページ　てびき

1 (2)曲がって流れているところでは、外側は流れが速く、内側は流れがゆるやかになっています。

(3)流れが速いところでは土がけずられ、流れがゆるやかなところでは土が積もります。

(4)流れる水には、次の3つのはたらきがあります。

- しん食…地面などをけずるはたらき
- 運ぱん…けずった土などをおし流すはたらき
- たい積…けずった土などを積もらせるはたらき

(5)、(6)流れる水の量が増えると、水の流れる速さは速くなります。水の流れが速いほど、しん食と運ぱんのはたらきは大きくなります。また、上流から運ぱんされてくる土の量は増えるので、流れ出たところにたい積する土の量は増えます。

おうちのかたへ　6. 流れる水のはたらきと土地の変化

流れる水のはたらきと土地の変化について学習します。ここでは、流れる水が土地を侵食したり、土や石を運搬したり堆積したりすることを理解しているか、実際の川の様子を観察して、上流と下流の様子の違いや土地の様子をとらえることができるか、などがポイントです。

ぴったり1 準備

6. 流れる水のはたらきと土地の変化
②川のようす

学習 38ページ 場所による、川のようすや川原の石のちがいを確にんしよう。

教科書 86～91ページ　答え 20ページ

次の(　)に当てはまる言葉を書くか、当てはまるものを○で囲もう。

1 川のようすは、場所によってどのようなちがいがあるだろうか。 教科書 86～91ページ

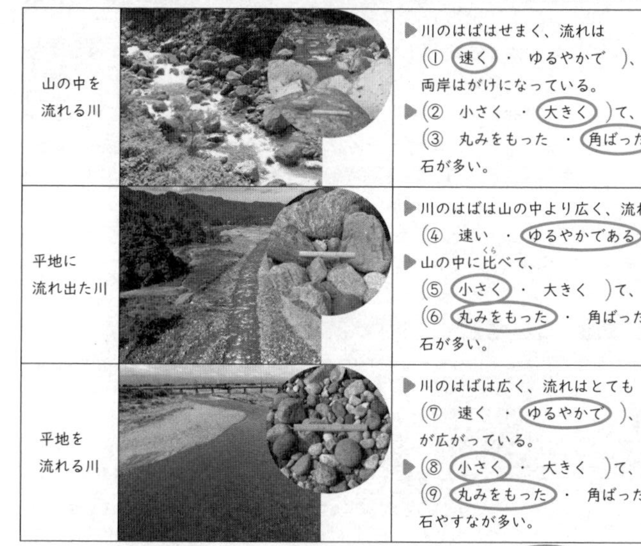

山の中を流れる川	▶川のはばはせまく、流れは(① (速く) ・ ゆるやかで)、川の両岸はがけになっている。 ▶(② 小さく ・ (大きく))て、(③ 丸みをもった ・ (角ばった))石が多い。
平地に流れ出た川	▶川のはばは山の中より広く、流れは(④ 速い ・ (ゆるやかである))。 ▶山の中に比べて、(⑤ (小さく) ・ 大きく)て、(⑥ (丸みをもった) ・ 角ばった)石が多い。
平地を流れる川	▶川のはばは広く、流れはとても(⑦ 速く ・ (ゆるやかで))、川原が広がっている。 ▶(⑧ (小さく) ・ 大きく)て、(⑨ (丸みをもった) ・ 角ばった)石やすなが多い。

▶川の流れが急な山の中では、川の石は大きく(⑩ 丸みをもった ・ (角ばった))ものが多い。
▶川の流れがおだやかな平地では、川の石は小さく(⑪ (丸みをもった) ・ 角ばった)ものが多い。
▶流れの速さのちがいから、山の中を流れる川では(⑫ **運ぱん**)や(⑬ **しん食**)のはたらきが大きく、平地を流れる川では(⑭ **たい積**)のはたらきが大きい。
▶川原の石のようすが、場所によってちがうのは、流れる(⑮ **水**)のはたらきによって、石がわれたり、けずられたりして、形を変えたからである。

ここがだいじ!
①山の中を流れる川には大きくて角ばった石が多く、平地を流れる川には小さくて丸みをもった石が多い。
②川原の石のようすが、山の中を流れる川と平地を流れる川でちがうのは、流れる水のはたらきで、石が形を変えたからである。

ぴたトリビア 石のかたさはモース硬度という指標で表され、よりかたいものとこすれるとけずれます。川原の石のモース硬度は5～7くらいで、もっともかたいダイヤモンドのモース硬度は10です。

ぴったり2 練習

6. 流れる水のはたらきと土地の変化
②川のようす

学習 39ページ

教科書 86～91ページ　答え 20ページ

1 山の中を流れる川、その下流の平地に流れ出た川、さらに下流の平地を流れる川のようすを比べます。

㋐ 山の中を流れる川　㋑ 平地に流れ出た川　㋒ 平地を流れる川

(1) 川の流れがゆるやかな順になるように、㋐～㋒をならべかえましょう。
(㋒) → (㋑) → (㋐)

(2) ㋐の川原には、どのような石が多く見られますか。正しいものを1つ選んで、(　)に○をつけましょう。
ア(　)小さくて角ばった石
イ(　)小さくて丸みをもった石
ウ(○)大きくて角ばった石
エ(　)大きくて丸みをもった石

(3) ㋒の川原には、どのような石が多く見られますか。正しいものを1つ選んで、(　)に○をつけましょう。ただし、ア～ウにうつっているものさしは、どれも30cmのものさしです。
ア(○)　イ(　)　ウ(　)

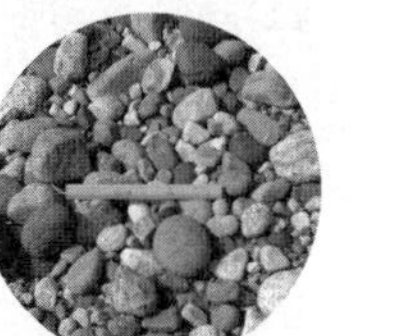

(4) ㋒の川原で多く見られる石が、(3)で答えたような大きさや形になっているのはなぜですか。正しいものを1つ選んで、(　)に○をつけましょう。
ア(○)流れる水のはたらきで流されるうちに、石がわれたりけずられたりするから。
イ(　)流れる水のはたらきで流されるうちに、石と石がくっついていくから。
ウ(　)川原にすむ動物が川原を歩くときに、ふまれた石が細かくくだけるから。

39ページ てびき

1 (1)川の流れは、上流のほうが速く、下流のほうへいくほどゆるやかになっていきます。㋐～㋒を下流から順にならべると、次のようになります。
㋒ 平地を流れる川
→㋑ 平地に流れ出た川
→㋐ 山の中を流れる川

(2)、(3)川の上流には大きくて角ばった石が多く、川の下流には小さくて丸みをもった石やすなが多くなっています。

(4)上流から下流へ石が流されていくうちに、石どうしがぶつかるなどしてわれたりけずられたりするので、だんだん小さくなり、角がとれて丸みのある形に変わっていきます。

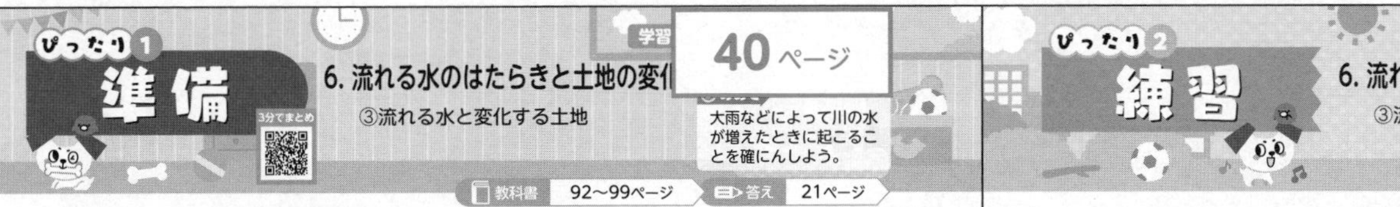

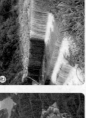

ぴったり1 準備

6. 流れる水のはたらきと土地の変化 ③流れる水と変化する土地

学習 40ページ

大雨などによって川の水が増えたときに起こることを確にんしよう。

教科書 92～99ページ　答え 21ページ

次の(　)に当てはまる言葉を書くか、当てはまるものを○で囲もう。

1 川の水の量が増えると、土地のようすはどうなるだろうか。　教科書 92～99ページ

▶大雨がふって川の水の量が増えると、水位は(① 低く・(高く))なり、流れは(② おそく・(速く))なる。

▶大雨がふったとき、川を流れる水のしん食のはたらきは(③ 小さく・(大きく))なり、川を流れる水の運ぱんのはたらきは(④ 小さく・(大きく))なる。

▶川が増水すると、てい防が決かいするなどして、(⑤ こう水)が起こることもある。

▶長い年月をかけて、流れる水のはたらきによって土地のすがたは変わる。たとえば、川の底が長い年月の間(⑥ しん食)されてV字谷ができたり、運ぱんされた土砂が長い年月の間(⑦ たい積)して三角州や扇状地ができたりする。

▶こう水に備えて、ひなんのためのハザードマップ、雨水を一時的にためる多目的遊水地や地下調節池、雨水をたくわえて川の水の量を調節する(⑧ さ防ダム・(ダム))などがつくられている。

雨量(10月)　水位(10月)

川の水の量が増える前　川の水の量が増えたとき

V字谷…川の底が長い年月しん食されてできた深い谷

三角州…河口付近に土砂がたい積してできた三角形の土地

扇状地…川が山から平地に出た場所に土砂がたい積してできた扇状の土地

さ防ダム…川底がけずられたり、石やすなが一度に流されたりすることを防ぐ。

ダム…雨水をたくわえ、川の水の量を調節する。

ここがだいじ！ ①大雨がふると、川の水の量が増え、流れる水のはたらきが大きくなって、土地のようすが大きく変化する。

ぴたトリビア 扇状地は水はけがよく果物を育てるのに適しているため、ブドウ、モモ、サクランボ、ミカンなどの果樹園としてよく利用されています。

ぴったり2 練習

6. 流れる水のはたらきと土地の変化 ③流れる水と変化する土地

学習 41ページ

教科書 92～99ページ　答え 21ページ

1 雨の量の変化と川のようすの変化について調べました。

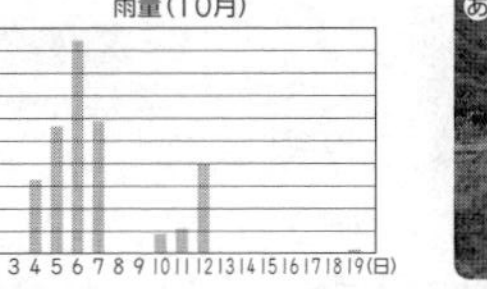

(1) 雨がたくさんふったときのようすは、あ、いのどちらですか。　(あ)

(2) グラフから、10月3日と10月7日の川のようすは、それぞれあ、いのどちらだと考えられますか。　10月3日(い)　10月7日(あ)

(3) 川の水の量が増えたときの説明として、正しいものを1つ選んで、(　)に○をつけましょう。

ア(　)川の流れは速くなり、流れる水によるしん食と運ぱんのはたらきは小さくなる。

イ(○)川の流れは速くなり、流れる水によるしん食と運ぱんのはたらきは大きくなる。

ウ(　)川の流れはゆるやかになり、流れる水によるしん食と運ぱんのはたらきは小さくなる。

エ(　)川の流れはゆるやかになり、流れる水によるしん食と運ぱんのはたらきは大きくなる。

(4) 川を流れる水のはたらきによって、長い年月をかけて土地のようすは大きく変わります。しん食が続いてできたものを1つ選んで、(　)に○をつけましょう。

ア(　)扇状地

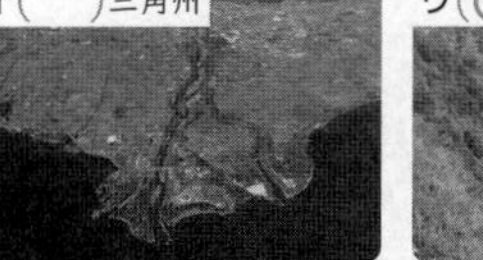
イ(　)三角州

ウ(○)V字谷

2 こう水に備えるくふうについて調べました。

(1) さ防ダムはか、きのどちらですか。　(き)

(2) さ防ダムについての説明として、正しいものを1つ選んで、(　)に○をつけましょう。

ア(　)雨水をたくわえ、川の水の量を調節する。

イ(○)川底がけずられたり、石やすなが一度に流されたりすることを防ぐ。

ウ(　)大雨のときに、増えた水を一時的にためる。

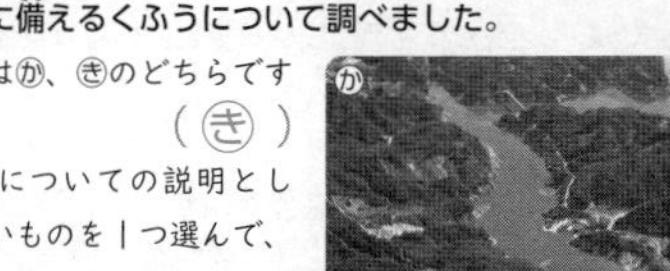

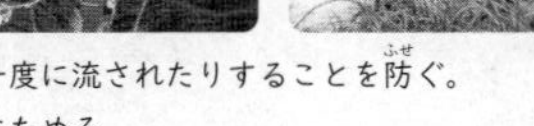

41ページ てびき

❶ (1)雨がたくさんふると、川の水の量が増えるので、水位は高くなります。

(2)10月6日に特に雨量が多くなっているので、10月6日から7日にかけて川の水位は高くなったと考えられます。

(4)アは、川が山から平地に出てかたむきがゆるやかになったところに土砂がたい積してできた土地で、扇のような形であるため扇状地とよばれます。

イは、流れがゆるやかになる河口付近で、上流から運ぱんされてきた土砂がたい積して三角形の土地になったもので、三角州とよばれます。

ウは、川の底がしん食されて谷になり、長い年月の間しん食が続いて深い谷になったもので、アルファベットの「V」の形に見えるためV字谷とよばれます。

❷ 雨水をたくわえて川の水の量を調節するダムとちがい、さ防ダムには水をたくわえるはたらきはありませんが、川底がけずられたり、石やすなが一度に流されたりすることを防ぐつくりになっています。

ぴったり3
確かめのテスト。

6. 流れる水のはたらきと土地の

42ページ

/100 合格70点

教科書 80〜101ページ　答え 22ページ

1 ある地いきで、10月3日から10月20日の間の、雨の量の変化を調べました。

1つ10点、(3)は全部できて10点(30点)

(1) この地いきの川の水位は1日だけ高くなっていました。それはいつだと考えられますか。1つ選んで、(　)に○をつけましょう。

ア(　)10月5日　イ(　)10月9日
ウ(　)10月12日　エ(◯)10月16日

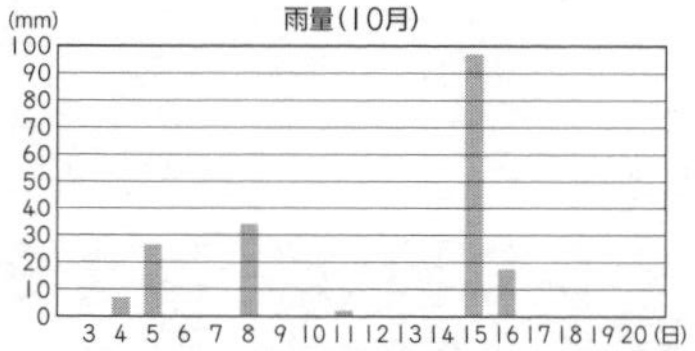

(2) 川の水の量が多くなると、川の底や岸はどうなりますか。正しいものを1つ選んで、(　)に○をつけましょう。

ア(　)変化しない。
イ(◯)けずられ、けずられたものは流されて、ようすが変わる。
ウ(　)土が積もり、ようすが変わる。

(3) 川を流れる水のはたらきにより、長い年月をかけて土地のようすは大きく変わります。たい積のはたらきによってできた地形をすべて選んで、(　)に○をつけましょう。

ア(◯)三角州
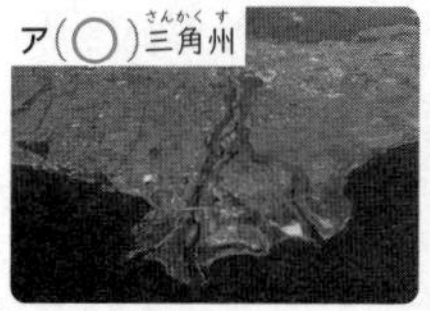
イ(　)V字谷

ウ(◯)扇状地

2 こう水への備えについて調べました。

1つ10点(20点)

(1) 大雨がふったとき、川底がけずられたり、石やすなが一度に流されたりすることを防ぐためにつくられたさ防ダムはどれですか。1つ選んで、(　)に○をつけましょう。

ア(　)

イ(　)

ウ(◯)

(2) こう水が起こったときに備えて、予想されるひ害のようすやひなん場所などが示されたものを何といいますか。正しいものを1つ選んで、(　)に○をつけましょう。

ア(◯)こう水ハザードマップ　イ(　)地下調節池　ウ(　)多目的遊水地

学習 43ページ

よく出る

3 流水実験器に土を入れてみぞをつけ、ゆるい坂にして静かに水を流しました。

1つ5点、(1)、(5)は全部できて5点(25点)

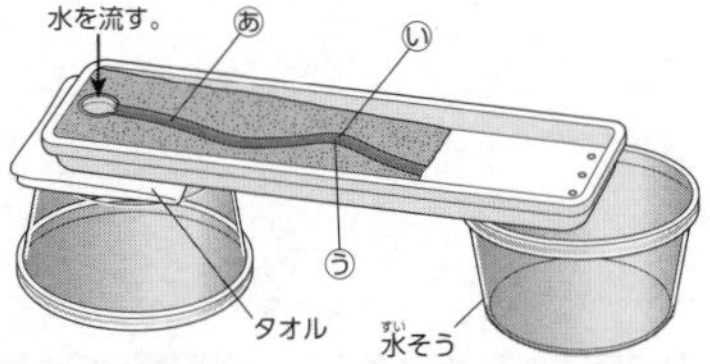

(1) 土がけずられたところを、あ〜うからすべて選びましょう。　(あ、い)

(2) 流れる水が土をけずるはたらきを何といいますか。　(しん食)

(3) 流れる水が土をおし流すはたらきを何といいますか。　(運ぱん)

(4) (3)のはたらきは、いとうではどちらのほうが大きいですか。　(い)

(5) 流す水の量を増やすと、①土をけずるはたらき、②土をおし流すはたらきはどうなりますか。それぞれア〜ウから選びましょう。　①(ウ)　②(ウ)

ア　小さくなる。　イ　変わらない。　ウ　大きくなる。

よく出る

4 山の中を流れる川で見られる石のようすを調べ、その下流の平地に流れ出た川、さらに下流の平地を流れる川で見られる石のようすも調べました。

1つ5点(15点)

※写真にうつっているものさしは、どれも30cmのものさしです。

(1) あ〜うから、①もっとも上流で見られた石、②もっとも下流で見られた石をそれぞれ選びましょう。

①(う)　②(い)

(2) 記述 いの石が、あやうの石に比べて小さくて丸みをもっているのはなぜですか。　思考・表現

(流れる水のはたらきによって川を流されていくうちに、われたりけずられたりしたから。)

できたらスゴイ!

5 よしおさんは、お父さんといっしょに、山のふもとの川で魚をつる予定を立てました。

思考・表現　1つ5点(10点)

(1) つりに行く前の日には、どの地いきについての天気予報に注意しておくとよいですか。よいほうの(　)に○をつけましょう。

ア(◯)目的地と目的地より上流の地いき　イ(　)目的地と目的地より下流の地いき

(2) 記述 (1)のように答えた理由を説明しましょう。

(川の上流で大雨がふると、下流で流れが速くなったり、こう水などが起きたりするから。)

ふりかえり　4がわからないときは、38ページの1にもどって確にんしましょう。
5がわからないときは、40ページの1にもどって確にんしましょう。

42〜43ページ　てびき

1 (1)10月15日にふった雨の量がいちばん多いので、その後に川の水の量が増えて、水位が高くなると考えられます。

2 (1)ア(護岸ブロック)は岸のしん食を防ぎます。イ(ダム)は雨水をたくわえて川の水の量を調節します。
(2)こう水ハザードマップは、こう水が起きたときにひなんをするために役立つ情報が示された地図です。

3 (1)水の流れが速いところでは、土がけずられます。曲がって流れているところでは、外側の流れが速くなります。
(5)流れる水の量が増えると、しん食と運ぱんのはたらきが大きくなります。

4 (1)川の上流には大きくて角ばった石が多く、下流には小さくて丸みをもった石が多くなっています。

5 川の下流で雨がふらなくても、上流で大雨がふれば、川の水が増えて流れが速くなるので、下流にもえいきょうが出ることがあります。川の水が増えすぎると、橋がこわれたり、川の水があふれてこう水になることもあります。

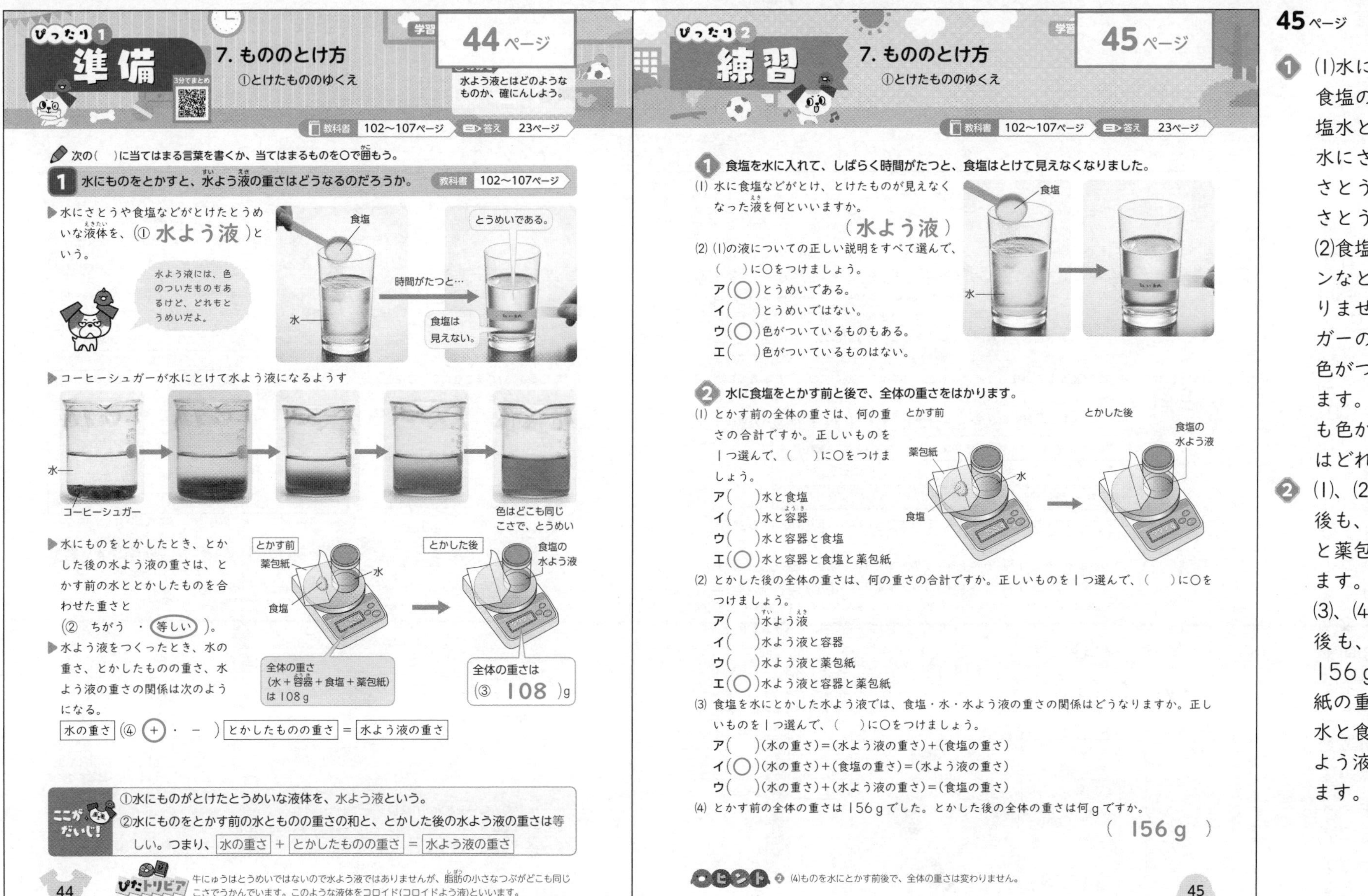

ぴったり1 準備
7. もののとけ方
①とけたもののゆくえ
水よう液とはどのようなものか、確にんしよう。
学習 44ページ
教科書 102~107ページ　答え 23ページ

次の(　)に当てはまる言葉を書くか、当てはまるものを○で囲もう。

1 水にものをとかすと、水よう液の重さはどうなるのだろうか。 教科書 102~107ページ

▶水にさとうや食塩などがとけたとうめいな液体を、(① 水よう液)という。

水よう液には、色のついたものもあるけど、どれもとうめいだよ。

食塩　水　時間がたつと…　食塩は見えない。　とうめいである。

▶コーヒーシュガーが水にとけて水よう液になるようす

水　コーヒーシュガー　色はどこも同じこさで、とうめい

▶水にものをとかしたとき、とかした後の水よう液の重さは、とかす前の水ととかしたものを合わせた重さと(② ちがう ・ (等しい))。

▶水よう液をつくったとき、水の重さ、とかしたものの重さ、水よう液の重さの関係は次のようになる。

とかす前　薬包紙　水　食塩　全体の重さ(水＋容器＋食塩＋薬包紙)は108g
とかした後　食塩の水よう液　全体の重さは(③ 108)g

水の重さ (④ (＋) ・ －) とかしたものの重さ ＝ 水よう液の重さ

ここがだいじ!
①水にものがとけたとうめいな液体を、水よう液という。
②水にものをとかす前の水とものの重さの和と、とかした後の水よう液の重さは等しい。つまり、水の重さ ＋ とかしたものの重さ ＝ 水よう液の重さ

ぴたトリビア　牛にゅうはとうめいではないので水よう液ではありませんが、脂肪の小さなつぶがどこも同じこさでうかんでいます。このような液体をコロイド(コロイドよう液)といいます。

44

ぴったり2 練習
7. もののとけ方
①とけたもののゆくえ
学習 45ページ
教科書 102~107ページ　答え 23ページ

1 食塩を水に入れて、しばらく時間がたつと、食塩はとけて見えなくなりました。

(1) 水に食塩などがとけ、とけたものが見えなくなった液を何といいますか。
(水よう液)

(2) (1)の液についての正しい説明をすべて選んで、(　)に○をつけましょう。
ア(○)とうめいである。
イ(　)とうめいではない。
ウ(○)色がついているものもある。
エ(　)色がついているものはない。

食塩　水

2 水に食塩をとかす前と後で、全体の重さをはかります。

(1) とかす前の全体の重さは、何の重さの合計ですか。正しいものを1つ選んで、(　)に○をつけましょう。
ア(　)水と食塩
イ(　)水と容器
ウ(　)水と容器と食塩
エ(○)水と容器と食塩と薬包紙

とかす前　薬包紙　水　食塩　とかした後　食塩の水よう液

(2) とかした後の全体の重さは、何の重さの合計ですか。正しいものを1つ選んで、(　)に○をつけましょう。
ア(　)水よう液
イ(　)水よう液と容器
ウ(　)水よう液と薬包紙
エ(○)水よう液と容器と薬包紙

(3) 食塩を水にとかした水よう液では、食塩・水・水よう液の重さの関係はどうなりますか。正しいものを1つ選んで、(　)に○をつけましょう。
ア(　)(水の重さ)＝(水よう液の重さ)＋(食塩の重さ)
イ(○)(水の重さ)＋(食塩の重さ)＝(水よう液の重さ)
ウ(　)(水の重さ)＋(水よう液の重さ)＝(食塩の重さ)

(4) とかす前の全体の重さは156gでした。とかした後の全体の重さは何gですか。
(156g)

ヒント ❷ (4)ものを水にとかす前後で、全体の重さは変わりません。

45

45ページ てびき

❶ (1)水に食塩がとけたものを食塩の水よう液といい、食塩水ともいいます。また、水にさとうがとけたものをさとうの水よう液といい、さとう水ともいいます。
(2)食塩やさとう、ミョウバンなどの水よう液は色がありませんが、コーヒーシュガーの水よう液のように、色がついた水よう液もあります。しかし、色があっても色がなくても、水よう液はどれもとうめいです。

❷ (1)、(2)とかす前もとかした後も、全体の重さには容器と薬包紙の重さがふくまれます。
(3)、(4)とかす前もとかした後も、全体の重さは同じ156gです。容器や薬包紙の重さは変わらないので、水と食塩の重さの合計が水よう液の重さに等しくなります。

おうちのかたへ　7. もののとけ方
ものが水に溶けるときの規則性について学習します。水溶液とは何か、水の量や温度を変えたときに溶ける量が変化するか、水に溶けたものを取り出すにはどうすればよいか、といったことを理解しているかがポイントです。

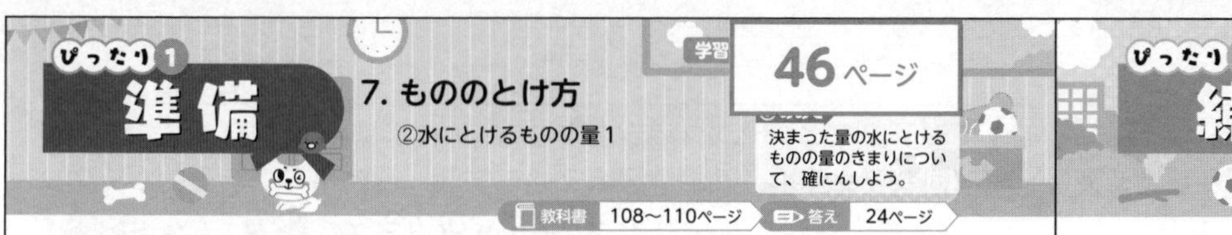

ぴったり1 準備

学習 46ページ

7. もののとけ方

②水にとけるものの量1

決まった量の水にとけるものの量のきまりについて、確にんしよう。

教科書 108〜110ページ　答え 24ページ

次の(　)に当てはまる言葉を書くか、当てはまるものを○で囲もう。

1 メスシリンダーの使い方をまとめよう。

教科書 184ページ

▶水 50 mL をはかりとる方法

❶(① 水平)なところに置く。

❷50の目もりより少し(② 上 ・ (下))まで水を入れる。

❸スポイトを使い、メスシリンダーの内側を伝わらせて水を入れ、50の目もりに水面を合わせる。

メスシリンダー

(③ 真横)から見る。

あ水面のへこんだところ

い目もり線

あといが重なって見えるように水を入れる。

2 食塩などが水にとける量には、限りがあるのだろうか。

教科書 108〜110ページ

水 50 mL にとけた食塩の量　(○：とけた。×：とけ残った。)

	1回目	2回目	3回目	4回目
加えた食塩の重さ	5 g	5 g	5 g	5 g
加えた食塩の合計	5 g	10 g	15 g	20 g
とけるかどうか	○	○	○	×

決まった量の水に食塩がとけるとき、とける食塩の量には、限りが(① (ある) ・ ない)。

水 50 mL にとけたミョウバンの量　(○：とけた。×：とけ残った。)

	1回目	2回目	3回目	4回目
加えたミョウバンの重さ	5 g	5 g	5 g	5 g
加えたミョウバンの合計	5 g	10 g	15 g	20 g
とけるかどうか	○	×		

決まった量の水にミョウバンがとけるとき、とけるミョウバンの量には、限りが(② (ある) ・ ない)。

▶決まった量の水にものをとかすとき、とける量には限りが(③ (ある) ・ ない)。

▶決まった量の水にものをとかすとき、とける量はものにより(④ (ちがう) ・ ちがわない)。

ここがだいじ！
①決まった量の水にものがとける量には、限りがある。
②ものによって、決まった量の水にとける量はちがう。

ぴたトリビア　ある量の水に食塩などをとかすとき、とける量には限りがあり、その限界までものをとかした水よう液を「飽和水よう液」といいます。

ぴったり2 練習

学習 47ページ

7. もののとけ方

②水にとけるものの量1

教科書 108〜110ページ　答え 24ページ

1 水を 50 mL はかりとります。

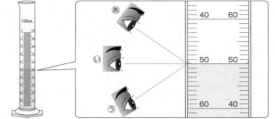

(1) 水などの液体をはかりとるときに使う、上の図のような器具を何といいますか。
(メスシリンダー)

(2) (1)の器具は、どのようなところに置いて使いますか。
(水平なところ)

(3) 水の量を見るときには、あ〜うのどこで見ますか。
(い)

(4) 水を 50 mL はかりとる方法について、正しいほうの(　)に○をつけましょう。
ア(　)50の目もりより少し上まで水を入れてから、少しずつ水を減らす。
イ(○)50の目もりより少し下まで水を入れてから、少しずつ水を増やす。

2 水 50 mL に5gずつ食塩を加えていき、とけるかどうか調べました。

	1回目	2回目	3回目	4回目
加えた食塩の重さ	5 g	5 g	5 g	5 g
とけ残りがあるかどうか	ない	ない	ない	ある

(1) 3回目に食塩を加えてとけたとき、水にとけている食塩は何 g ですか。
(15 g)

(2) この実験から、どのようなことがわかりますか。正しいものを1つ選んで、(　)に○をつけましょう。
ア(　)水 50 mL に食塩をとかすことができる回数は、3回までである。
イ(　)水 50 mL にとける食塩の量には、限りがない。
ウ(○)水 50 mL にとける食塩の量には、限りがある。

(3) 食塩のかわりにミョウバンを使って同じ実験をしたとき、水にとけるミョウバンの量は、食塩と同じですか、ちがいますか。
(ちがう。)

47ページ てびき

1 (1)必要な体積の水をはかりとるときには、メスシリンダーを使います。また、メスシリンダーは、水よう液などの液体の体積をはかるときにも使います。
(2)水平なところに置かないと、中に入っている水の水面がかたむいてしまい、正確な体積がわからなくなってしまいます。
(3)水の量を見るときには、水面を真横から見ます。
(4)水 50 mL をはかりとるときには、50 mL よりも少なく水を入れてから、スポイトを使って水をメスシリンダーの内側に伝わらせて入れ、水面を50の目もりに合わせます。

2 (1)5 g ずつ3回加えてすべてとけているので、水にとけている食塩の合計は、
5 g × 3 = 15 g
(3)決まった量の水にとける量は、ものによってちがいます。

ぴったり1 準備 48ページ

7. もののとけ方
②水にとけるものの量2

水の量や温度と、とけるものの量の関係を確にんしよう。

教科書 110～114ページ　答え 25ページ

次の(　)に当てはまる言葉を書くか、当てはまるものを〇で囲もう。

1 ものがとける量を増やすには、どうすればよいのだろうか。 教科書 110～114ページ

▶水の量を増やしたとき

変える条件	水の量	50 mL	100 mL
変えない条件	水よう液の温度	室内の温度と同じ。	

水を 50 mL から 100 mL に増やしたときにとけた量

加えた重さの合計	5g	10g	15g	20g	25g	30g	35g	40g
食塩	○	○	○	○	○	○	○	×
ミョウバン	○	○	×					

(○：水が 50 mL のときにとけた分　○：とけた。　×：とけ残った。)

食塩が水にとける量は(① 減る ・ (増える))。

ミョウバンが水にとける量は(② 減る ・ (増える))。

▶水よう液の温度を上げたとき

変えない条件	水の量	50 mL	
変える条件	水よう液の温度	室内の温度と同じ。	室内より高い温度

水よう液の温度を上げたときにとけた量

加えた重さの合計	5g	10g	15g	20g	25g	30g	35g	40g
食塩	○	○	○	×				
ミョウバン	○	○	○	×				

(○：水が室内の温度と同じときにとけた分　○：とけた。　×：とけ残った。)

食塩が水にとける量は(③ 増える ・ (ほぼ変わらない))。

ミョウバンが水にとける量は(④ (増える) ・ ほぼ変わらない)。

▶ものが水にとける量は、水の(⑤ **量**)や(⑥ **温度**)によってちがう。

ここがだいじ！
①水の量を増やすと、ものが水にとける量は増える。
②水よう液の温度を上げると、ミョウバンのとける量は増えるが、食塩のとける量はほとんど変わらない。

ぴたトリビア　砂糖は、100 mL の水にとける重さが温度によって大きく変わり、0 ℃ では約 180 g とけるのに対して、80 ℃ では約 360 g とおよそ 2 倍に増えます。

ぴったり2 練習 49ページ

7. もののとけ方
②水にとけるものの量2

教科書 110～114ページ　答え 25ページ

1 室内と同じ温度の水 50 mL に食塩 15 g を入れてかき混ぜると食塩はすべてとけました。さらに食塩 5 g を入れてかき混ぜると、とけ残りました。

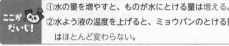

(1) 水をさらに 50 mL 加えると、とけ残りはどうなりますか。正しいものを1つ選んで、(　)に〇をつけましょう。

ア(　)増える。
イ(　)変化しない。
ウ(〇)なくなる。

(2) 水の量を増やすと、食塩などが水にとける量はどうなりますか。正しいものを1つ選んで、(　)に〇をつけましょう。

ア(〇)増える。
イ(　)変化しない。
ウ(　)減る。

2 室内と同じ温度の水 50 mL にミョウバン 5 g を入れてかき混ぜるとミョウバンはすべてとけました。さらにミョウバン 5 g を入れてかき混ぜると、とけ残りました。

(1) 右の図のように、水よう液を約 60 ℃ の湯につけてあたためると、とけ残りはどうなりますか。正しいものを1つ選んで、(　)に〇をつけましょう。

ア(　)増える。
イ(　)変化しない。
ウ(〇)なくなる。

(2) ミョウバンのかわりに食塩 20 g を使って同じ実験をすると、あたためたときにとけ残りはどうなりますか。正しいものを1つ選んで、(　)に〇をつけましょう。

ア(　)増える。
イ(〇)ほとんど変化しない。
ウ(　)なくなる。

49ページ てびき

1 (1)水 50 mL に食塩 15 g はとけるので、水をさらに 50 mL 加えると、少なくとも食塩 30 g はとけます。

2 (1)ミョウバンが水にとける量は、温度を上げると増えるので、とけ残りはなくなります。

なお、50 mL の水にとけるミョウバンの量は、下の表のように変化します。

水の温度	0℃	20℃	40℃	60℃
とける量	2.9g	5.7g	11.9g	28.7g

(2)食塩が水にとける量は、温度を上げてもほとんど変わらないので、とけ残りの量は、ほとんど変化しません。

なお、50 mL の水にとける食塩の量は、下の表のように、わずかに変化します。

水の温度	0℃	20℃	40℃	60℃
とける量	17.8g	17.9g	18.2g	18.5g

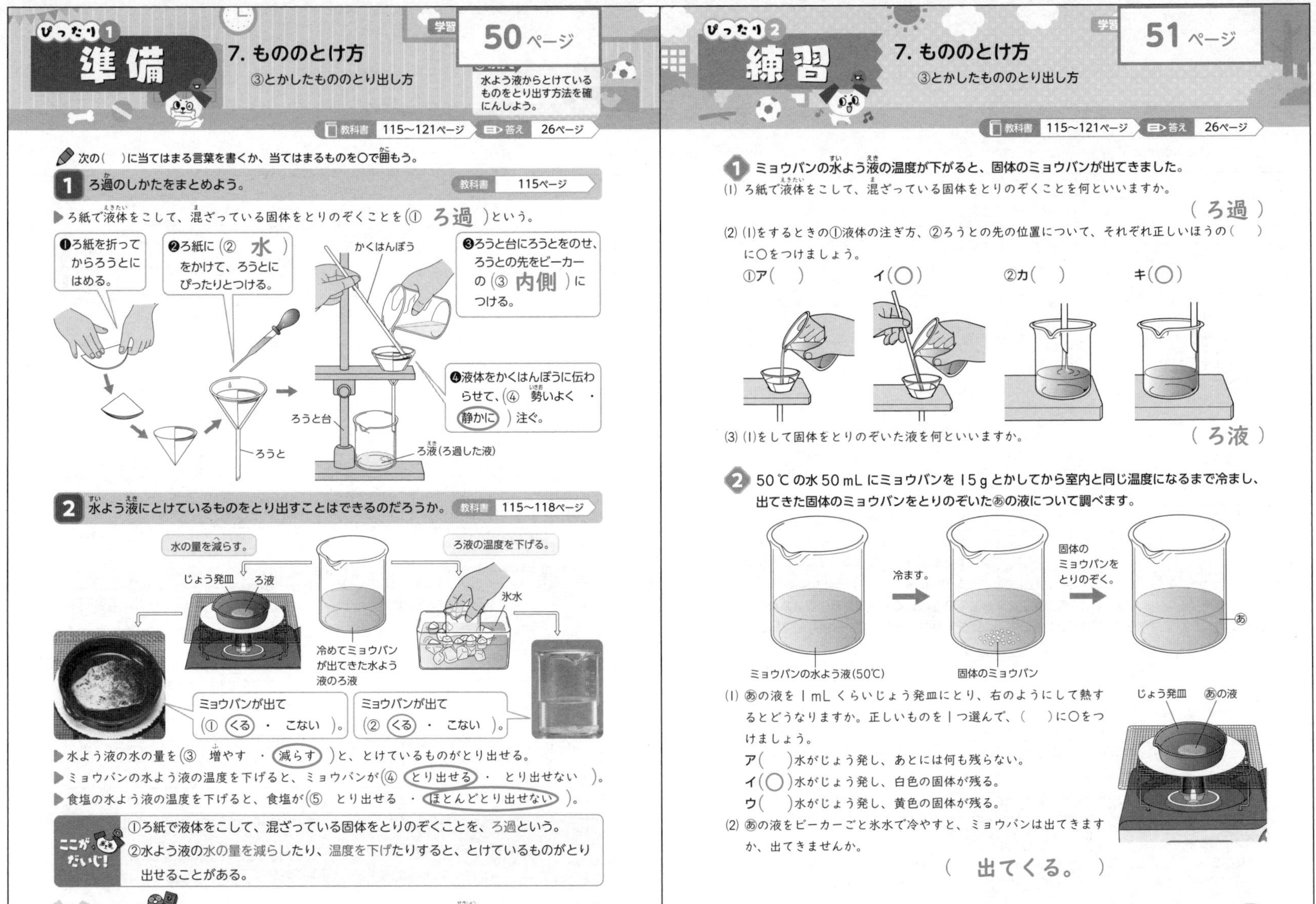

ぴったり1 準備

7. もののとけ方

③とかしたもののとり出し方

学習 50ページ

水よう液からとけているものをとり出す方法を確にんしよう。

教科書 115～121ページ　答え 26ページ

次の(　)に当てはまる言葉を書くか、当てはまるものを○で囲もう。

1 ろ過のしかたをまとめよう。　教科書 115ページ

▶ろ紙で液体をこして、混ざっている固体をとりのぞくことを(① ろ過)という。

❶ろ紙を折ってからろうとにはめる。
❷ろ紙に(② 水)をかけて、ろうとにぴったりとつける。
かくはんぼう
❸ろうと台にろうとをのせ、ろうとの先をビーカーの(③ 内側)につける。
❹液体をかくはんぼうに伝わらせて、(④ 勢いよく ・ 静かに)注ぐ。
ろうと台
ろうと
ろ液(ろ過した液)

2 水よう液にとけているものをとり出すことはできるのだろうか。　教科書 115～118ページ

水の量を減らす。
ろ液の温度を下げる。
じょう発皿
ろ液
氷水
冷めてミョウバンが出てきた水よう液のろ液
ミョウバンが出て(① くる ・ こない)。
ミョウバンが出て(② くる ・ こない)。

▶水よう液の水の量を(③ 増やす ・ 減らす)と、とけているものがとり出せる。

▶ミョウバンの水よう液の温度を下げると、ミョウバンが(④ とり出せる ・ とり出せない)。

▶食塩の水よう液の温度を下げると、食塩が(⑤ とり出せる ・ ほとんどとり出せない)。

ここがだいじ！
①ろ紙で液体をこして、混ざっている固体をとりのぞくことを、ろ過という。
②水よう液の水の量を減らしたり、温度を下げたりすると、とけているものがとり出せることがある。

ぴたトリビア　水よう液からとけていたものが固体となって出てくることを析出といい、特定の成分のつぶが規則正しくならんでできた固体を結晶といいます。

50

ぴったり2 練習

7. もののとけ方

③とかしたもののとり出し方

学習 51ページ

教科書 115～121ページ　答え 26ページ

1 ミョウバンの水よう液の温度が下がると、固体のミョウバンが出てきました。

(1) ろ紙で液体をこして、混ざっている固体をとりのぞくことを何といいますか。　(ろ過)

(2) (1)をするときの①液体の注ぎ方、②ろうとの先の位置について、それぞれ正しいほうの(　)に○をつけましょう。

①ア(　)　イ(○)　②カ(　)　キ(○)

(3) (1)をして固体をとりのぞいた液を何といいますか。　(ろ液)

2 50℃の水 50 mL にミョウバンを 15 g とかしてから室内と同じ温度になるまで冷まし、出てきた固体のミョウバンをとりのぞいたあの液について調べます。

冷ます。
固体のミョウバンをとりのぞく。
あ
ミョウバンの水よう液(50℃)
固体のミョウバン
じょう発皿
あの液

(1) あの液を 1 mL くらいじょう発皿にとり、右のようにして熱するとどうなりますか。正しいものを 1 つ選んで、(　)に○をつけましょう。

ア(　)水がじょう発し、あとには何も残らない。

イ(○)水がじょう発し、白色の固体が残る。

ウ(　)水がじょう発し、黄色の固体が残る。

(2) あの液をビーカーごと氷水で冷やすと、ミョウバンは出てきますか、出てきませんか。

(出てくる。)

51

51ページ　てびき

1 (1)ろ紙をろうとにはめて液体をこすと、固体はろ紙を通りぬけずにこしとられます。

(2)①液は、かくはんぼうに伝わらせて静かに注ぎます。

②ろうとの先はビーカーの内側につけ、ろうとの先から出てくる液がビーカーの内側を伝うようにします。

2 (1)水よう液を熱して水をじょう発させると、とけているミョウバンが白色の固体となって出てきます。

(2)水の量が同じでも、ミョウバンがとける量は水の温度によって変わります。温度を下げると、とけているミョウバンが出てきます。

おうちのかたへ

小学校では「結晶」「再結晶」といった用語は扱っていません。これらの用語は中学校で学習します。ここでは、水溶液を冷やしたり、水を蒸発させたりして出てきたものは「つぶ」「固体」と書いています。

7. もののとけ方

52ページ

100
合格70点

教科書 102〜123ページ　答え 27ページ

1 水50gにさとう15gをとかして、さとう水(さとうの水よう液)をつくりました。

1つ10点(20点)

(1) さとう水についての正しい説明をすべて選んで、(　)に○をつけましょう。

ア(　)色がなく、とうめいではない。
イ(○)色がなく、とうめいである。
ウ(　)色がついていて、とうめいではない。
エ(　)色がついていて、とうめいである。

さとう
水

(2) つくったさとう水の重さは何gですか。

(65g)

2 メスシリンダーで室内と同じ温度の水50mLをはかりとり、2gずつミョウバンを加えてかき混ぜ、とけるかどうか調べました。

1つ10点(40点)

	1回目	2回目	3回目
加えたミョウバンの重さ	2g	2g	2g
とけ残りがあるかどうか	ない	ない	ある

(1) 水50mLをはかりとるとき、メスシリンダーはどのようなところに置いて使いますか。 技能

(水平なところ)

(2) メスシリンダーに入った水の量を見るときの目の位置は、あ〜うのどこにしますか。 技能

(い)

(3) 3回目のミョウバンを加えた後の、とけ残りがある水よう液を、容器ごと60℃の湯につけてあたためると、とけ残りの量はどうなりますか。正しいものを1つ選んで、(　)に○をつけましょう。

ア(　)増える。
イ(　)変化しない。
ウ(○)減る。

60℃の湯

(4) メスシリンダーで室内と同じ温度の水100mLをはかりとり、8gのミョウバンを加えてかき混ぜると、どうなりますか。正しいほうの(　)に○をつけましょう。

ア(○)ミョウバンはすべてとける。
イ(　)ミョウバンはとけ残る。

53ページ

よく出る

3 室温と同じ温度の水が入ったビーカーを2つ用意し、1つには食塩、もう1つにはミョウバンをとけ残りが出るまで加え、とけ残りをろ過します。 1つ10点、(2)はそれぞれ全部できて10点(30点)

(1) ろ過のしかたについて、正しいものを1つ選んで、(　)に○をつけましょう。

ア(　)　イ(　)　ウ(　)　エ(○)

(2) ろ過をした後の食塩の水よう液とミョウバンの水よう液は、どのようにすると固体が出てきますか。ア〜ウからそれぞれすべて選びましょう。

食塩の水よう液(ウ)
ミョウバンの水よう液(イ、ウ)

ア　ろ液　湯
イ　ろ液　氷水
ウ　じょう発皿　ろ液

できたらスゴイ!

4 記述 けんじさんは、次の①〜③の方法で大きなミョウバンのかたまりをつくりました。

① 約60℃の水50mLにミョウバン28gを入れるとすべてとけ、この水よう液を冷ますと小さなミョウバンのつぶが出てきました。
② ①のつぶをとり出して糸につけました。
③ 約60℃の水100mLにミョウバンをとけるだけとかしてから、②の糸につけたつぶを入れ、ゆっくりと冷ますと、大きなミョウバンのかたまりができました。

次に、けんじさんは、同じ方法で大きな食塩のかたまりをつくろうとしましたが、できませんでした。けんじさんが大きな食塩のかたまりをつくれなかった理由を説明しましょう。

思考・表現 (10点)

温度が変わっても、決まった量の水にとける食塩の量はほとんど変わらないから。

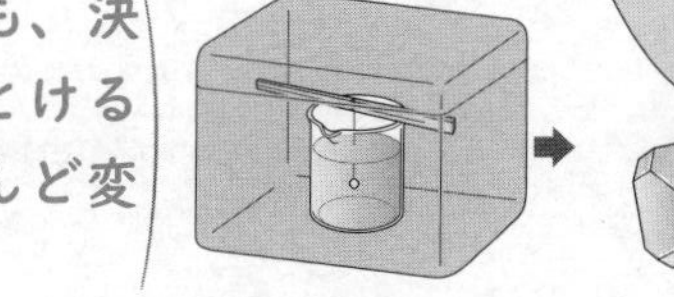

ふりかえり　3がわからないときは、50ページの1、2にもどって確にんしましょう。
4がわからないときは、50ページの2にもどって確にんしましょう。

52〜53ページ　てびき

1 (2)水よう液をつくったとき、
水の重さ＋とかしたものの重さ
＝水よう液の重さ
という関係が成り立つので、さとう水の重さは、
50g＋15g＝65g

2 (3)水よう液の温度を上げると、ミョウバンのとける量は増えるので、水よう液があたたまるにつれて、とけ残りは減っていき、やがてとけ残りはなくなります。
(4)水50mLにミョウバン4gがとけているので、2倍の水100mLには、少なくともミョウバン8gはとけます。

3 (2)水よう液の温度を下げると、水よう液にとけているミョウバンはとり出すことができますが、食塩はほとんどとり出すことはできません。また、水よう液を熱して水をじょう発させ、水の量を減らすと、水よう液にとけている食塩やミョウバンをとり出すことができます。

4 食塩はミョウバンとはちがい、水の温度が高いときと低いときで、決まった量の水にとける量がほとんど変わりません。そのため、温度が低くなったときに、とけきれなくなって出てくる固体はほとんどありません。

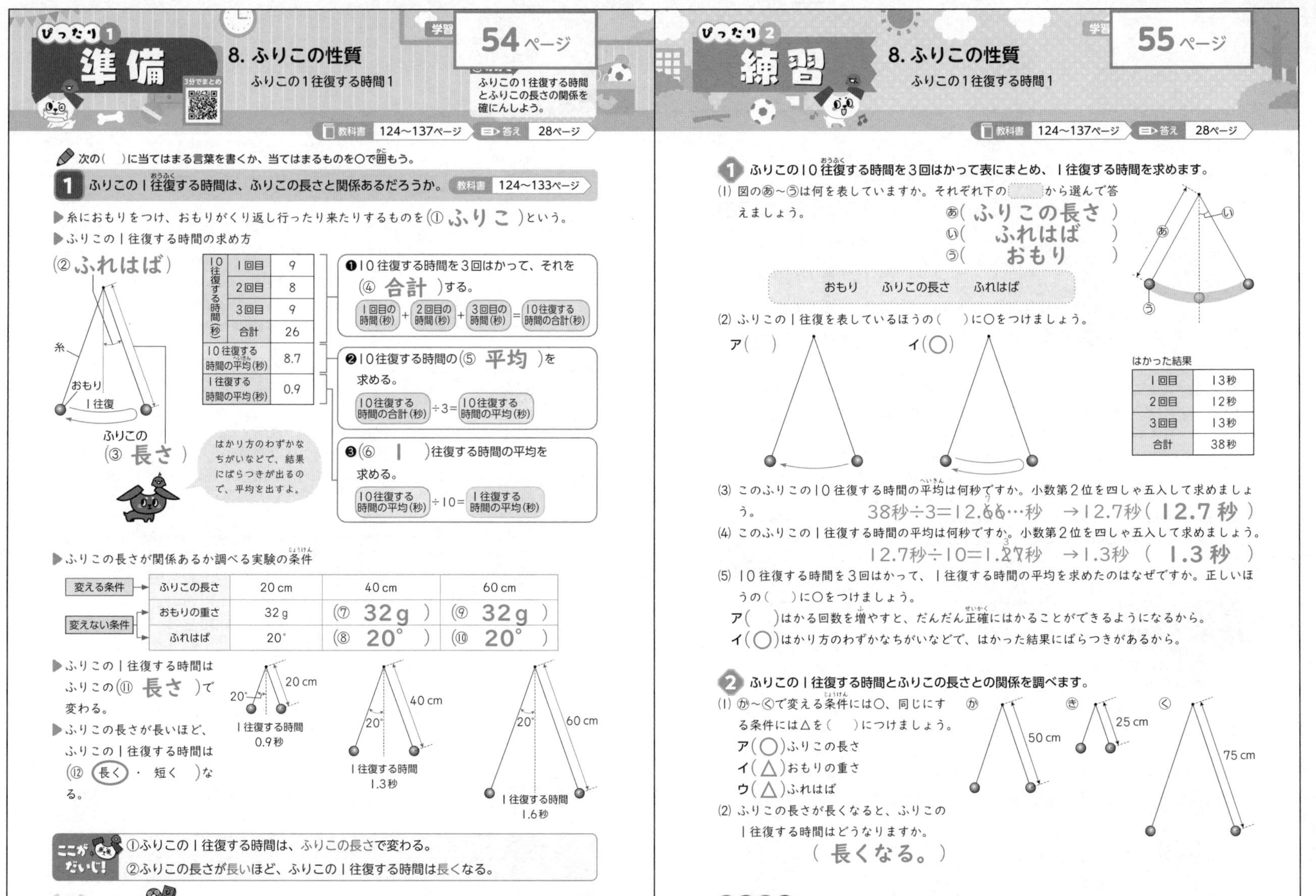

ぴったり1 準備

8. ふりこの性質

ふりこの1往復する時間1

54ページ

ふりこの1往復する時間とふりこの長さの関係を確にんしよう。

教科書 124〜137ページ　答え 28ページ

次の(　)に当てはまる言葉を書くか、当てはまるものを○で囲もう。

1 ふりこの１往復する時間は、ふりこの長さと関係あるだろうか。　教科書 124〜133ページ

▶糸におもりをつけ、おもりがくり返し行ったり来たりするものを(① ふりこ)という。

▶ふりこの１往復する時間の求め方

(② ふれはば)

糸　おもり　１往復

ふりこの(③ 長さ)

10往復する時間(秒)	1回目	9
	2回目	8
	3回目	9
	合計	26
10往復する時間の平均(秒)		8.7
１往復する時間の平均(秒)		0.9

❶10往復する時間を３回はかって、それを(④ 合計)する。
１回目の時間(秒)＋２回目の時間(秒)＋３回目の時間(秒)＝10往復する時間の合計(秒)

❷10往復する時間の(⑤ 平均)を求める。
10往復する時間の合計(秒)÷3＝10往復する時間の平均(秒)

❸(⑥ １)往復する時間の平均を求める。
10往復する時間の平均(秒)÷10＝１往復する時間の平均(秒)

はかり方のわずかなちがいなどで、結果にばらつきが出るので、平均を出すよ。

▶ふりこの長さが関係あるか調べる実験の条件

変える条件	ふりこの長さ	20 cm	40 cm	60 cm
変えない条件	おもりの重さ	32 g	(⑦ 32g)	(⑨ 32g)
	ふれはば	20°	(⑧ 20°)	(⑩ 20°)

▶ふりこの１往復する時間はふりこの(⑪ 長さ)で変わる。

▶ふりこの長さが長いほど、ふりこの１往復する時間は(⑫ (長く)・短く)なる。

20 cm　20°　１往復する時間 0.9秒

40 cm　20°　１往復する時間 1.3秒

60 cm　20°　１往復する時間 1.6秒

ここがだいじ！
①ふりこの１往復する時間は、ふりこの長さで変わる。
②ふりこの長さが長いほど、ふりこの１往復する時間は長くなる。

54

ぴたトリビア　一定のテンポで音を出すメトロノームという音楽の道具は、ふりこの上下をさかさまにしたようなつくりで、おもりを下にするほど速いテンポ、上にするほどおそいテンポになります。

ぴったり2 練習

8. ふりこの性質

ふりこの1往復する時間1

55ページ

教科書 124〜137ページ　答え 28ページ

1 ふりこの10往復する時間を３回はかって表にまとめ、１往復する時間を求めます。

(1) 図のあ〜うは何を表していますか。それぞれ下の□から選んで答えましょう。
あ(ふりこの長さ)
い(ふれはば)
う(おもり)

おもり　ふりこの長さ　ふれはば

(2) ふりこの１往復を表しているほうの(　)に○をつけましょう。
ア(　)　イ(○)

はかった結果

1回目	13秒
2回目	12秒
3回目	13秒
合計	38秒

(3) このふりこの10往復する時間の平均は何秒ですか。小数第２位を四しゃ五入して求めましょう。
38秒÷3＝12.66…秒　→12.7秒(12.7 秒)

(4) このふりこの１往復する時間の平均は何秒ですか。小数第２位を四しゃ五入して求めましょう。
12.7秒÷10＝1.27秒　→1.3秒(1.3 秒)

(5) 10往復する時間を３回はかって、１往復する時間の平均を求めたのはなぜですか。正しいほうの(　)に○をつけましょう。
ア(　)はかる回数を増やすと、だんだん正確にはかることができるようになるから。
イ(○)はかり方のわずかなちがいなどで、はかった結果にばらつきがあるから。

2 ふりこの１往復する時間とふりこの長さとの関係を調べます。

(1) か〜くで変える条件には○、同じにする条件には△を(　)につけましょう。
ア(○)ふりこの長さ
イ(△)おもりの重さ
ウ(△)ふれはば

か 50 cm　き 25 cm　く 75 cm

(2) ふりこの長さが長くなると、ふりこの１往復する時間はどうなりますか。
(長くなる。)

ヒント
❶ (3)(4)小数第２位を四しゃ五入するので、例えば、8.64なら8.6、8.65なら8.7となります。
❷ (1)調べようとする条件だけを変え、そのほかの条件は同じにします。

55

55ページ　てびき

❶ (1)ふりこの長さは、おもりの中心からふりこの固定したところ(持ったところ)までの長さです。ふれはばは、ふりこの固定したところから真下に下ろした線と、ふりこが動いてその線からいちばんはなれたときの角度です。
(2)ふりこの１往復する時間とは、一方のはしにふれたふりこが動き出してから、その位置にもどるまでの時間です。

❷ (1)ふりこの長さとの関係を調べるので、ふりこの長さだけを変え、それ以外の条件は同じにします。
(2)ふりこの長さが長いほど、ふりこの１往復する時間は長くなります。

おうちのかたへ
四捨五入は４年の算数で学習していますが、平均の求め方は５年の算数で学習します。そのため、平均は算数より先に理科で学習する可能性があります。

おうちのかたへ　8. ふりこの性質
ふりこが１往復する時間の規則性について学習します。ふりこが１往復する時間が何によって変わるのか・変わらないのかを理解しているか、などがポイントです。

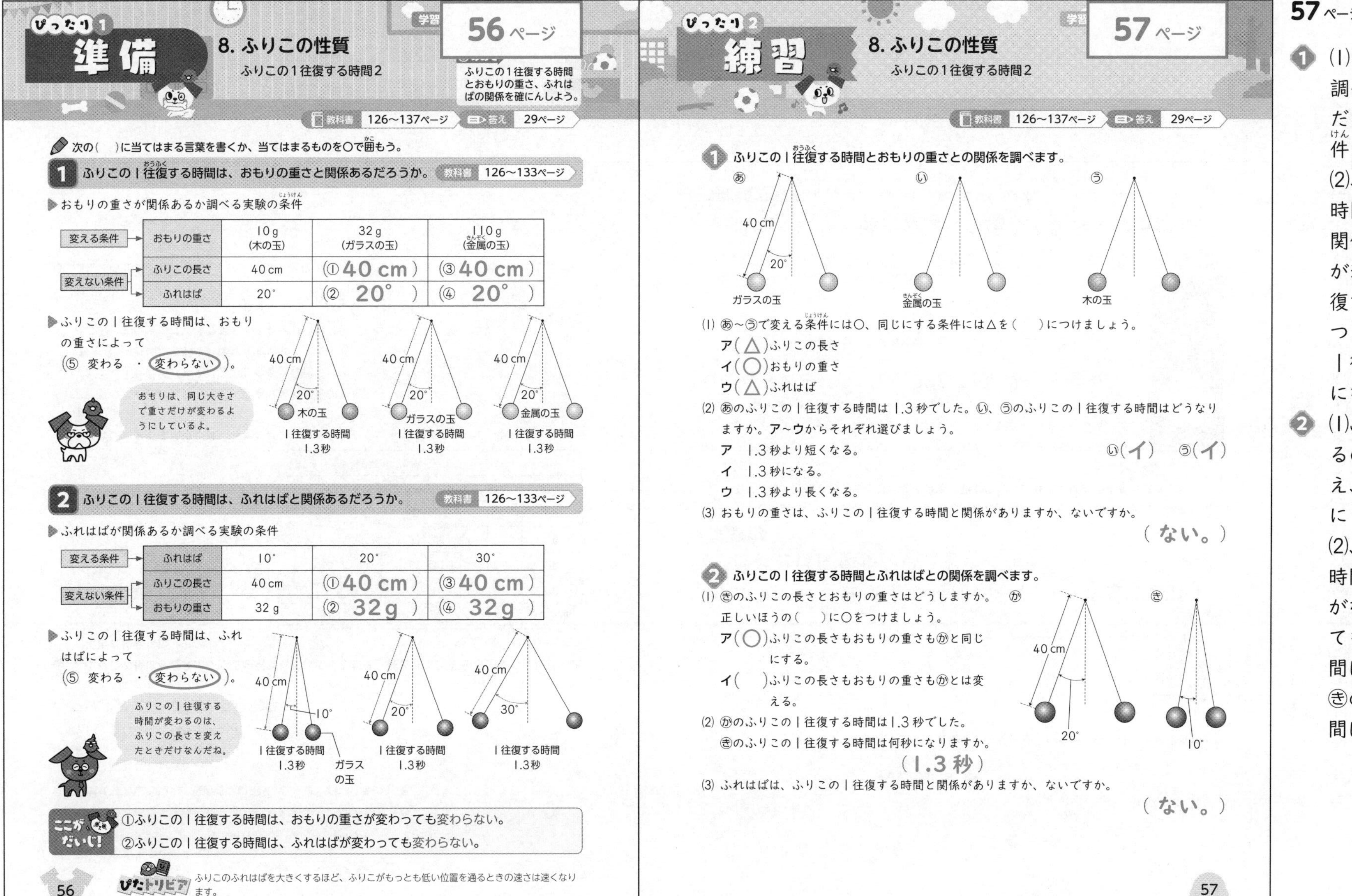

ぴったり1 準備

8. ふりこの性質
ふりこの1往復する時間2

56ページ

ふりこの1往復する時間とおもりの重さ、ふれはばの関係を確にんしよう。

教科書 126〜137ページ　答え 29ページ

次の(　)に当てはまる言葉を書くか、当てはまるものを○で囲もう。

1 ふりこの|往復する時間は、おもりの重さと関係あるだろうか。 教科書 126〜133ページ

▶おもりの重さが関係あるか調べる実験の条件

変える条件	おもりの重さ	10g(木の玉)	32g(ガラスの玉)	110g(金属の玉)
変えない条件	ふりこの長さ	40cm	(①40cm)	(③40cm)
変えない条件	ふれはば	20°	(②　20°　)	(④　20°　)

▶ふりこの|往復する時間は、おもりの重さによって
(⑤ 変わる ・ (変わらない))。

2 ふりこの|往復する時間は、ふれはばと関係あるだろうか。 教科書 126〜133ページ

▶ふれはばが関係あるか調べる実験の条件

変える条件	ふれはば	10°	20°	30°
変えない条件	ふりこの長さ	40cm	(①40cm)	(③40cm)
変えない条件	おもりの重さ	32g	(②　32g　)	(④　32g　)

▶ふりこの|往復する時間は、ふれはばによって
(⑤ 変わる ・ (変わらない))。

ここがだいじ！
①ふりこの|往復する時間は、おもりの重さが変わっても変わらない。
②ふりこの|往復する時間は、ふれはばが変わっても変わらない。

ぴたトリビア　ふりこのふれはばを大きくするほど、ふりこがもっとも低い位置を通るときの速さは速くなります。

56

ぴったり2 練習

8. ふりこの性質
ふりこの1往復する時間2

57ページ

教科書 126〜137ページ　答え 29ページ

1 ふりこの|往復する時間とおもりの重さとの関係を調べます。

(1) あ〜うで変える条件には○、同じにする条件には△を(　)につけましょう。
ア(△)ふりこの長さ
イ(○)おもりの重さ
ウ(△)ふれはば

(2) あのふりこの|往復する時間は|.3秒でした。い、うのふりこの|往復する時間はどうなりますか。ア〜ウからそれぞれ選びましょう。
ア　|.3秒より短くなる。
イ　|.3秒になる。
ウ　|.3秒より長くなる。
い(イ)　う(イ)

(3) おもりの重さは、ふりこの|往復する時間と関係がありますか、ないですか。
(ない。)

2 ふりこの|往復する時間とふれはばとの関係を調べます。

(1) きのふりこの長さとおもりの重さはどうしますか。正しいほうの(　)に○をつけましょう。
ア(○)ふりこの長さもおもりの重さもかと同じにする。
イ(　)ふりこの長さもおもりの重さもかとは変える。

(2) かのふりこの|往復する時間は|.3秒でした。
きのふりこの|往復する時間は何秒になりますか。
(|.3秒)

(3) ふれはばは、ふりこの|往復する時間と関係がありますか、ないですか。
(ない。)

57

57ページ てびき

1 (1)おもりの重さとの関係を調べるので、おもりの重さだけを変え、それ以外の条件は同じにします。
(2)、(3)ふりこの|往復する時間は、おもりの重さとは関係がなく、おもりの重さが変わってもふりこの|往復する時間は変わりません。つまり、い、うのふりこの|往復する時間はあと同じになります。

2 (1)ふれはばとの関係を調べるので、ふれはばだけを変え、それ以外の条件は同じにします。
(2)、(3)ふりこの|往復する時間は、ふれはばとは関係がなく、ふれはばが変わってもふりこの|往復する時間は変わりません。つまり、きのふりこの|往復する時間はかと同じになります。

8. ふりこの性質

58ページ

/100 合格70点

教科書 124〜139ページ　答え 30ページ

1 糸におもりをつけ、ふりこをつくりました。　1つ10点(30点)

(1) ①を何といいますか。

(ふりこの長さ)

(2) ②の角度を何といいますか。

(ふれはば)

(3) ふりこの1往復する時間は、ふりこがどのように動いたときの時間ですか。正しいものを1つ選んで、(　)に○をつけましょう。

ア(　)あ→いまでの動き
イ(　)い→う→いまでの動き
ウ(○)あ→い→う→い→あまでの動き

2 ふりこの長さを変えたふりこを用意して、ふりこが10往復する時間を3回ずつはかり、表にまとめました。　1つ5点(20点)

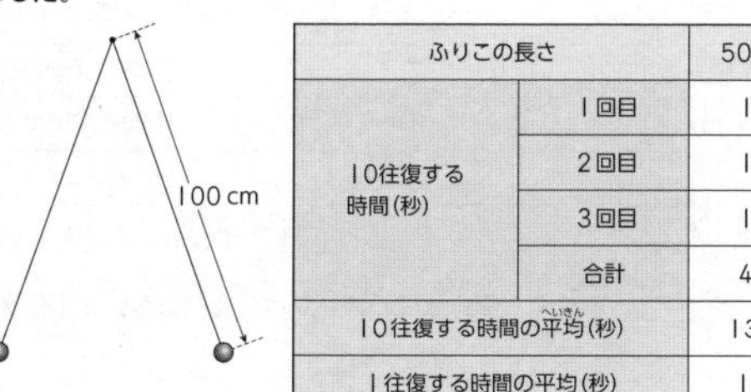

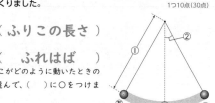

ふりこの長さ		50 cm	100 cm
10往復する時間(秒)	1回目	14	20
	2回目	13	20
	3回目	14	19
	合計	41	59
10往復する時間の平均(秒)		13.7	①
1往復する時間の平均(秒)		1.4	②

(1) ふれはばとおもりの重さはどうすればよいですか。正しいものを1つ選んで、(　)に○をつけましょう。

ア(　)ふれはばは同じにし、おもりの重さは変える。
イ(　)ふれはばは変え、おもりの重さは同じにする。
ウ(○)ふれはばもおもりの重さも同じにする。

(2) 表の①、②に当てはまる数字を、それぞれ小数第2位を四しゃ五入して求めましょう。

59÷3=19.66…　→19.7　①(19.7)
19.7÷10=1.97　→2.0　②(2.0)

(3) ふりこの長さが長くなると、ふりこの1往復する時間はどうなりますか。正しいものを1つ選んで、(　)に○をつけましょう。

ア(○)長くなる。　イ(　)変わらない。　ウ(　)短くなる。

58

学習 59ページ

よく出る

3 いくつかのふりこを用意して、ふりこの1往復する時間と、おもりの重さ、ふりこの長さ、ふれはばとの関係を調べます。　1つ10点(40点)

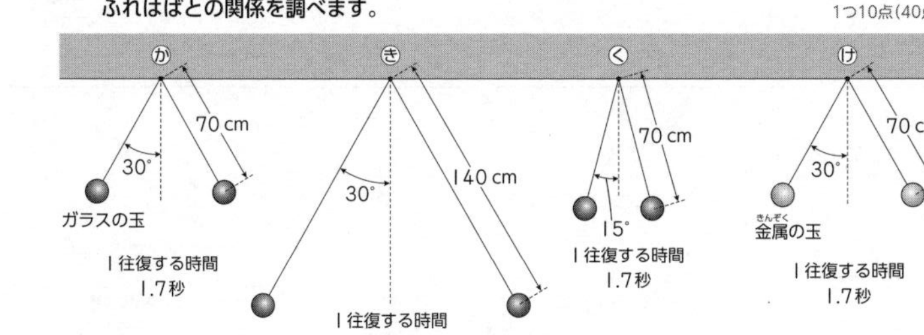

(1) ふりこの1往復する時間が、次の①〜③と関係があるかどうかを調べるには、それぞれかとき、く、けのどれを比べればよいですか。

① おもりの重さ　かと(け)
② ふりこの長さ　かと(き)
③ ふりこのふれはば　かと(く)

(2) 記述 か、く、けの1往復の時間が同じであることから、どのようなことがわかりますか。　思考・表現

(ふりこの1往復する時間は、おもりの重さ、ふれはばとは関係がないこと。)

できたらスゴイ!

4 ふりこ時計は、ふりこの1往復する動きと連動して時計のはりが進むしくみになっていて、ふりこの1往復する時間が長くなるほど、時計のはりの進み方はおそくなります。　思考・表現　1つ5点(10点)

(1) ふりこのおもりには調節ねじがついていて、おもりの位置を調節できるようになっています。時計のはりがおくれているとき、調節ねじをどのようにすると、直すことができるでしょうか。正しいほうの(　)に○をつけましょう。

ア(　)調節ねじを動かしておもりの位置を下げ、ふりこの長さが長くなるようにする。
イ(○)調節ねじを動かしておもりの位置を上げ、ふりこの長さが短くなるようにする。

(2) 記述 (1)のように考えた理由を説明しましょう。

(ふりこの長さが短いほど、ふりこの1往復する時間は短くなり、時計のはりの進み方が速くなるから。)

この本の終わりにある「冬のチャレンジテスト」をやってみよう!

ふりかえり　3がわからないときは、54ページの1、56ページの1、2にもどって確にんしましょう。
4がわからないときは、54ページの1にもどって確にんしましょう。

59

58〜59ページ　てびき

1 (1)ふりこの固定したところからおもりの中心までの長さを、ふりこの長さといいます。
(3)あから動き出し、い→う→いと動き、再びあへともどる動きが1往復です。また、うから動き始めると考えれば、う→い→あ→い→うも1往復です。

2 (1)変える条件はふりこの長さだけにします。
(3)ふりこの1往復する時間(の平均)は、ふりこの長さが50 cmのときに1.4秒、100 cmのときに2.0秒なので、ふりこの長さが長いほうが、ふりこの1往復する時間が長いことがわかります。

3 (1)①おもりの重さだけがちがうかとけを比べます。
②ふりこの長さだけがちがうかときを比べます。
③ふれはばだけがちがうかとくを比べます。

4 ふりこの長さが長い(短い)ほど、ふりこの1往復する時間は長く(短く)なります。ここでは、時計のはりがおくれているので、時計のはりの進み方が速くなるように、ふりこの長さを短くします。

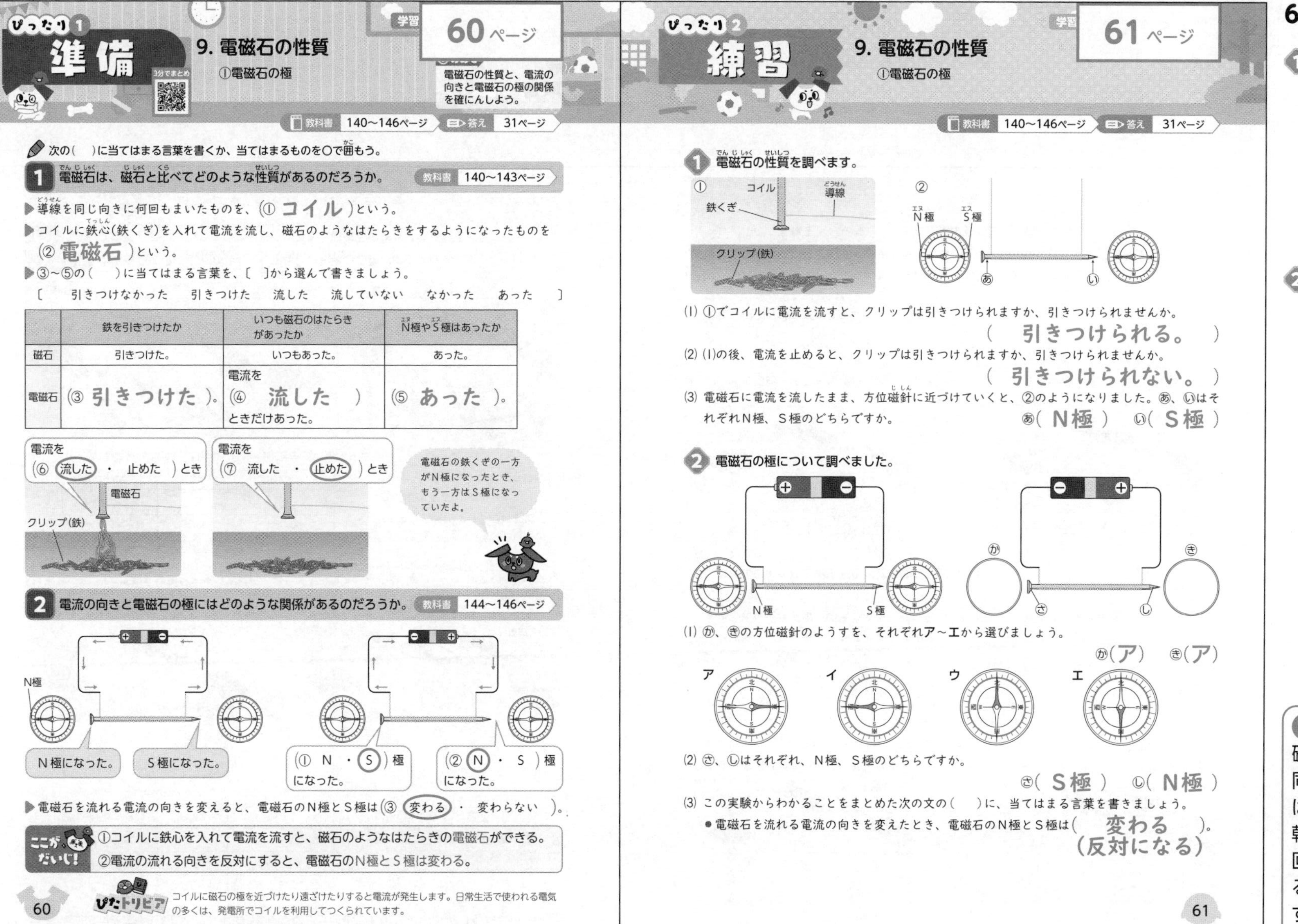

ぴったり1 準備

9. 電磁石の性質

①電磁石の極

学習 60ページ

電磁石の性質と、電流の向きと電磁石の極の関係を確にんしよう。

教科書 140~146ページ　答え 31ページ

次の(　)に当てはまる言葉を書くか、当てはまるものを○で囲もう。

1 電磁石は、磁石と比べてどのような性質があるのだろうか。 教科書 140~143ページ

▶導線を同じ向きに何回もまいたものを、(① コイル)という。

▶コイルに鉄心(鉄くぎ)を入れて電流を流し、磁石のようなはたらきをするようになったものを(② 電磁石)という。

▶③~⑤の(　)に当てはまる言葉を、[　]から選んで書きましょう。

[引きつけなかった　引きつけた　流した　流していない　なかった　あった]

	鉄を引きつけたか	いつも磁石のはたらきがあったか	N極やS極はあったか
磁石	引きつけた。	いつもあった。	あった。
電磁石	(③ 引きつけた)。	電流を(④ 流した)ときだけあった。	(⑤ あった)。

電流を(⑥ 流した ・ 止めた)とき

電流を(⑦ 流した ・ 止めた)とき

電磁石

クリップ(鉄)

電磁石の鉄くぎの一方がN極になったとき、もう一方はS極になっていたよ。

2 電流の向きと電磁石の極にはどのような関係があるのだろうか。 教科書 144~146ページ

N極

N極になった。　S極になった。

(① N ・ S)極になった。　(② N ・ S)極になった。

▶電磁石を流れる電流の向きを変えると、電磁石のN極とS極は(③ 変わる ・ 変わらない)。

ここがだいじ！ ①コイルに鉄心を入れて電流を流すと、磁石のようなはたらきの電磁石ができる。
②電流の流れる向きを反対にすると、電磁石のN極とS極は変わる。

ぴたトリビア コイルに磁石の極を近づけたり遠ざけたりすると電流が発生します。日常生活で使われる電気の多くは、発電所でコイルを利用してつくられています。

60

ぴったり2 練習

9. 電磁石の性質

①電磁石の極

学習 61ページ

教科書 140~146ページ　答え 31ページ

1 電磁石の性質を調べます。

① コイル　導線　鉄くぎ　クリップ(鉄)

② N極　S極　あ　い

(1) ①でコイルに電流を流すと、クリップは引きつけられますか、引きつけられませんか。
(引きつけられる。)

(2) (1)の後、電流を止めると、クリップは引きつけられますか、引きつけられませんか。
(引きつけられない。)

(3) 電磁石に電流を流したまま、方位磁針に近づけていくと、②のようになりました。あ、いはそれぞれN極、S極のどちらですか。
あ(N極)　い(S極)

2 電磁石の極について調べました。

N極　S極　か　き　さ　し

(1) か、きの方位磁針のようすを、それぞれア~エから選びましょう。
か(ア)　き(ア)

ア　イ　ウ　エ

(2) さ、しはそれぞれ、N極、S極のどちらですか。
さ(S極)　し(N極)

(3) この実験からわかることをまとめた次の文の(　)に、当てはまる言葉を書きましょう。

●電磁石を流れる電流の向きを変えたとき、電磁石のN極とS極は(変わる (反対になる))。

61

61ページ てびき

❶ (1)、(2)電磁石は、電流を流したときにだけ磁石のような性質になります。
(3)方位磁針(磁石)や電磁石の同じ極どうしはしりぞけ合い、ちがう極どうしは引き合います。

❷ (1)、(2)かん電池の向きを反対にしてつなぐと、流れる電流の向きが変わり、電磁石のN極とS極が変わります。そのため、方位磁針のはりの向きも、反対になります。
(3)電流には向きがあり、回路を＋極から－極へ向かって流れます。そのため、かん電池の向きを反対にして回路につなぐと、回路を流れる電流の向きが変わります。

おうちのかたへ

磁石の異極どうしは引き合い、同極どうしはしりぞけ合うことは、3年で学習しています。
乾電池をつなぐ向きを変えると、回路に流れる電流の向きが変わることは、4年で学習しています。
これらをもとにして、電磁石の極の性質を考えます。

おうちのかたへ　9. 電磁石の性質

電磁石の極の性質や強さについて学習します。電磁石とはどのようなものか、電磁石の強さを変化させるにはどのようにすればよいかを理解しているか、などがポイントです。

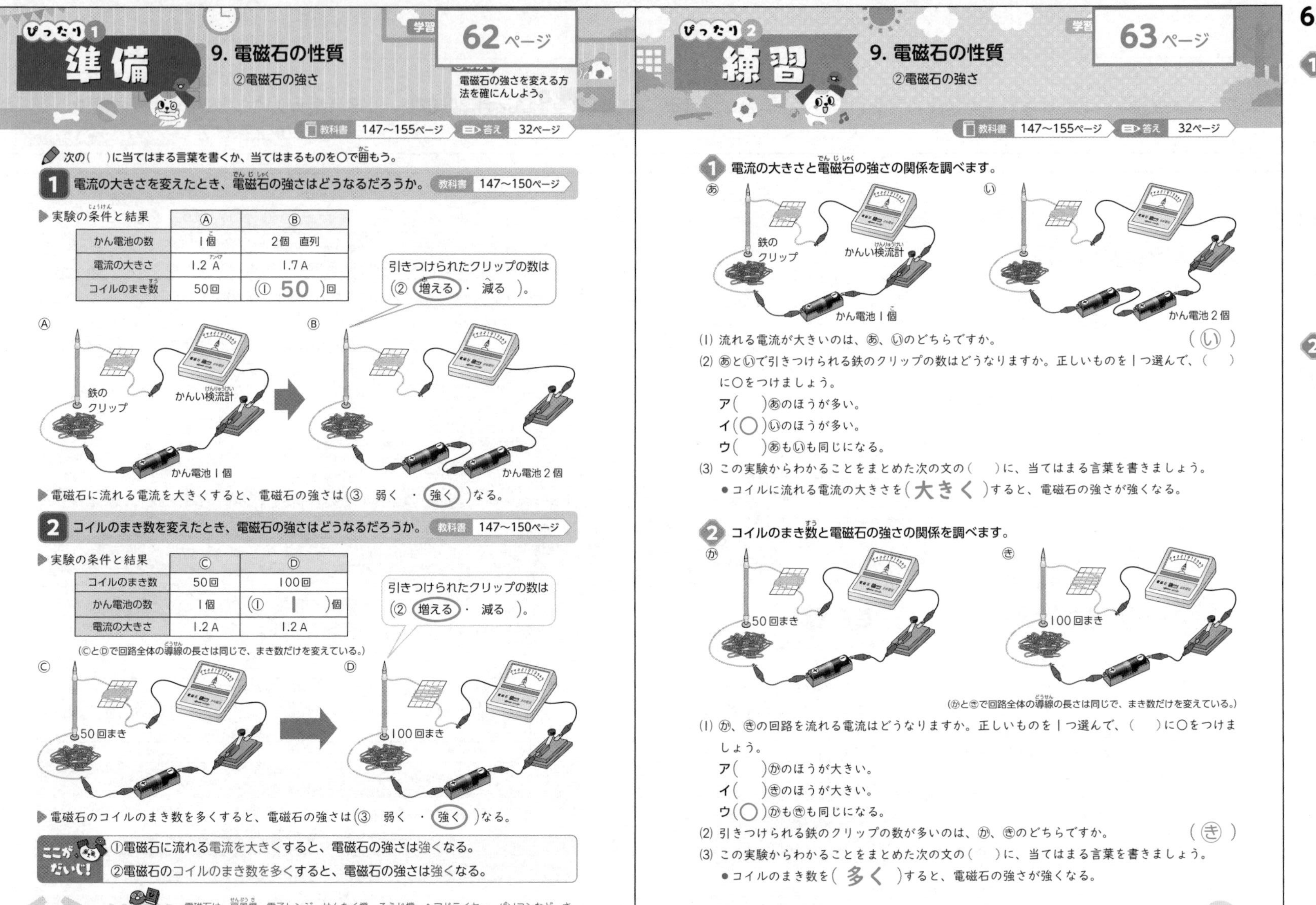

ぴったり1 準備

9. 電磁石の性質
②電磁石の強さ

学習 62ページ

電磁石の強さを変える方法を確にんしよう。

教科書 147〜155ページ　答え 32ページ

次の(　)に当てはまる言葉を書くか、当てはまるものを○で囲もう。

1 電流の大きさを変えたとき、電磁石の強さはどうなるだろうか。 教科書 147〜150ページ

▶実験の条件と結果

	Ⓐ	Ⓑ
かん電池の数	1個	2個 直列
電流の大きさ	1.2 A	1.7 A
コイルのまき数	50回	(① 50)回

引きつけられたクリップの数は(② 増える ・ 減る)。

Ⓐ 鉄のクリップ　かんい検流計　かん電池1個
Ⓑ かん電池2個

▶電磁石に流れる電流を大きくすると、電磁石の強さは(③ 弱く ・ 強く)なる。

2 コイルのまき数を変えたとき、電磁石の強さはどうなるだろうか。 教科書 147〜150ページ

▶実験の条件と結果

	Ⓒ	Ⓓ
コイルのまき数	50回	100回
かん電池の数	1個	(① 1)個
電流の大きさ	1.2 A	1.2 A

引きつけられたクリップの数は(② 増える ・ 減る)。

(ⒸとⒹで回路全体の導線の長さは同じで、まき数だけを変えている。)

Ⓒ 50回まき
Ⓓ 100回まき

▶電磁石のコイルのまき数を多くすると、電磁石の強さは(③ 弱く ・ 強く)なる。

ここが だいじ!
①電磁石に流れる電流を大きくすると、電磁石の強さは強くなる。
②電磁石のコイルのまき数を多くすると、電磁石の強さは強くなる。

ぴたトリビア　電磁石は、扇風機、電子レンジ、せんたく機、そうじ機、ヘアドライヤー、パソコンなど、さまざまな機器に利用されています。

62

ぴったり2 練習

9. 電磁石の性質
②電磁石の強さ

学習 63ページ

教科書 147〜155ページ　答え 32ページ

1 電流の大きさと電磁石の強さの関係を調べます。

あ 鉄のクリップ　かんい検流計　かん電池1個
い かん電池2個

(1) 流れる電流が大きいのは、あ、いのどちらですか。　(い)
(2) あといで引きつけられる鉄のクリップの数はどうなりますか。正しいものを1つ選んで、(　)に○をつけましょう。
ア(　)あのほうが多い。
イ(○)いのほうが多い。
ウ(　)あもいも同じになる。
(3) この実験からわかることをまとめた次の文の(　)に、当てはまる言葉を書きましょう。
●コイルに流れる電流の大きさを(大きく)すると、電磁石の強さが強くなる。

2 コイルのまき数と電磁石の強さの関係を調べます。

か 50回まき
き 100回まき

(かときで回路全体の導線の長さは同じで、まき数だけを変えている。)

(1) か、きの回路を流れる電流はどうなりますか。正しいものを1つ選んで、(　)に○をつけましょう。
ア(　)かのほうが大きい。
イ(　)きのほうが大きい。
ウ(○)かもきも同じになる。
(2) 引きつけられる鉄のクリップの数が多いのは、か、きのどちらですか。　(き)
(3) この実験からわかることをまとめた次の文の(　)に、当てはまる言葉を書きましょう。
●コイルのまき数を(多く)すると、電磁石の強さが強くなる。

63

63ページ　てびき

❶ (1)2個のかん電池を直列つなぎにすると、かん電池1個のときより流れる電流が大きくなります。
(2)、(3)電磁石に流れる電流が大きくなると、電磁石が鉄を引きつける力は強くなるので、引きつけられるクリップの数も多くなります。

❷ (1)コイルのまき数の条件だけ変えてあり、ほかの条件は変えていません。
(2)、(3)電磁石のコイルのまき数を多くすると、電磁石が鉄を引きつける力は強くなるので、引きつけられるクリップの数も多くなります。

ぴったり3 確かめのテスト。

9. 電磁石の性質

64ページ

/100　合格70点

教科書 140〜157ページ　答え 33ページ

よく出る

1 鉄心(鉄くぎ)を入れたコイルとかんい検流計、スイッチ、かん電池を導線でつないで、電磁石の性質を調べます。　1つ10点(60点)

(1) かんい検流計を正しくつないでいるほうの(　)に○をつけましょう。　技能

ア(○)　イ(　)

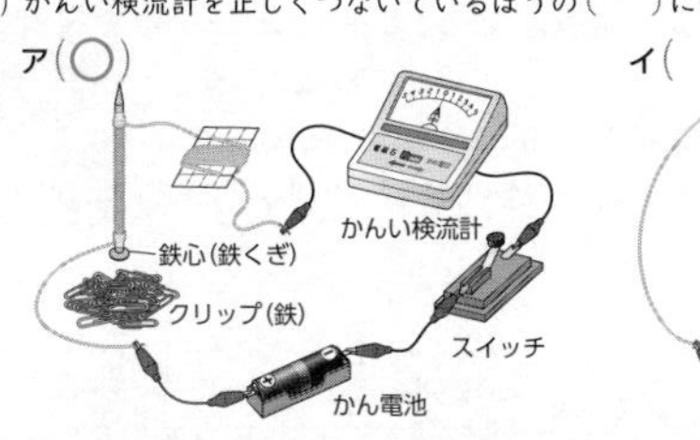

(2) ①で鉄心を入れたコイルに電流を流したとき、電磁石は鉄でできたクリップを引きつけますか、引きつけませんか。

(　引きつける。　)

(3) (2)で流している電流を止めると、電磁石は鉄でできたクリップを引きつけますか、引きつけませんか。

(　引きつけない。　)

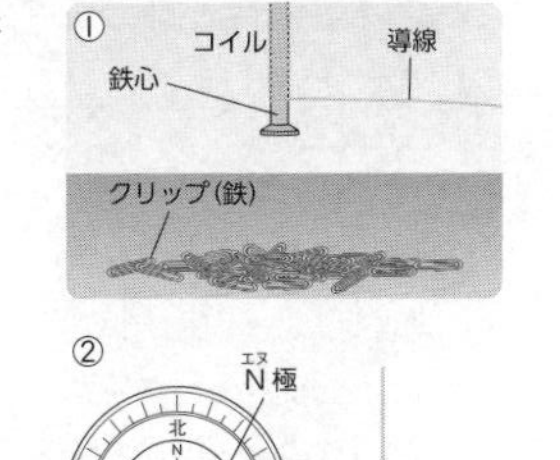

(4) ②は、電磁石に電流を流したまま、あの部分を方位磁針に近づけたときのようすです。このとき、あの部分は何極になっていますか。

(　S極　)

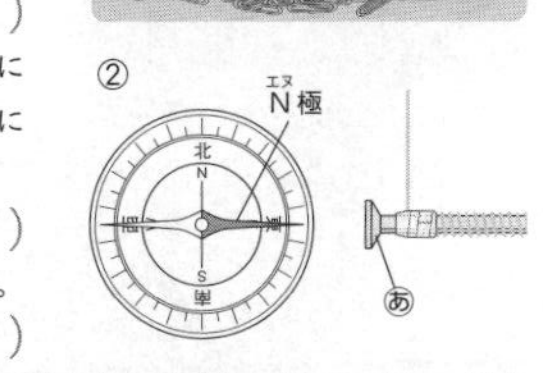

(5) (4)のとき、鉄心の反対側の部分は何極になっていますか。

(　N極　)

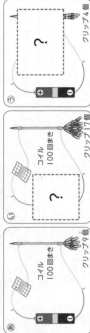

(6) ②で、かん電池の向きを反対にしてスイッチを入れ、あの部分を方位磁針に近づけると、どうなりますか。正しいものを1つ選んで、(　)に○をつけましょう。

ア(　)　イ(　)　ウ(○)

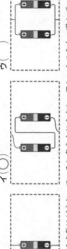

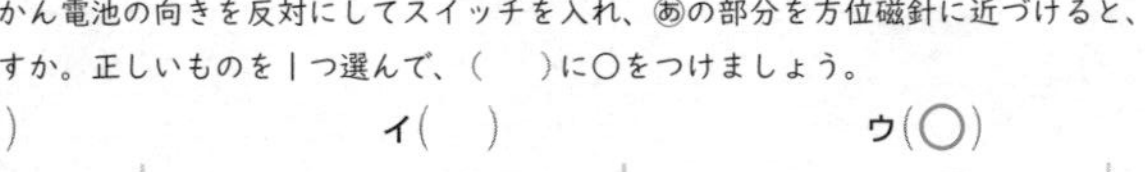
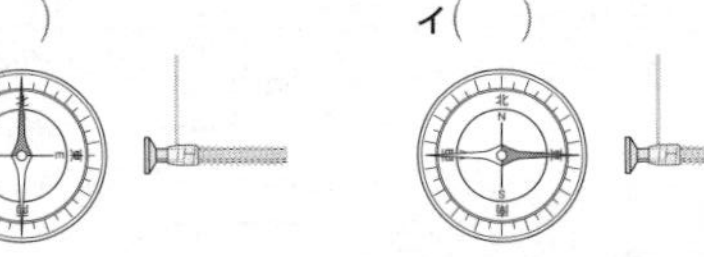
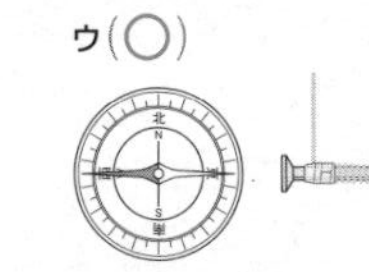
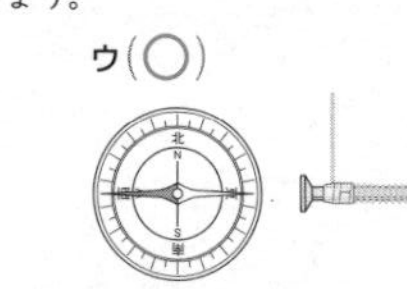

学習 65ページ

2 電流の大きさやコイルのまき数を変えて、電磁石の強さを調べました。ただし、コイルのまき数を変えるとき、回路全体の導線の長さは変えないようにしました。　1つ10点(30点)

あ コイル 100回まき クリップ9個　い ? コイル 100回まき クリップ17個　う ? クリップ4個

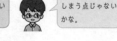

(1) いのかん電池の部分はどのようになっていると考えられますか。正しいものを1つ選んで、(　)に○をつけましょう。

ア(　)　イ(○)　ウ(　)

(2) うのコイルのまき数はどうなっていると考えられますか。正しいものを1つ選んで、(　)に○をつけましょう。

ア(　)100回　イ(　)100回より多い。　ウ(○)100回より少ない。

(3) 記述 (2)のように考えられるのはなぜですか。その理由を説明しましょう。　思考・表現

(コイルのまき数が少ないと電磁石の強さは弱くなるから。)
(多い)　(強く)

できたらスゴイ!

3 電磁石の利用について調べていると、工場などのクレーンには電磁石がよく使われていることがわかりました。　1つ5点、(1)は全部できて5点(10点)

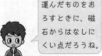

(1) 電磁石の性質について、正しいものをすべて選んで、(　)に○をつけましょう。

ア(　)いつでも磁石としてはたらく。
イ(○)N極の部分とS極の部分がある。
ウ(○)流れる電流を大きくすると、引きつける力が強くなる。

(2) クレーンに電磁石でなく磁石を使ったとすると、電磁石を使ったときと比べてどのような点がよくないでしょうか。正しいと考えられる意見を1つ選んで、(　)に○をつけましょう。　思考・表現

ア(○)　イ(　)　ウ(　)

ア：運んだものをおろすときに、磁石からはなしにくい点だろうね。
イ：アルミニウムなどの金属は持ち上げることができない点だと思うよ。
ウ：磁石にくっついた鉄が磁石になってしまう点じゃないかな。

ふりかえり　1がわからなかったときは、60ページの1、2にもどって確にんしよう。3がわからなかったときは、60ページの1、62ページの1にもどって確にんしよう。

64〜65ページ　てびき

1 (5)電磁石の鉄心(鉄くぎ)の一方のはしがS極になっているとき、もう一方のはしはN極になっています。
(6)かん電池の向きを反対にすると、流れる電流の向きは反対になり、電磁石のS極とN極は変わります。

2 (1)あといはコイルのまき数が同じで、いのほうが電磁石に引きつけられるクリップの数が多いので、いはあより大きな電流が流れています。
また、2個のかん電池をつなぐとき、直列つなぎ(**イ**)にするとかん電池1個のときより大きな電流が流れ、へい列つなぎ(**ウ**)にするとかん電池1個のときと同じ大きさの電流が流れます。
(2)、(3)あとうはかん電池の数が同じなので、電磁石に流れる電流の大きさは同じです。うはあよりも電磁石に引きつけられるクリップの数が少ないことから、電磁石のコイルのまき数が少ないと考えられます。

3 (2)電磁石であれば、ものを持ち上げるときに電流を流して、おろすときに電流を止めることで、重い荷物を楽に運ぶことができます。

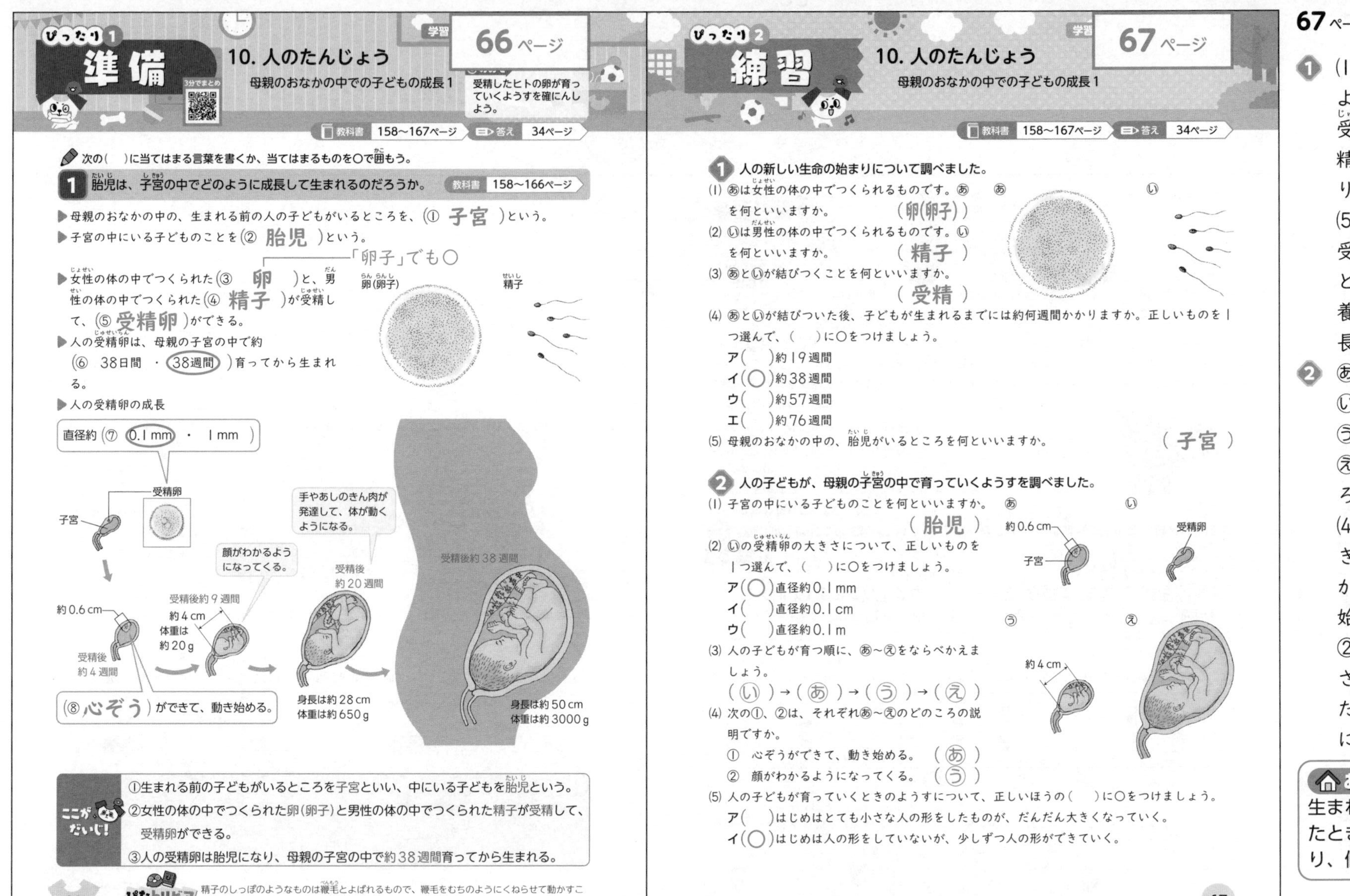

ぴったり1 準備

10. 人のたんじょう

母親のおなかの中での子どもの成長1

66ページ

受精したヒトの卵が育っていくようすを確にんしよう。

教科書 158〜167ページ　答え 34ページ

次の(　)に当てはまる言葉を書くか、当てはまるものを○で囲もう。

1 胎児は、子宮の中でどのように成長して生まれるのだろうか。 教科書 158〜166ページ

▶母親のおなかの中の、生まれる前の人の子どもがいるところを、(① 子宮)という。

▶子宮の中にいる子どものことを(② 胎児)という。

▶女性の体の中でつくられた(③ 卵)と、男性の体の中でつくられた(④ 精子)が受精して、(⑤ 受精卵)ができる。「卵子」でも○

▶人の受精卵は、母親の子宮の中で約(⑥ 38日間 ・ (38週間))育ってから生まれる。

▶人の受精卵の成長

ここがだいじ!
①生まれる前の子どもがいるところを子宮といい、中にいる子どもを胎児という。
②女性の体の中でつくられた卵(卵子)と男性の体の中でつくられた精子が受精して、受精卵ができる。
③人の受精卵は胎児になり、母親の子宮の中で約38週間育ってから生まれる。

ぴたトリビア　精子のしっぽのようなものは鞭毛とよばれるもので、鞭毛をむちのようにくねらせて動かすことで、精子は水の中を泳ぐことができます。

66

ぴったり2 練習

10. 人のたんじょう

母親のおなかの中での子どもの成長1

67ページ

教科書 158〜167ページ　答え 34ページ

1 人の新しい生命の始まりについて調べました。

(1) あは女性の体の中でつくられるものです。あを何といいますか。　(卵(卵子))

(2) いは男性の体の中でつくられるものです。いを何といいますか。　(精子)

(3) あといが結びつくことを何といいますか。　(受精)

(4) あといが結びついた後、子どもが生まれるまでには約何週間かかりますか。正しいものを1つ選んで、(　)に○をつけましょう。

ア(　)約19週間
イ(○)約38週間
ウ(　)約57週間
エ(　)約76週間

(5) 母親のおなかの中の、胎児がいるところを何といいますか。　(子宮)

2 人の子どもが、母親の子宮の中で育っていくようすを調べました。

(1) 子宮の中にいる子どものことを何といいますか。　(胎児)

(2) いの受精卵の大きさについて、正しいものを1つ選んで、(　)に○をつけましょう。

ア(○)直径約0.1 mm
イ(　)直径約0.1 cm
ウ(　)直径約0.1 m

(3) 人の子どもが育つ順に、あ〜えをならべかえましょう。

(い)→(あ)→(う)→(え)

(4) 次の①、②は、それぞれあ〜えのどのころの説明ですか。

① 心ぞうができて、動き始める。　(あ)
② 顔がわかるようになってくる。　(う)

(5) 人の子どもが育っていくときのようすについて、正しいほうの(　)に○をつけましょう。

ア(　)はじめはとても小さな人の形をしたものが、だんだん大きくなっていく。
イ(○)はじめは人の形をしていないが、少しずつ人の形ができていく。

67

67ページ てびき

1 (1)〜(3)人は、メダカと同じように、卵(卵子)と精子が受精して受精卵になり、受精卵から新しい生命が始まります。

(5)人はメダカとはちがって、受精卵はおなかの中の子宮というところで、母親から養分などをもらいながら成長していきます。

2 あは受精後約4週間のころ、いは受精したばかりのころ、うは受精後約9週間のころ、えは受精後約38週間のころのようすです。

(4)①受精後約4週間の、大きさが6 mmほどのときから、心ぞうができて動き始めます。

②受精後約9週間の、大きさが約4 cmになってきたころに、顔がわかるようになってきます。

おうちのかたへ
生まれるまでの期間や、生まれたときの身長や体重は目安であり、個人差があります。

おうちのかたへ　10. 人のたんじょう
動物の発生や成長について学習します。ここでは、人を対象として扱います。子どもが母親の体内で成長して生まれていることを理解しているか、などがポイントです。

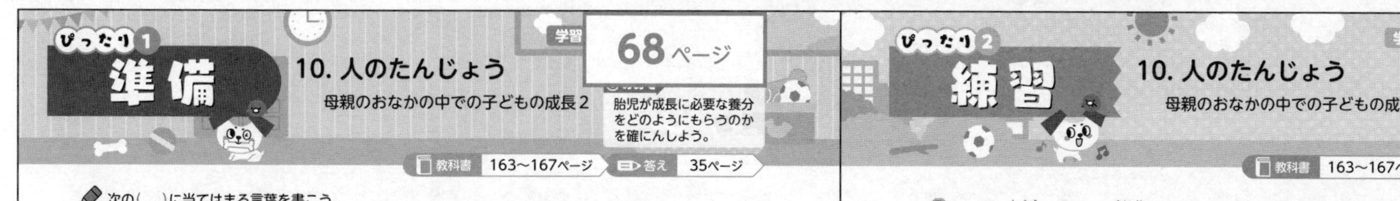

10. 人のたんじょう

母親のおなかの中での子どもの成長2

胎児が成長に必要な養分をどのようにもらうのかを確にんしよう。

教科書 163~167ページ　答え 35ページ

次の(　)に当てはまる言葉を書こう。

1 胎児は、子宮の中でどのように養分をもらうのだろうか。 教科書 163~166ページ

(① 羊水)
…子宮の中を満たす液体。外から受けるしょうげきをクッションのようにやわらげて、胎児を守っている。

(② たいばん)
…母親と胎児をつなぐ。母親の体からの養分などと、胎児がいらなくなったものなどは、ここで交かんされる。

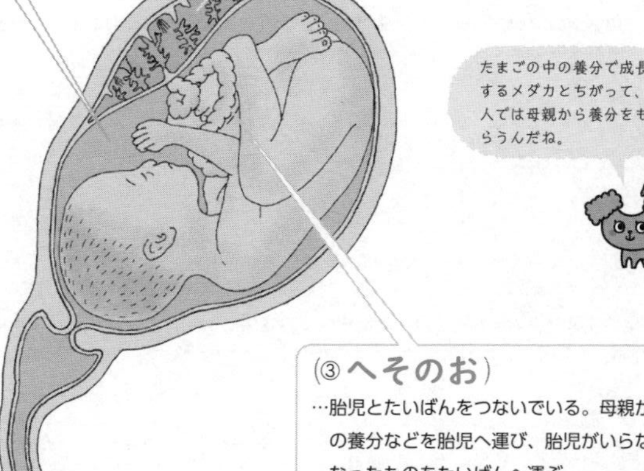

たまごの中の養分で成長するメダカとちがって、人では母親から養分をもらうんだね。

(③ へそのお)
…胎児とたいばんをつないでいる。母親からの養分などを胎児へ運び、胎児がいらなくなったものをたいばんへ運ぶ。

- 子宮の中は(④ 羊水)で満たされている。
- 胎児と母親は、(⑤ たいばん)と(⑥ へそのお)でつながっている。
- 胎児の成長に必要な(⑦ 養分)などは、たいばんからへそのおを通して、母親から胎児へとわたされる。
- 人の体にある(⑧ へそ)は、へそのおがとれたあとである。

ここがだいじ!
①子宮の中の胎児の周りは羊水で満たされていて、胎児と母親はたいばんとへそのおでつながっている。
②胎児の成長に必要な養分などは、たいばんからへそのおを通して母親から運ばれている。

ぴたトリビア たいばんは漢字で「胎盤」とかきます。母親の体にたいばんができて、子どもが母親の体内である程度大きくなってから生まれることを、「胎」の字を使って胎生といいます。

10. 人のたんじょう

母親のおなかの中での子どもの成長2

教科書 163~167ページ　答え 35ページ

1 母親の子宮の中で育つ胎児のようすを調べました。

(1) 母親と胎児は、あといでつながっています。あ、いの部分の名前を、それぞれ何といいますか。
あ(へそのお)
い(たいばん)

(2) 母親からい→あと通って、胎児へと運ばれるものは何ですか。正しいほうの(　)に○をつけましょう。
ア(　)体の中でいらなくなったもの
イ(○)養分など

(3) 胎児からあ→いと通って、母親へと運ばれるものは何ですか。正しいほうの(　)に○をつけましょう。
ア(○)体の中でいらなくなったもの
イ(　)養分など

(4) 子宮の中は、うの液体で満たされています。うの液体を何といいますか。
(羊水)

(5) うの液体について、正しいものをすべて選んで、(　)に○をつけましょう。
ア(○)子宮の中の胎児はうの液体にういたようになっている。
イ(○)うの液体は、胎児を外から受けるしょうげきから守っている。
ウ(　)胎児は、うの液体から養分をもらっている。

(6) 母親から生まれると、いらなくなったあはとれます。生まれた子どものおなかの、あがとれたあとを何といいますか。
(へそ)

69ページ てびき

1 (1)~(3)たいばんは、母親の体からの養分などと、胎児がいらなくなったものを交かんするところです。へそのおは、たいばんと胎児をつなぐチューブのようなもので、母親からの養分などを胎児に運び、胎児のいらなくなったものをたいばんへ運ぶ通り道となっています。
(4)、(5)胎児は子宮を満たす羊水の中にういたようになっていて、外から受けるしょうげきから守られています。

10. 人のたんじょう

70ページ

/100 合格70点

教科書 158〜169ページ　答え 36ページ

1 人の新しい生命の始まりについて調べました。 1つ10点(40点)

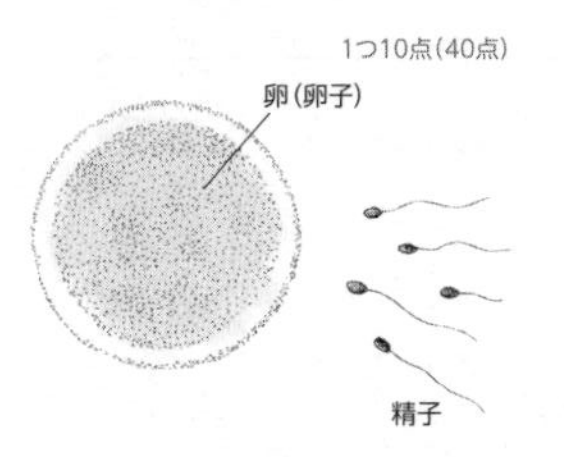

(1) 卵(卵子)は、男性と女性のどちらの体の中でつくられますか。　(女性)

(2) 卵(卵子)が精子と結びつくことを何といいますか。　(受精)

(3) 精子と結びついた卵(卵子)を何といいますか。　(受精卵)

(4) (3)は、母親のおなかの中の何というところで育っていきますか。　(子宮)

よく出る

2 母親のおなかの中での胎児の成長について調べました。 1つ5点(30点)

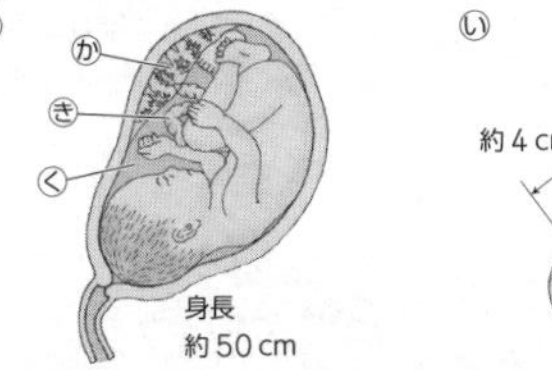

い　約4cm
う　約0.6cm
え　身長 約28cm

(1) 母親のおなかの中で胎児が育つ順に、あ〜えをならべかえるとどうなりますか。正しいものを1つ選んで、(　)に○をつけましょう。

ア(　)あ→え→い→う
イ(　)あ→え→う→い
ウ(○)う→い→え→あ
エ(　)う→え→い→あ

(2) か〜くを、それぞれ何といいますか。

か(たいばん)
き(へそのお)
く(羊水)

(3) 胎児を外から受けるしょうげきから守るために役立っているのは、か〜くのどれですか。記号で答えましょう。　(く)

(4) 記述 胎児は、成長するために必要な養分をどのように得ていますか。　思考・表現

(たいばんからへそのおを通して、母親からもらっている。)

学習日　71ページ

3 胎児が育つようすをインターネットで調べると、胎児の身長の変化をまとめた下の表が見つかりました。 1つ10点、(1)は全部できて10点(20点)

胎児の身長の変化

受精後	4週	9週	20週	29週	38週
身長(cm)	0.6	4	28	43	50

(1) 作図 下の図は、胎児の身長の変化をまとめた表をグラフで表そうとしたものです。下の図を完成させましょう。　技能

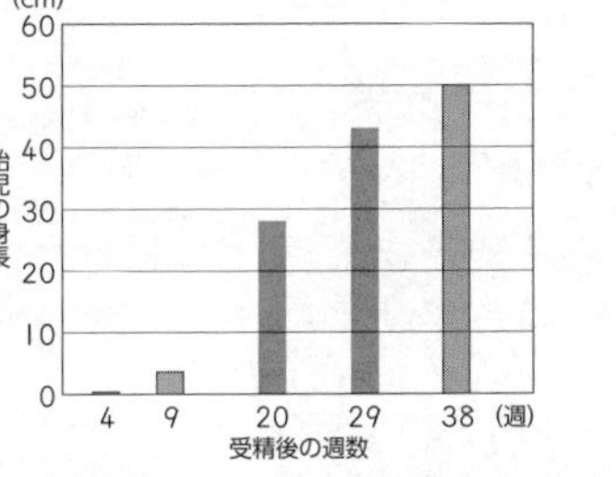

(2) 受精後38週ごろの胎児の体重はどれくらいですか。正しいものを1つ選んで、(　)に○をつけましょう。

ア(　)約30g
イ(　)約300g
ウ(○)約3000g

できたらスゴイ!

4 メダカと人のたんじょうを比べます。 1つ5点、(1)は全部できて5点(10点)

(1) メダカと人のたんじょうで同じところはどこですか。正しいものを2つ選んで、(　)に○をつけましょう。

ア(○)卵と精子が結びついて新しい生命が始まるところ
イ(　)新しい生命が始まってからたんじょうするまでの期間が、半年以上であるところ
ウ(　)新しい生命が始まったとき、大きさが1mmくらいであるところ
エ(○)少しずつ体のつくりができていって、親と同じようなすがたになるところ

(2) メダカと人のたんじょうでちがうところをまとめます。まちがっているものを1つ選んで、(　)に×をつけましょう。

ア(×)メダカは育つための養分を必要としないが、人は養分を必要とする。
イ(　)メダカはたまごの中で育ってふ化し、人は母親の体の中で育ってから生まれる。
ウ(　)メダカは2週間ほどでたんじょうするが、人は38週間ほどでたんじょうする。
エ(　)メダカは大きさがあまり変わらないが、人はたんじょうするまでにとても大きくなる。

ふりかえり　2がわからなかったときは、66ページの1、68ページの1にもどって確にんしよう。
4がわからなかったときは、66ページの1、68ページの1にもどって確にんしよう。

70〜71ページ　てびき

1 (1)〜(3)女性の体の中でつくられた卵(卵子)と、男性の体の中でつくられた精子が結びつくことを受精といい、受精した卵のことを受精卵といいます。

2 (3)子宮の中は羊水で満たされていて、胎児は羊水にういたようになっています。羊水は、母親が外から受けたしょうげきをクッションのようにやわらげて、胎児を守っています。
(4)胎児が育つために必要な養分などは、母親→たいばん→へそのお→胎児　の順に運ばれます。

3 (1)図では受精後20週と29週のぼうグラフがかかれていないので、そのときの身長を表から読みとり、ぼうグラフに表します。
(2)胎児は約38週間子宮の中で育てられ、身長約50cm、体重約3kg(=3000g)で母親から生まれます。

4 (1)メダカも人も受精卵から新しい生命が始まり、少しずつ変化して親と似たすがたになっていきます。
(2)メダカのたまごの中には養分があり、ふ化する前のメダカはこの養分を使って育ちます。

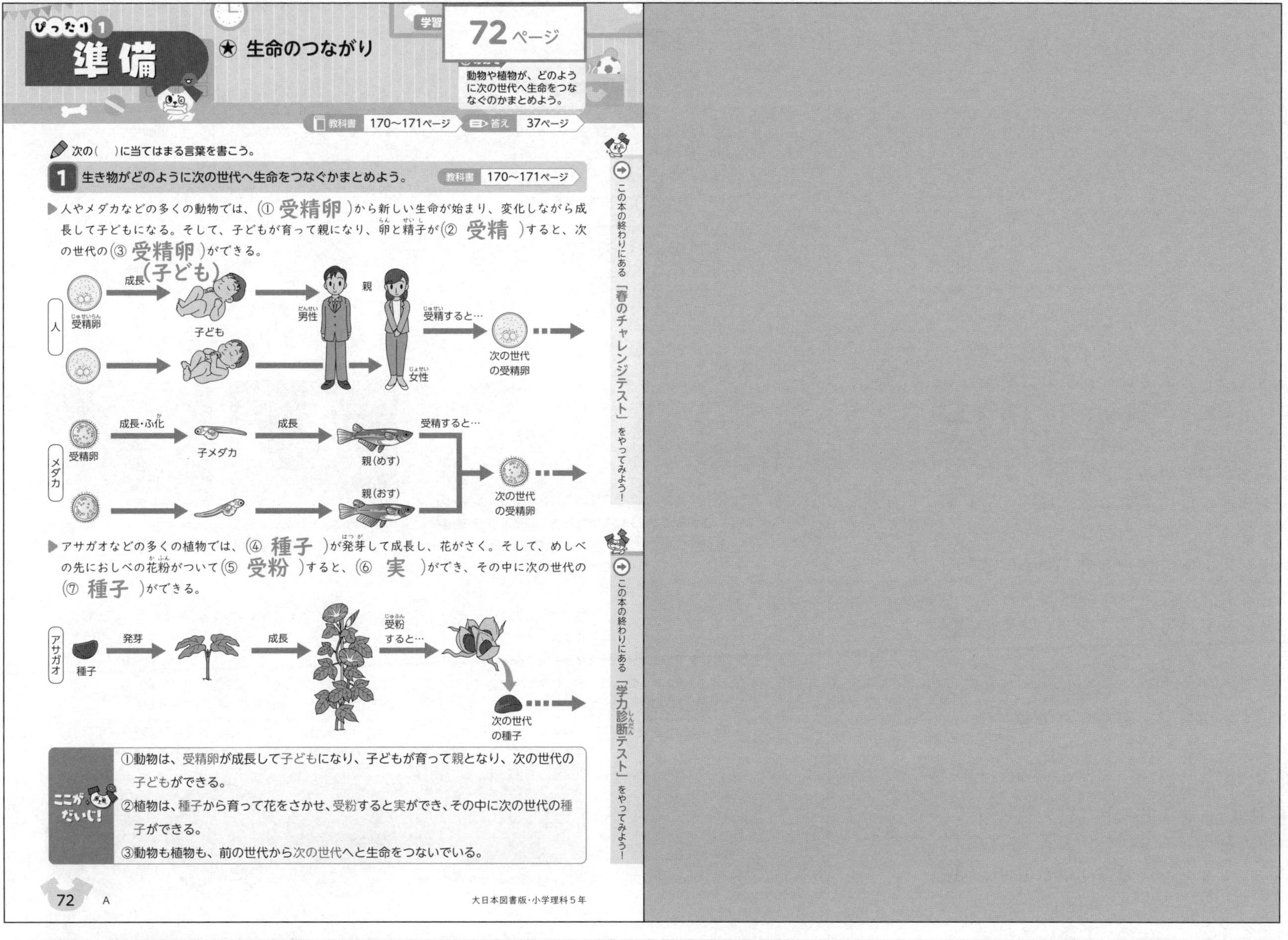

ぴったり1 準備 ★ 生命のつながり

学習 72ページ

動物や植物が、どのように次の世代へ生命をつなぐのかまとめよう。

教科書 170～171ページ　答え 37ページ

次の（　）に当てはまる言葉を書こう。

1 生き物がどのように次の世代へ生命をつなぐかまとめよう。　教科書 170～171ページ

▶人やメダカなどの多くの動物では、（① 受精卵 ）から新しい生命が始まり、変化しながら成長して子どもになる。そして、子どもが育って親になり、卵と精子が（② 受精 ）すると、次の世代の（③ 受精卵（子ども））ができる。

▶アサガオなどの多くの植物では、（④ 種子 ）が発芽して成長し、花がさく。そして、めしべの先におしべの花粉がついて（⑤ 受粉 ）すると、（⑥ 実 ）ができ、その中に次の世代の（⑦ 種子 ）ができる。

ここがだいじ！

①動物は、受精卵が成長して子どもになり、子どもが育って親となり、次の世代の子どもができる。

②植物は、種子から育って花をさかせ、受粉すると実ができ、その中に次の世代の種子ができる。

③動物も植物も、前の世代から次の世代へと生命をつないでいる。

この本の終わりにある「春のチャレンジテスト」をやってみよう！

この本の終わりにある「学力診断テスト」をやってみよう！

72　A　大日本図書版・小学理科５年

おうちのかたへ　★ 生命のつながり

これまでの学習を生かして、生命のつながりについてまとめます。5 年で学習した「3. メダカのたんじょう」、「5. 植物の実や種子のでき方」、「10. 人のたんじょう」を振り返らせましょう。

夏のチャレンジテスト

教科書 4〜61ページ

名前　　　月　日

時間 40分

知識・技能	思考・判断・表現	合格80点
/60	/40	/100

答え38ページ

知識・技能

1 3日間の空全体の雲のようすを、特別なレンズを使って写しました。　1つ4点、(2)は全部できて4点(8点)

あ

い
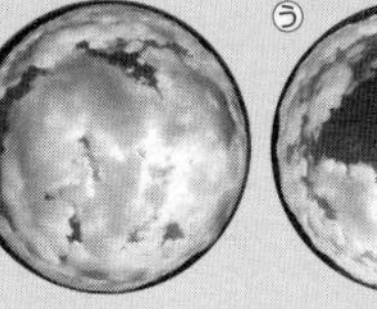
う

(1) 空全体の広さを10としたとき、雲のしめる量がどれくらいのときが晴れですか。正しいものに○をつけましょう。

ア(　)0〜4
イ(　)0〜5
ウ(　)0〜6
エ(○)0〜8

(2) あ〜うから、晴れであるものをすべて選んで、記号で答えましょう。　(あ、う)

2 台風が日本に近づいたときの雲画像を調べました。　1つ4点(8点)

7月15日　午後3時の雲画像　7月16日　午後3時の雲画像

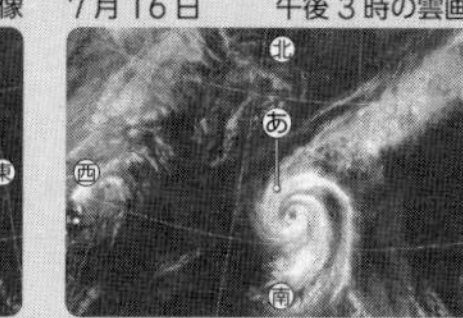

(1) 7月15日から7月16日にかけて、あの地いきの天気はどうだったと考えられますか。正しいものに○をつけましょう。

ア(　)晴れの天気が続いた。
イ(○)晴れから雨に変わった。
ウ(　)雨から晴れに変わった。

(2) 台風について説明した次の文の(　)に当てはまる言葉を、[　]から選んで書きましょう。

東　西　南　北

● 台風は、日本の(南)のほうからやってきて、日本に上陸したり日本付近を通り過ぎたりし、暴風や高潮、高波などによるひ害を出すことがある。

3 たまごを産むように、メダカのめすとおすをいっしょに飼いました。　1つ3点(12点)

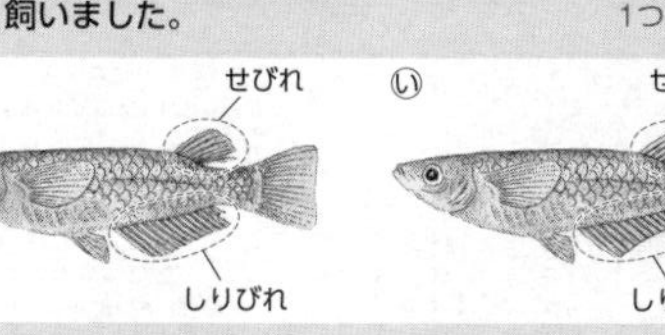

(1) メダカを飼う水そうは、どのようなところに置くとよいですか。正しいものに○をつけましょう。

ア(　)直しゃ日光が当たる明るいところ。
イ(○)直しゃ日光が当たらない明るいところ。
ウ(　)直しゃ日光が当たらない暗いところ。

(2) おすのメダカは、あ、いのどちらですか。　(あ)

(3) めすがたまごを産むとき、おすが体をすり合わせるようにしてたまごに何かをかけていました。かけていたものを何といいますか。　(精子)

(4) (3)と結びついたたまごのことを何といいますか。　(受精卵)

4 発芽する前と発芽した後のインゲンマメで、子葉にデンプンがふくまれているかを調べます。　1つ4点(8点)

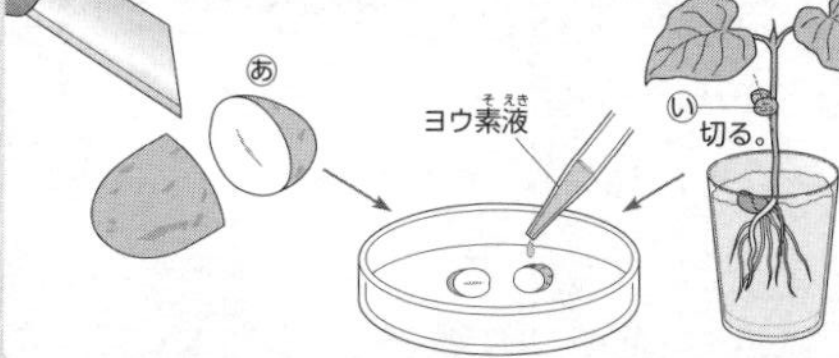

(1) ヨウ素デンプン反応は、デンプンがふくまれているものにヨウ素液をかけたときに、何色になる反応ですか。　(青むらさき色)

(2) あ、いの切り口にヨウ素液をかけた結果はどうなりますか。正しいものに○をつけましょう。

ア(　)どちらもヨウ素デンプン反応が見られる。
イ(○)あの切り口ではヨウ素デンプン反応が見られ、いの切り口ではヨウ素デンプン反応が見られない。
ウ(　)あの切り口ではヨウ素デンプン反応が見られず、いの切り口ではヨウ素デンプン反応が見られる。
エ(　)どちらもヨウ素デンプン反応が見られない。

うらにも問題があります。

夏のチャレンジテスト　おもて　てびき

1 (1)空全体の広さを10としたとき、雲のしめる量が0〜8のときが「晴れ」、9〜10のときが「くもり」です。
(2)空全体の広さを10としたとき、あの雲の量は3、いの雲の量は9、うの雲の量は5なので、あとうが晴れでいがくもりです。

2 (1)台風は中心に雲がないところ(台風の目)があり、そのまわりに雲がうずをまいています。台風が近づくと、多くの雨がふり、風がとても強くなります。7月16日には、あの地いきは台風の雲におおわれているので、雨になっていると考えられます。
(2)多くの場合、台風は日本から遠い南の海の上で発生し、だんだん北や東のほうへ動き、日本に上陸したり日本付近を通り過ぎたりします。

3 (1)水そうに直しゃ日光が当たると、水温が上がり過ぎてしまうので、直しゃ日光が当たらないところに置きます。
(2)おすは、しりびれがめすよりもはばが広くなっています。また、おすのせびれには切れこみがあります。
(3)、(4)めすがたまご(卵)を産むと、おすが精子をかけます。すると、たまごは受精して受精卵になります。

4 (2)発芽する前の種子の子葉の中にはデンプンがあり、発芽のための養分として使われます。そのため、発芽した後の子葉にはデンプンがほとんどありません。

5 インゲンマメの成長に必要な条件を調べるために、2つの実験をします。　1つ3点(12点)

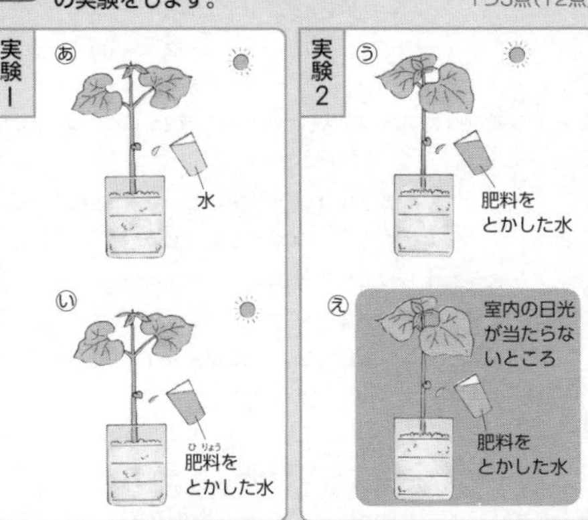

(1) 2つの実験は、それぞれ成長と何の関係を調べるための実験ですか。それぞれア～エから選びましょう。
実験1（イ）　実験2（ア）

ア 日光　　イ 肥料
ウ 空気　　エ 水

(2) あ、いでは、どちらのほうが大きくよく育ちますか。（い）

(3) う、えでは、どちらのほうがくきが太く、じょうぶそうに育ちますか。（う）

6 メダカのたまごがどのように変化するか調べました。　1つ4点、(1)は全部できて4点(12点)

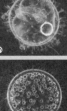

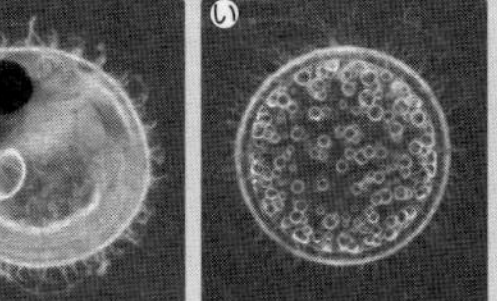

(1) たまごが変化していく順に、あ～うをならべかえましょう。（い）→（う）→（あ）

(2) メダカのめすがたまごを産んでから、どれくらいたつと子メダカがふ化しますか。正しいものに○をつけましょう。
ア（　）約1日
イ（○）約10日
ウ（　）約1か月
エ（　）約1年

(3) たまごからふ化した子メダカのはらには、ふくらみがあります。この中には何が入っていますか。（養分）

思考・判断・表現

7 5月20日と21日の雲画像と雨量を表した図をならべました。　1つ8点(16点)

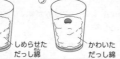

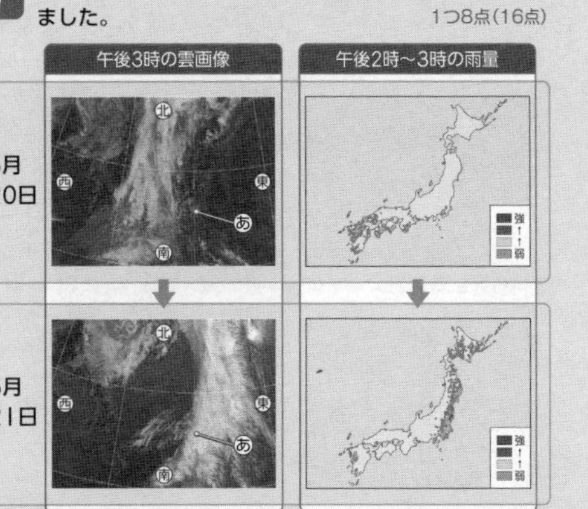

(1) あの地いきの天気は、5月21日から22日にかけて、どうなりますか。考えられるものに○をつけましょう。
ア（　）晴れから雨に変わる。
イ（○）雨から晴れに変わる。
ウ（　）くもりから晴れに変わる。

(2) 記述 (1)のように考えられる理由を説明しましょう。
（5月21日に雨をふらせていた雲が、5月22日に東へ過ぎ去ると予想されるから。）

8 インゲンマメの種子を、3通りの方法で発芽するか調べます。　1つ8点、(2)は全部できて8点(24点)

(1) 発芽するものをあ～うから選びましょう。（い）

(2) 実験の結果からわかることすべてに○をつけましょう。
ア（　）あ、いから、発芽に水が必要かどうかがわかる。
イ（○）あ、いから、発芽に空気が必要かどうかがわかる。
ウ（○）い、うから、発芽に水が必要かどうかがわかる。
エ（　）い、うから、発芽に空気が必要かどうかがわかる。

(3) 記述 あ、うの結果だけを比べても、発芽に必要な条件はわかりません。その理由を説明しましょう。
（2つの条件(空気と水の条件)が変わっているから。）

夏のチャレンジテスト　うら　てびき

5 (1)変えている条件が調べようとしている条件です。それ以外の条件は同じにして、実験をします。
(2)肥料をあたえていないあと比べて、肥料をあたえたいのほうが、よく育ちます。
(3)日光を当てていないえと比べて、日光を当てたうのほうが、よく育ちます。

6 (1)あは受精後10日目、いは受精直後、うは受精後3日目のようすです。受精したたまご(卵)は少しずつ変化して目や心ぞうなどができ、親のメダカと同じすがたになって、ふ化します。
(3)ふ化したばかりの子メダカはしばらく食べものを食べず、ふくらんだはらの中にある養分を使って育ちます。

7 (1)、(2)図から、5月20日のあの地いきの天気は晴れ(またはくもり)であり、5月21日には西のほうから雲がやってきて雨になっているとわかります。春のころの日本付近では、雲が西から東へと動くので、5月22日にはこの雲はさらに東へ動いて過ぎ去り、雨はやむと予想できます。

8 (1)、(2)あは空気がなく、うは水がなく、いは空気も水もあります。
(3)あとうでは空気の条件も水の条件もちがうため、この2つの結果だけでは、発芽にどの条件が関係しているか(空気が必要なのか水が必要なのか)を決定することができません。

冬のチャレンジテスト

教科書 64〜139ページ

月　日

名前

時間 40分

知識・技能	思考・判断・表現	合格80点
/60	/40	/100

答え40ページ

知識・技能

1 アサガオの花のつくりを調べ、虫めがねを使って⓪の先を観察しました。　1つ4点(12点)

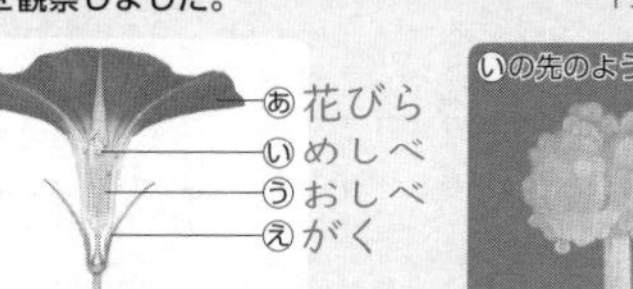

いの先のようす

(1) あ〜えから、がくとめしべを選びましょう。

がく(え)

めしべ(い)

(2) いの先に見られた粉は、どこでつくられますか。あ〜えから選んで、記号で答えましょう。　(う)

2 アサガオの実のでき方を調べます。　1つ4点(12点)

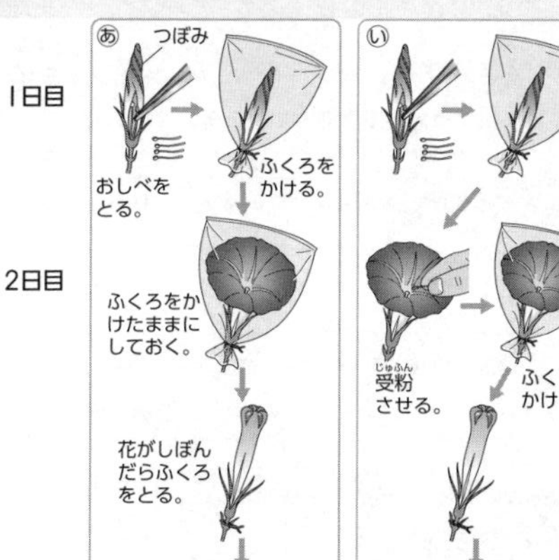

1日目
2日目
あ
つぼみ
おしべをとる。
ふくろをかける。
ふくろをかけたままにしておく。
花がしぼんだらふくろをとる。
い
受粉させる。
ふくろをかける。

(1) はじめにおしべをとる理由に○をつけましょう。

ア(　)実ができにくくなってしまうから。

イ(　)花が開いた後、虫がよってきてしまうから。

ウ(○)花が開く直前に受粉してしまうから。

(2) 実ができるのは、あ、いのどちらですか。　(い)

(3) 記述 この実験から、実ができるためには何が必要であることがわかりますか。

(受粉すること。

(めしべの先に花粉がつくこと。))

3 流水実験器に土を入れてゆるい坂をつくり、みぞをつけて静かに水を流しました。　1つ4点(12点)

水を流す。　土　あ　い　う　え　タオル　水そう

(1) 流れる水が地面などをけずるはたらきを何といいますか。　(しん食)

(2) あとえでは、どちらのほうが運ぱんのはたらきが大きくなっていますか。　(あ)

(3) い、うがどうなったかを正しく説明しているものに、○をつけましょう。

ア(　)いでもうでも、同じくらい土が積もった。

イ(○)いではうよりも土がけずられた。

ウ(　)うではいよりも土がけずられた。

エ(　)いでもうでも、同じくらい土がけずられた。

4 50 mLの水に食塩を20 g入れてかき混ぜると、とけ残りがありました。これをろ過したろ液について調べます。　1つ3点(12点)

食塩　薬包紙　水　かき混ぜる。　ろ過する。　とけ残った食塩　あ　い　う

(1) ろ過のときに使うあの紙といのガラス器具を何といいますか。

あ(ろ紙)

い(ろうと)

(2) うのろ液を約1mLじょう発皿にとり、実験用ガスこんろで熱すると食塩は出てきますか、出てきませんか。　(出てくる。)

(3) うのろ液をビーカーごと氷水で冷やすと、食塩は出てきますか、出てきませんか。　(出てこない。)

うらにも問題があります。

冬のチャレンジテスト　おもて　てびき

1 (1)アサガオの花には、1本のめしべ(い)と5本のおしべ(う)があります。そのまわりに花びら(あ)があり、さらにその外側にがく(え)があります。

(2)いの先に見られた粉は花粉です。花粉はおしべでつくられます。

2 (1)アサガオは、つぼみの中でおしべがのび、花が開く直前に受粉します。そのため、つぼみのうちにおしべをとらないと、受粉をしない場合の結果は調べられません。

(2)植物は、受粉するとめしべのもとがふくらみ、やがて実になります。実の中には種子ができます。

3 (1)流れる水には、しん食、運ぱん、たい積という3つのはたらきがあります。

- しん食…地面などをけずるはたらき
- 運ぱん…けずった土などをおし流すはたらき
- たい積…けずった土などを積もらせるはたらき

(2)、(3)流れが速いところでは、しん食と運ぱんのはたらきが大きくなります。反対に、流れがおそいところでは、たい積のはたらきが大きくなります。

4 (2)食塩の水よう液を熱して水をじょう発させると、とけている食塩が白色の固体となって出てきます。

(3)食塩は水の温度が変わってもとける量がほとんど変わらないため、温度を下げても食塩は出てきません。

5 ふりこの10往復する時間を3回はかり、表にまとめました。 1つ3点(12点)

10往復する時間（秒）	1回目	19.2
	2回目	18.9
	3回目	19.1
	合計	57.2
10往復する時間の平均（秒）		①
1往復する時間の平均（秒）		②

(1) ふりこがどのように動いたとき、ふりこが1往復したといいますか。正しいものに○をつけましょう。

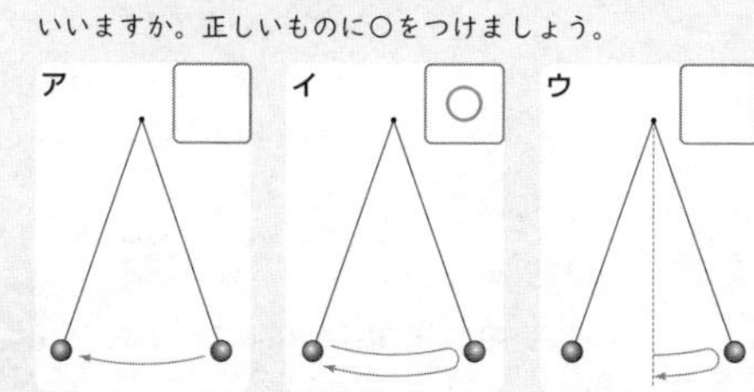

(2) 表の①、②に当てはまる数字を、それぞれ小数第2位を四しゃ五入して求めましょう。

57.2÷3=19.06… →19.1 ①（ 19.1 ）

19.1÷10=1.91 →1.9 ②（ 1.9 ）

(3) このふりこのふれはばだけを大きくしたとき、ふりこの1往復する時間はどうなりますか。

（ 変わらない。 ）

思考・判断・表現

6 山の中を流れる川、その下流の平地に流れ出た川、さらに下流の平地を流れる川で見られる石のようすを調べました。 (1)は全部できて4点、(2)は8点(12点)

(1) 川の上流で見られたものから下流で見られたものへ、あ～うを順にならべましょう。

（い）→（う）→（あ）

(2) 記述 (1)のように考えられるのは、下流にいくほど、石のようすがどうなっているからですか。

（（下流にいくほど、）石が小さくて丸みをもっているから。）

7 水50 mLを入れたビーカーに、5 gずつ食塩を加えてとけるか調べ、ミョウバンについても同じように調べました。 (1)、(2)は1つ4点、(3)は8点(16点)

（○：とけた。 ×：とけ残った。）

加えた重さの合計	5 g	10 g	15 g	20 g
食塩	○	○	○	×
ミョウバン	○	×		

(1) 実験の結果から、とけ残りがなくすべてとけると考えられるものに○をつけましょう。ただし、使った水の温度は変えないものとします。

ア（○）水100 mLに食塩30 gを入れたとき。

イ（ ）水100 mLに食塩40 gを入れたとき。

ウ（ ）水150 mLにミョウバン30 gを入れたとき。

エ（ ）水200 mLにミョウバン40 gを入れたとき。

(2) 実験で水の温度は約20 ℃でした。水の温度を50 ℃に変えると、それぞれの結果はどうなりますか。正しいものに○をつけましょう。

ア（ ）食塩の結果もミョウバンの結果も変わらない。

イ（○）食塩の結果は変わらず、ミョウバンの結果は変わる。

ウ（ ）食塩の結果は変わり、ミョウバンの結果は変わらない。

エ（ ）食塩の結果もミョウバンの結果も変わる。

(3) 記述 (2)のように答えた理由を説明しましょう。

（水の温度を上げると、食塩はとける量がほとんど変わらないが、ミョウバンはとける量が増えるから。）

8 6種類のふりこをつくり、ふりこの1往復する時間を調べました。 (1)は全部できて4点、(2)は8点(12点)

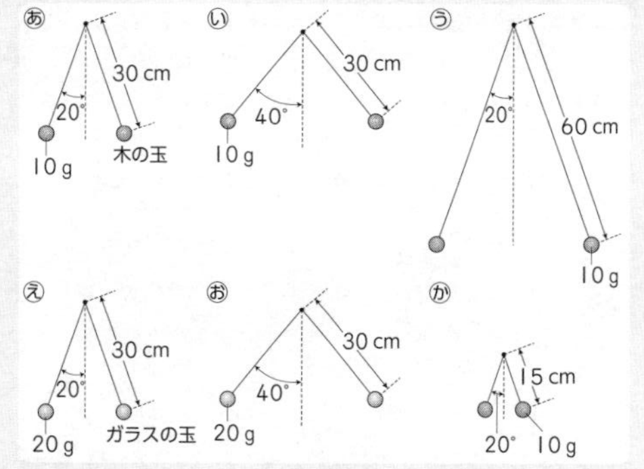

(1) ふりこの1往復する時間が同じものを、あ～かからすべて選びましょう。 （ あ、い、え、お ）

(2) 記述 (1)のように考えた理由を説明しましょう。

（ ふりこの長さが同じだから。 ）

冬のチャレンジテスト　うら　てびき

5 (2)①「10往復する時間の平均」なので、
（3回はかった10往復する時間の合計）÷3　の計算をして求めます。
②（10往復する時間の平均）÷10　の計算をして求めます。
(3)ふりこのふれはばを変えても、ふりこの1往復する時間は変わりません。

6 (1)川の上流には大きくて角ばった石が多く、下流には小さくて丸みをもった石やすなが多くあります。
(2)流れる水のはたらきによって、石が上流から下流へと流されていくうちに、石がわれたり、けずられたりします。

7 (1)水50 mLに食塩15 gはとけ、20 gだととけ残っているので、水の量を2倍の100 mLにすると、少なくとも食塩30 gはとけ、40 gはとけきれません。
また、水50 mLにミョウバン10 gを加えたときにはとけ残っているので、水の量を3倍の150 mLにすると、ミョウバン30 gはとけきれません。水の量を4倍の200 mLにすると、ミョウバン40 gはとけきれません。

8 (1)、(2)ふりこの1往復する時間は、おもりの重さやふれはばによっては変わらず、ふりこの長さが変わったときだけ変わります。

名前　　　月　　日

時間 40分

知識・技能	思考・判断・表現	合格80点
/60	/40	/100

答え42ページ

知識・技能

1 電磁石をつくって電流を流すと、鉄のクリップが引きつけられました。　1つ2点(10点)

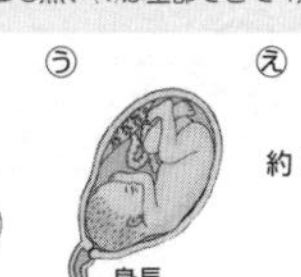

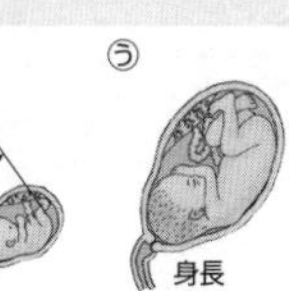

(1) あのように、導線を同じ向きに何回もまいたものを何といいますか。

（ コイル ）

(2) いのように、電磁石とクリップの間に紙を入れて電流を流すと、クリップはどうなりますか。正しいほうに○をつけましょう。

ア（○）引きつけられる。
イ（　）引きつけられない。

(3) 電磁石の性質について、正しいものに○、まちがっているものに×をつけましょう。

①（○）電流を流していないときには、鉄のクリップをひきつけない。
②（×）電流を流しているときには、アルミニウムはくを引きつける。
③（○）電流の流れる向きを反対にしても、引きつけるクリップの数は変わらない。

2 人の新しい生命の始まりについて調べました。　1つ2点(10点)

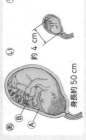

(1) あは女性、いは男性の体内でつくられるものです。あ、いを何といいますか。

あ（卵(卵子)）
い（ 精子 ）

(2) あ、いが結びつくことを何といいますか。

（ 受精 ）

(3) いが結びついたあを何といいますか。

（ 受精卵 ）

(4) いが結びついたあの大きさについて、正しいものに○をつけましょう。

ア（○）約0.1 mm
イ（　）約1 mm
ウ（　）約1 cm

3 人の子ども(胎児)が、母親のおなかの中で育つようすを調べました。　(1)~(3)は1つ3点、(4)は全部できて4点(13点)

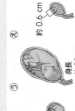

あ　い　う　え
身長約50 cm　約4 cm　身長約28 cm　約0.6 cm

(1) 胎児が育つところは、母親のおなかの中の何というところですか。

（ 子宮 ）

(2) (1)の中はⒶで満たされています。Ⓐを何といいますか。

（ 羊水 ）

(3) Ⓑは胎児と母親をつないでいて、胎児の成長に必要な養分などは、Ⓑを通して母親から胎児に運ばれます。Ⓑの部分を何といいますか。

（ へそのお ）

(4) 母親のおなかの中で胎児が育つ順に、あ~えをならべましょう。

（え）→（い）→（う）→（あ）

4 人の胎児の体重の変化について調べ、まとめようとしています。　1つ3点(9点)

受精後	約4週	約9週	約20週	あ
体重	約4 g	約20 g	約650 g	い

(1) あは、生まれる少し前のころです。あに当てはまるものに○をつけましょう。

ア（　）約24週
イ（○）約38週
ウ（　）約52週

(2) いは、生まれる少し前のころの体重です。いに当てはまるものに○をつけましょう。

ア（　）約300 g
イ（○）約3 kg
ウ（　）約30 kg

(3) 生まれるまでの胎児の身長はどうなっていますか。正しいものに○をつけましょう。

ア（○）だんだん大きくなり、約50 cmで生まれる。
イ（　）だんだん小さくなり、約50 cmで生まれる。
ウ（　）生まれるまでの間、胎児の身長はほとんど変わらない。

うらにも問題があります。

春のチャレンジテスト　おもて　てびき

1 (2)電磁石に電流を流すと、磁石と同じように鉄を引きつけます。電磁石が鉄を引きつける力は磁石と同じで、はなれていてもはたらき、間に紙などがあってもはたらきます。

(3)①電磁石は、電流を流したときにだけ磁石のような性質になるので、電流を流していないときには鉄を引きつけません。

②磁石も電磁石も、鉄を引きつけますが、アルミニウムは引きつけません。

③電磁石に流れる電流の向きが変わると、電磁石のN極とS極が変わりますが、電磁石が鉄を引きつける力の大きさは変わりません。

2 (1)~(3)女性の体の中でつくられた卵(卵子)と、男性の体の中でつくられた精子が結びつくことを受精といい、受精した卵のことを受精卵といいます。

(4)メダカのたまご(卵)の大きさは直径約1 mmですが、人の卵はとても小さく、直径約0.1 mmです。

3 (2)子宮の中は羊水で満たされていて、胎児は羊水にういたようになっています。母親が外から受けたしょうげきは、羊水がクッションのように受けとめることで、胎児には伝わりにくくなっています。

(4)人もメダカと同じように、受精卵から始まり、だんだん大きくなりながら体のつくりができていきます。

4 (1)胎児は、受精後約38週(約10か月)まで母親の子宮の中で育てられてから生まれます。

(2)、(3)子宮の中の胎児は、体重約3 kg(3000 g)、身長約50 cmぐらいまで育ってから生まれます。

5 あ～えのような回路をつくり、電磁石が鉄を引きつける強さを調べました。

(1)、(3)、(4)はそれぞれ全部できて4点、(2)、(5)は1つ3点(18点)

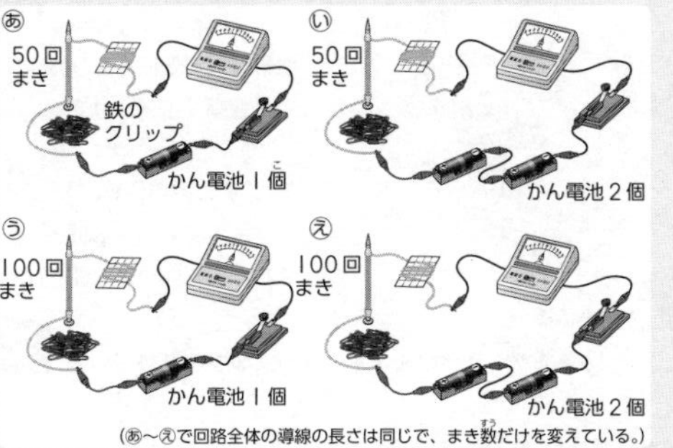

(あ～えで回路全体の導線の長さは同じで、まき数だけを変えている。)

(1) 次の文の(　　)に当てはまる言葉を書きましょう。

かんい検流計を使うと、電流の(① 大きさ)と電流の(② 向き)を調べることができる。
かんい検流計で調べた電流の(①)はAという単位を使って表し、アンペアと読む。

(2) かんい検流計の切りかえスイッチが電磁石(5A)側になっているとき、図のかんい検流計の目もりを読みましょう。 (1.2 A)

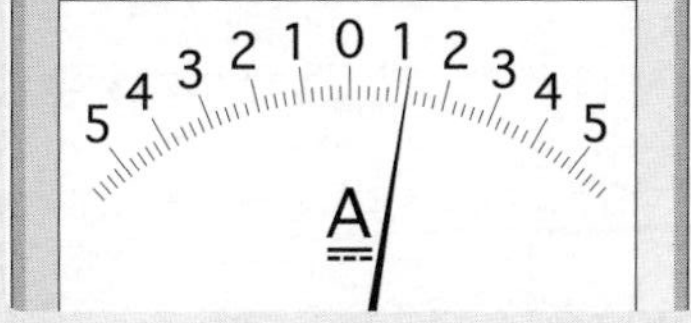

(3) コイルのまき数と電磁石の強さの関係を調べるには、あ～えのどれとどれの結果を比べればよいですか。2つ書きましょう。

(あ と う)
(い と え)

(4) コイルに流す電流の大きさと電磁石の強さの関係を調べるには、あ～えのどれとどれの結果を比べればよいですか。2つ書きましょう。

(あ と い)
(う と え)

(5) あ～えの回路に電流を流して、電磁石が引きつける鉄のクリップの数を調べました。引きつける鉄のクリップがいちばん多いのは、あ～えのどれですか。

(え)

思考・判断・表現

6 方位磁針を使って、電磁石に流れる電流と極のでき方を調べました。

1つ5点(20点)

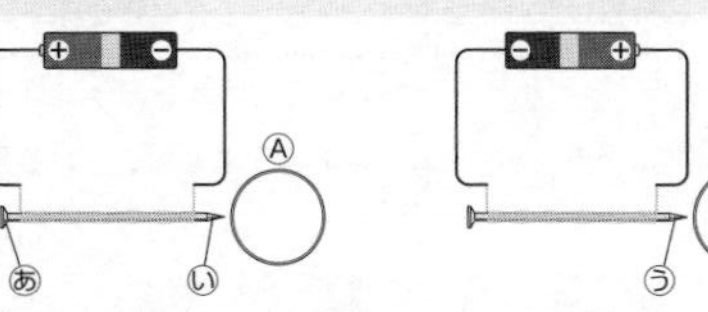

(1) 電磁石のあの部分は何極になっていますか。 (N極)

(2) Ⓐの方位磁針でいを向いているのは何極ですか。 (N極)

(3) Ⓑの方位磁針でうを向いているのは何極ですか。 (S極)

(4) 記述 電磁石に流れる電流の向きと電磁石の極の性質について、この実験からわかることを説明しましょう。

電磁石は、電流の向きが変わると、N極とS極が変わる。

7 アサガオやメダカが、どのように次の世代へ生命をつないでいくかを調べました。

1つ10点(20点)

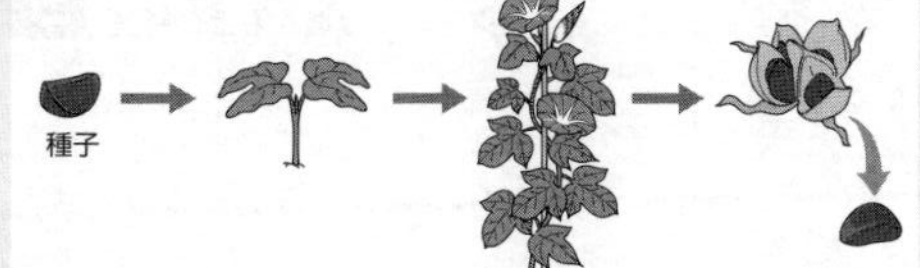

(1) 人が次の世代へ生命をつないでいくときのようすは、あ、いのどちらに似ていますか。 (い)

(2) 記述 (1)のように考えた理由を説明しましょう。

受精卵から新しい生命が始まって子ども、親へと成長し、次の世代の受精卵ができる点が同じだから。

春のチャレンジテスト　うら　てびき

5 (2)切りかえスイッチが電磁石(5 A)側になっているときは、最大約5Aまではかることができ、1目もりは0.2Aとして読みとります。なお、切りかえスイッチが豆電球(0.5 A)側になっているときは、1目もりは0.02Aとして読みとり、小さな電流を調べることができます。

(3)、(4)調べようとしている条件だけがちがい、ほかの条件が同じものを比べます。

(5)電磁石に流れる電流の大きさがいちばん大きく、コイルのまき数がいちばん多い電磁石が、いちばん強くなり、いちばん多くの鉄のクリップを引きつけます。

6 (1)方位磁針は磁石であり、磁石のN極の反対側はS極です。また、N極とS極は引き合うので、あはN極です。

(2)電磁石のN極の反対側はS極なので、いはS極です。よって、いを向くのはⒶの方位磁針のN極です。

(3)電磁石は、流れる電流の向きが変わるとN極とS極が変わるので、うはN極です。よって、うを向くのはⒷの方位磁針のS極です。

7 人もメダカも、卵と精子が受精して受精卵ができるところから新しい生命が始まり、受精卵→子ども→親 と成長してから、次の世代の受精卵をつくり、生命をつないでいきます。

5年 理科のまとめ

学力診断テスト

名前　　　　　　　月　　日

時間 40分　合格80点　　／100

答え44ページ

1 条件を変えてインゲンマメを育てて、植物の成長の条件を調べました。　各3点、(1)、(2)は全部できて3点(9点)

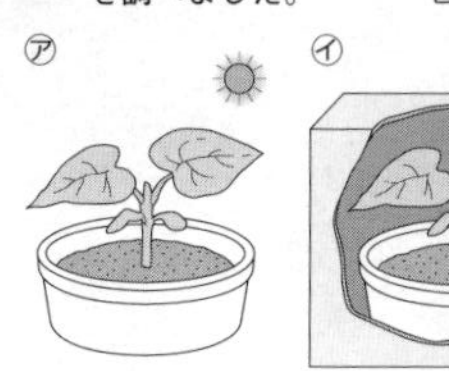
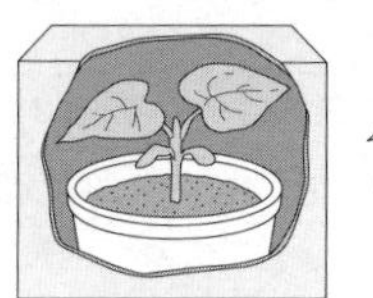
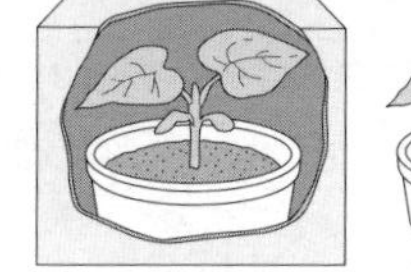

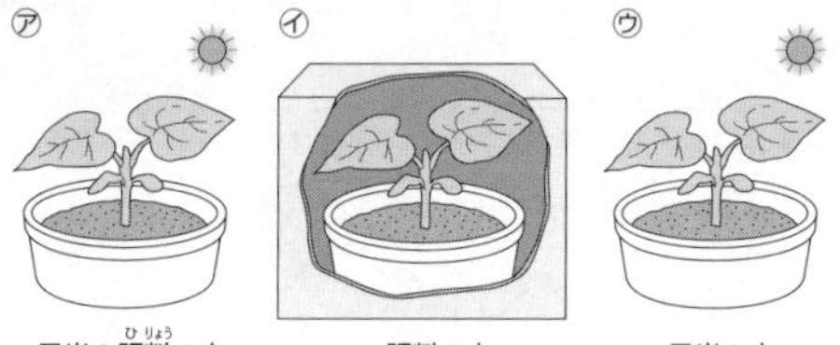

・日光＋肥料＋水　　・肥料＋水　　・日光＋水

(1) 日光と成長の関係を調べるには、㋐～㋒のどれとどれを比べるとよいですか。　(㋐)と(㋑)

(2) 肥料と成長の関係を調べるには、㋐～㋒のどれとどれを比べるとよいですか。　(㋐)と(㋒)

(3) 最もよく成長するのは、㋐～㋒のどれですか。(㋐)

2 メダカを観察しました。　各3点(9点)

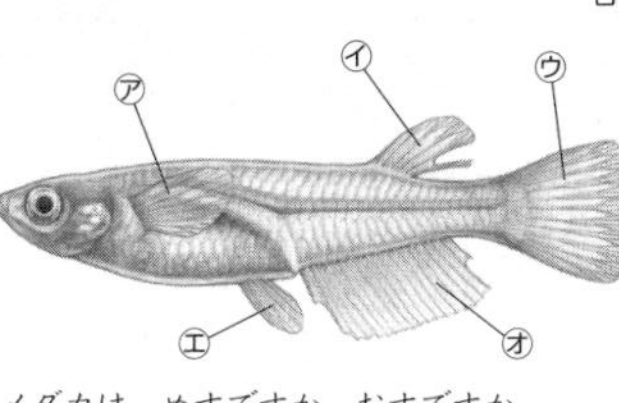

(1) 図のメダカは、めすですか、おすですか。　(おす)

(2) めすとおすを見分けるには、㋐～㋔のどのひれに注目するとよいですか。2つ選び、記号で答えましょう。　(㋑)と(㋔)

3 図は、母親の体内で成長するヒトの赤ちゃんです。　各3点(9点)

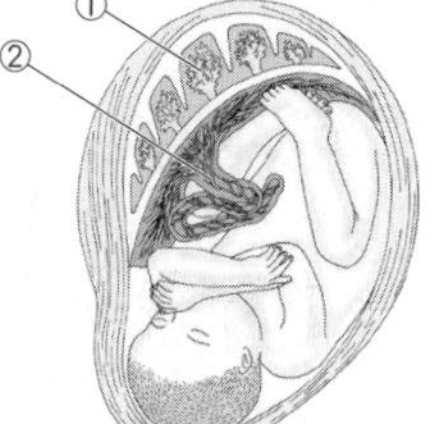

(1) ①、②の部分を、それぞれ何といいますか。
①(たいばん)
②(へそのお)

(2) 赤ちゃんが、母親の体内で育つ期間は約何週間ですか。　約(38)週間

4 アサガオの花のつくりを観察しました。　各2点(14点)

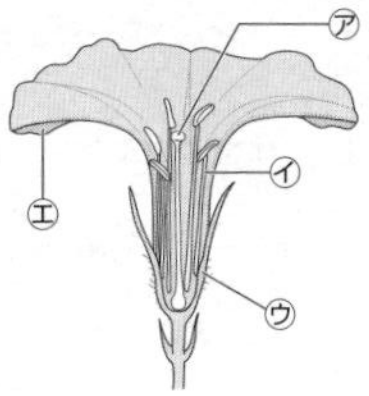

(1) ㋐～㋓の部分を、それぞれ何といいますか。
㋐(めしべ)
㋑(おしべ)
㋒(がく)
㋓(花びら)

(2) おしべの先から出る粉のようなものを、何といいますか。　(花粉)

(3) めしべの先に(2)がつくことを、何といいますか。　(受粉)

(4) 実ができると、その中には何ができていますか。　(種子)

5 天気の変化を観察しました。　各2点、(2)は全部できて2点(10点)

(1) 下の雲のようすは、それぞれ晴れとくもりのどちらの天気ですか。

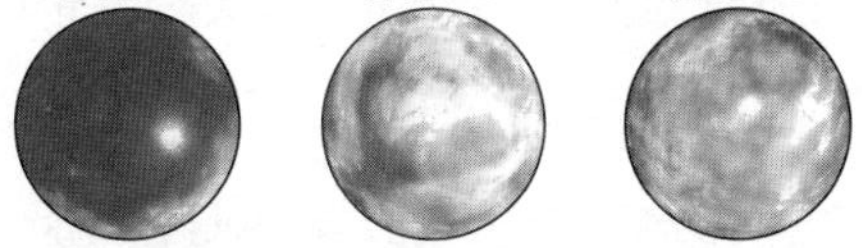

雲の量：3　　雲の量：6　　雲の量：9

㋐(晴れ)　㋑(晴れ)　㋒(くもり)

(2) 下の図は、台風の動きを表しています。①～③を、日付の順にならべましょう。

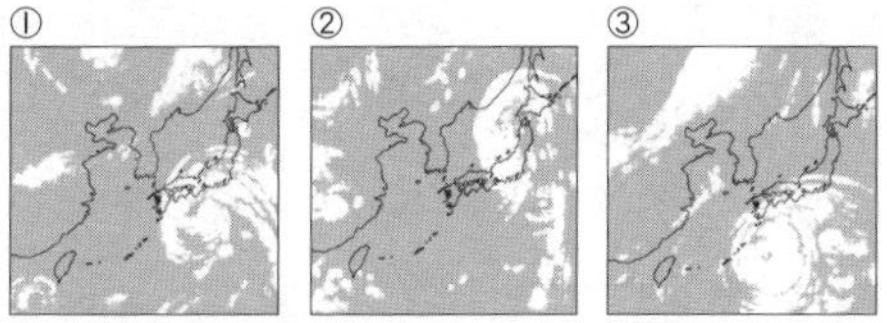

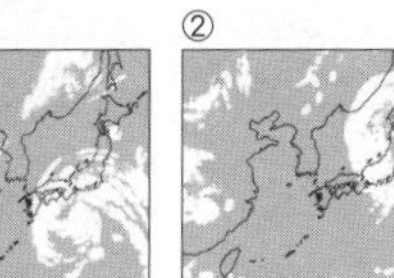

(③ → ① → ②)

(3) 台風はどこで発生しますか。㋐～㋓から選んで、記号で答えましょう。　(㋓)

㋐日本の東のほうの海上　㋑日本の北のほうの海上
㋒日本の西のほうの海上　㋓日本の南のほうの海上

学力診断テスト(表)　　●うらにも問題があります。

学力診断テスト　おもて　てびき

1 (1)、(2)1つの条件について調べるときには、調べる条件だけを変えて、それ以外の条件はすべて同じにします。
(3)植物は、日光と肥料があると、よく成長します。

2 メダカのめすとおすを見分けるときは、せびれ(㋑)としりびれ(㋔)に注目します。おすのせびれには切れこみがありますが、めすにはありません。また、おすのしりびれは、めすよりもはばが広く、平行四辺形に近い形になっています。

3 (1)おなかの中の赤ちゃんは、たいばんとへそのおを通して、母親から養分を受け取ったり、いらなくなったものをわたしたりします。
(2)ヒトは、受精してから約38週間でたんじょうします。

4 (1)アサガオは1つの花にめしべとおしべがあり、中心にあるものがめしべです。
(4)めしべが受粉すると、やがて実ができ、中に種子ができます。

5 (1)空全体の広さを10として、空をおおっている雲の広さが0～8のときを「晴れ」、9～10のときを「くもり」とします。
(2)、(3)台風は、日本のはるか南の海上で発生し、日本付近を通って北や北東に進むことが多いです。

6 流れる水のはたらきについて調べました。

各2点(14点)

(1) 図のように、川が曲がっているところについて、①〜③にあてはまるのは、㋐、㋑のどちらですか。記号で答えましょう。

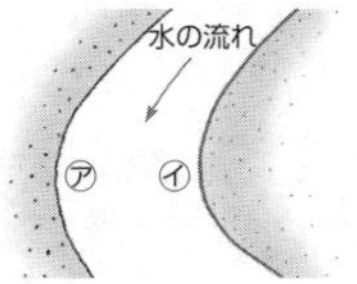

① 水の流れが速い。 (㋐)

② 小石やすながたまりやすい。 (㋑)

③ 川岸にてい防をつくるほうがよい。 (㋐)

(2) 流れる水が、土地をけずるはたらきを何といいますか。

(しん食)

(3) 川のようすや川原の石について、①〜③にあてはまるのは、あ、いのどちらですか。記号で答えましょう。

① 水の流れがおそい。 (い)

② 大きく角ばった石が多い。 (あ)

③ 川はばが広い。 (い)

あ山の中を流れる川
い海の近くを流れる川

7 ふりこのきまりについて調べました。

各3点(12点)

(1) ふりこの1往復は、㋐〜㋒のどれですか。記号で答えましょう。 (㋒)

㋐ ①→②
㋑ ①→②→③
㋒ ①→②→③→②→①

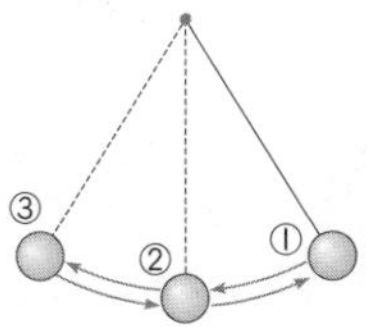

(2) ふりこが1往復する時間は、ふりこが10往復する時間をはかって求めます。このようにして求めるのはなぜですか。

(1往復だけはかって正確に調べるのがむずかしいから。)

「はかり方のちがいで結果が同じにならないことがあるから。」でも○

(3) ふりこが10往復する時間をはかったところ、16.08秒でした。ふりこが1往復する時間を、小数第2位を四しゃ五入して求めましょう。

16.08÷10=1.608 (1.6秒)

(4) ふりこが1往復する時間は、ふりこの何によって決まりますか。

((ふりこの)長さ)

活用力をみる

8 イチゴとさとうを使って、イチゴシロップを作りました。

各4点(8点)

イチゴシロップの作り方
びん
さとう
イチゴ
イチゴから出た水分にさとうがとける。
さとうはすべてとけた。
①イチゴとさとうをびんに入れる。
②1日に数回びんをゆらしてよく混ぜる。
③2週間後、イチゴシロップの完成。

(1) さとうがとける前のびん全体の重さと、とけきった後のびん全体の重さは、同じですか、ちがいますか。

(同じ。)

(2) 完成したイチゴシロップの味見をします。イチゴシロップにとけているさとうのこさを正しく説明しているものに、○をつけましょう。

ア( )さとうのこさは、上のほうが下のほうよりこい。

イ( )さとうのこさは、下のほうが上のほうよりこい。

ウ(○)さとうのこさは、びんの中ですべて同じ。

9 鉄心を入れたコイルにかん電池をつなぎ、図のような魚つりのおもちゃを作りました。

各5点(15点)

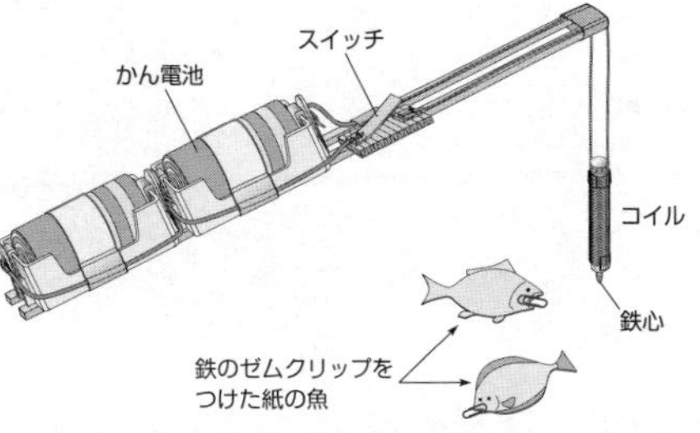
スイッチ
かん電池
コイル
鉄心
鉄のゼムクリップをつけた紙の魚

(1) スイッチを入れてコイルに電流を流すと、ゼムクリップのついた紙の魚は鉄心に引きつけられますか、引きつけられませんか。 (引きつけられる。)

(2) (1)のように、電流を流したコイルに入れた鉄心が磁石になるしくみを何といいますか。 (電磁石)

(3) ゼムクリップを引きつける力を強くするためには、どうすればよいですか。正しいものに○をつけましょう。

①( )とちゅうの導線の長さを長くする。

②(○)コイルのまき数を多くする。

③( )かん電池の数を少なくする。

学力診断テスト(裏)

学力診断テスト うら てびき

6 (1)川が曲がって流れているところでは、外側は流れが速く、けずるはたらきが大きいです。一方、内側は流れがおそく、積もらせるはたらきが大きいです。

(3)山の中を流れる川は、流れが速く、大きくて角ばった石が多く見られます。一方、海の近くを流れる川は、流れがおそく、川はばは広くてすなやどろがたい積します。

7 (2)ふりこのふらせ方やストップウォッチのおし方などにより、実際にかかった時間と、はかった時間にずれが生じます(このずれを誤差といいます)。誤差があるため、はかった時間にもばらつきがあり、これをならすために平均を使って、1往復する時間を求めます。

(3)ふりこが10往復する時間が16.08秒なので、ふりこが1往復する時間は、

(ふりこが10往復する時間)÷10

の計算で求められます。

8 (1)ものをとかす前の全体の重さと、ものをとかした後の全体の重さは変わりません。

(2)さとうはとけて全体に広がっているので、さとうのこさは、びんの中ですべて同じです。

9 (1)、(2)コイルの中に鉄心を入れ、電流を流すと、鉄心が鉄をひきつけます。これを電磁石といいます。

(3)コイルのまき数を多くしたり、電流を大きくしたりすると、電磁石は強くなります。

メモ

メモ

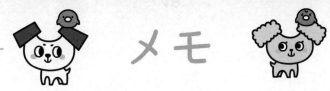

付録　取りはずしてお使いください。

理科 スタートアップドリル

5年

このドリルを使って
4年生で学習した
ことをふり返ろう。

年　　組

1 季節と生き物

1 **季節と生き物のようすについて、調べました。**

(1) （　　）にあてはまる言葉を、あとの□からえらんで書きましょう。

①あたたかい季節には、植物は大きく（　　　　）し、
動物は活動が（　　　　）なる。

②寒い季節には、植物は（　　　　）を残してかれたり、
えだに（　　　　）をつけたりして、冬をこす。
動物は活動が（　　　　）なる。

活発に　　成長　　たね　　にぶく　　花　　芽

(2) オオカマキリのようすについて、㋐～㋒が見られる季節はいつですか。
春、夏、秋、冬のうち、あてはまるものを答えましょう。

㋐たまごから、よう虫がたくさん出てきた。（　　　　）

㋑たまごだけが見られた。成虫は見られなかった。（　　　　）

㋒成虫がたまごを産んでいた。（　　　　）

(3) サクラのようすについて、㋐～㋓が見られる季節はいつですか。
春、夏、秋、冬のうち、あてはまるものを答えましょう。

㋐葉の色が赤く変わった。（　　　　）

㋑葉がすべて落ちていた。（　　　　）

㋒花がたくさんさいていた。（　　　　）

㋓たくさんの葉がついていた。（　　　　）

2 天気と1日の気温

1 天気の調べ方や気温のはかり方について、（　　）にあてはまる言葉を書きましょう。

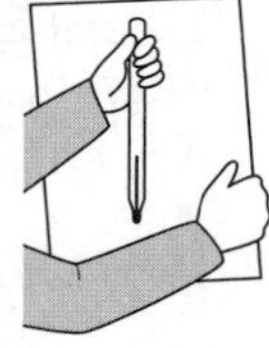

①雲があっても、青空が見えているときを（　　　　　）、
雲が広がって、青空がほとんど見えないときを
くもりとする。

②気温は、風通しのよい場所で、（　　　　　）から
1.2～1.5 m の高さのところではかる。
このとき、温度計に（　　　　　）が
ちょくせつ当たらないようにする。

2 一日中晴れていた日と、一日中雨がふっていた日にそれぞれ気温をはかって、グラフにしました。

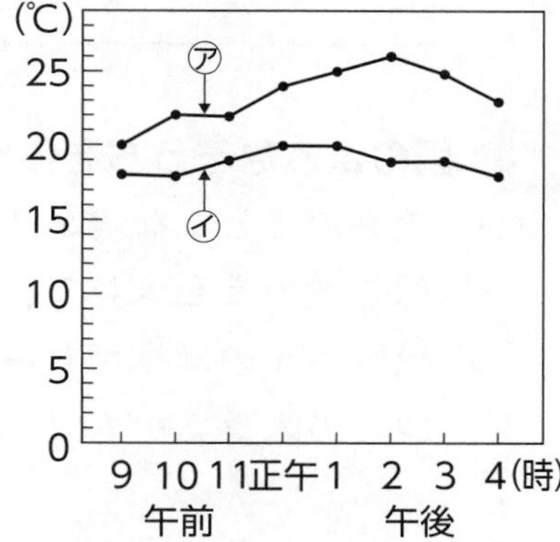

(1) このようなグラフを何グラフといいますか。

（　　　　　グラフ）

(2) 一日中雨がふっていた日のグラフは、
ア、イのどちらですか。

（　　　）

(3) 一日中晴れていた日で、いちばん気温が
高いのは何時ですか。
また、そのときの気温は何℃ですか。

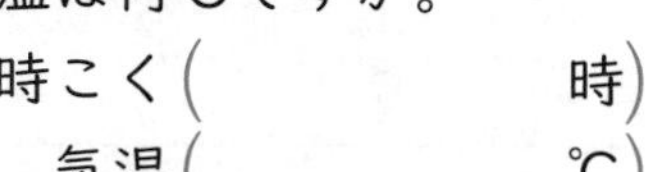

時こく（　　　　　時）
気温（　　　　　℃）

(4) 天気による1日の気温の変化のしかたのちがいについて、
（　　）にあてはまる言葉を書きましょう

○（　　　　　）の日は気温の変化が大きく
（　　　　　）や雨の日は気温の変化が小さい。

3 地面を流れる水のゆくえ

1 雨がふった日に、地面を流れる水のようすを調べました。

(1) ビー玉を入れたトレーを、地面においたところ、図のようになりました。

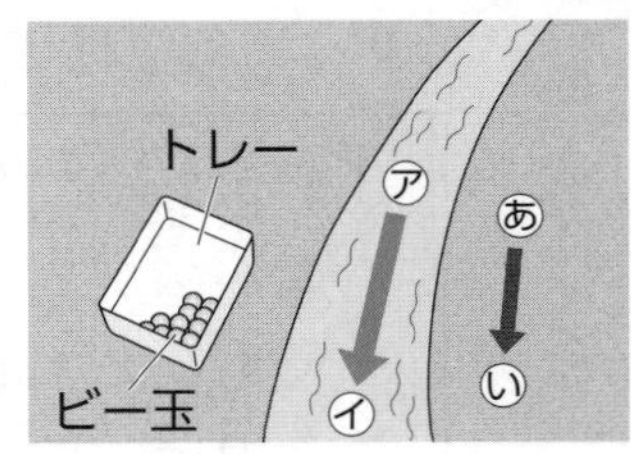

①㋐と㋑では、地面はどちらが低いですか。

（　　　）

②地面を流れる水は、㋐→㋑、㋑→㋐のどちら向きに流れていますか。

（　　　→　　　）

(2) （　　）にあてはまる言葉を書きましょう。

①雨がふるなどして、水が地面を流れるとき、（　　　　）ところから（　　　　）ところに向かって流れる。
②水たまりは、まわりの地面より（　　　　）なっていて、くぼんでいるところに水が集まってできている。

2 図のようなそうちを作って、水のしみこみ方と土のようすを調べました。

(1) 校庭の土とすな場のすなを使って、それぞれそうちに同じ量の土を入れて、同じ量の水を注いだところ、校庭の土のほうがしみこむのに時間がかかりました。つぶの大きさが大きいのは、どちらですか。

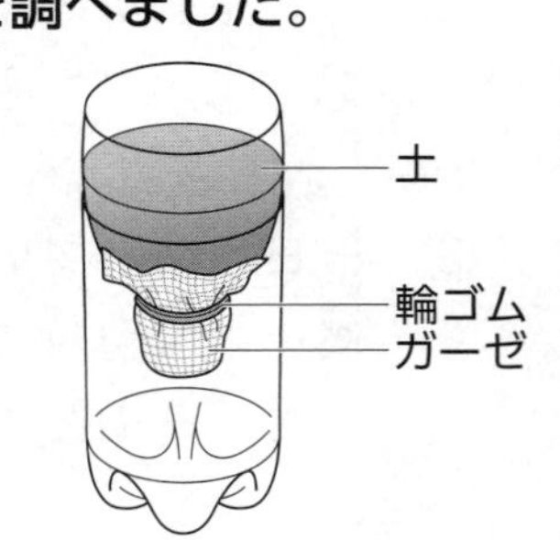

（　　　　　）

(2) （　　）にあてはまる言葉を書きましょう。

○水のしみこみ方は地面の土のつぶの大きさによってちがいがある。
土のつぶが大きさが（　　　　）ほど、水がしみこみやすく、
土のつぶが大きさが（　　　　）ほど、水がしみこみにくい。

4 電気のはたらき

1 電流のはたらきについて、調べました。

(1) (　)にあてはまる言葉を書きましょう。

○かん電池の＋極と－極にモーターのどう線をつなぐと、
回路に電流が流れて、モーターが回る。
かん電池をつなぐ向きを逆にすると、回路に流れる電流の向きが
(　　　　　)になり、モーターの回る向きが(　　　　　)になる。

(2) 電流の大きさと向きを調べることができるけん流計を使って、モーターの回り方を調べました。

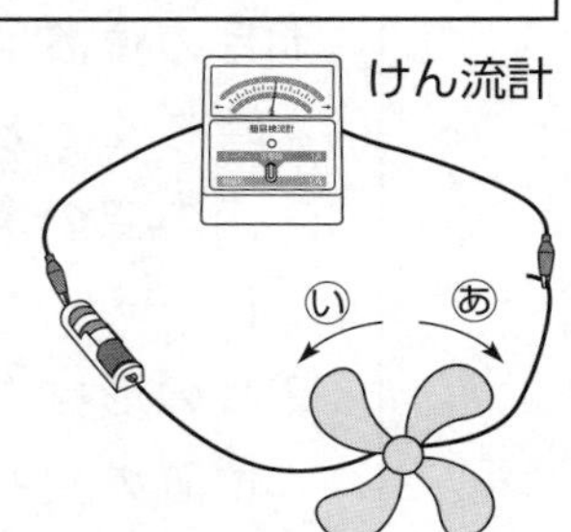

①はじめ、けん流計のはりは右にふれていました。
かん電池のつなぐ向きを逆にすると、
けん流計のはりはどちらにふれますか。

(　　　　)

②はじめ、モーターはあの向きに回っていました。かん電池のつなぐ向きを逆にすると、モーターはあ、いのどちら向きに回りますか。

(　　)

2 電流の大きさとモーターの回り方について、調べました。

(1) (　)にあてはまる言葉を書きましょう。

①かん電池２こを直列つなぎにすると、かん電池１このときよりも
回路に流れる電流の大きさが(　　　　　)なり、
モーターの回る速さも(　　　　)なる。
②かん電池を２こへい列つなぎにすると、かん電池１このときと
回路に流れる電流の大きさは(　　　　　　)。
また、モーターの回る速さも(　　　　　　)。

(2) ア、イのかん電池２このつなぎ方をそれぞれ何といいますか。

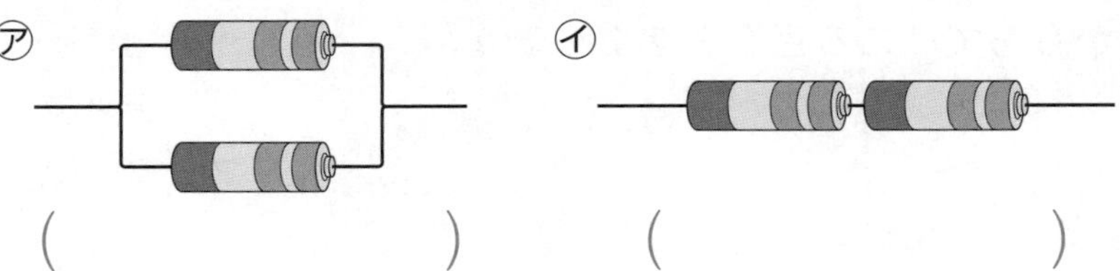

ア(　　　　　　)　イ(　　　　　　)

5 月や星の動き

1 月の動きや形について、調べました。

(1) ㋐、㋑の月の形を何といいますか。
（　　）にあてはまる言葉を書きましょう。

㋐（　　　　　）
㋑（　　　　　）

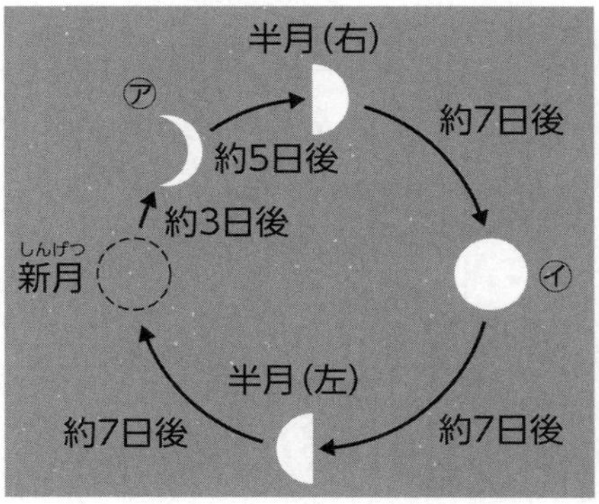

半月(右)
㋐
約7日後
約5日後
約3日後
しんげつ
新月
㋑
半月(左)
約7日後
約7日後

(2) （　　）にあてはまる言葉を書きましょう。

①月の位置は、太陽と同じように、
時こくとともに（　　　　　）から
南の空の高いところを通り、
（　　　　　）へと変わる。
②月の形はちがっても、
位置の変わり方は（　　　　　）である。

2 星の動きや色、明るさについて、調べました。

(1) （　　）にあてはまる言葉を書きましょう。

①星の集まりを動物や道具などに見立てて名前をつけたものを
（　　　　　）という。
②時こくとともに、星の見える（　　　　　）は変わるが、
星の（　　　　　）は変わらない。

(2) こと座(ざ)のベガ、わし座のアルタイル、はくちょう座のデネブの
3つの星をつないでできる三角形を何といいますか。

（　　　　　）

(3) 夜空に見える星の明るさは、どれも同じですか。ちがいますか。

（　　　　　）

(4) はくちょう座のデネブ、さそり座のアンタレスは、それぞれ何色の星ですか。
白、黄、赤からあてはまる色を書きましょう。

デネブ（　　　　　）
アンタレス（　　　　　）

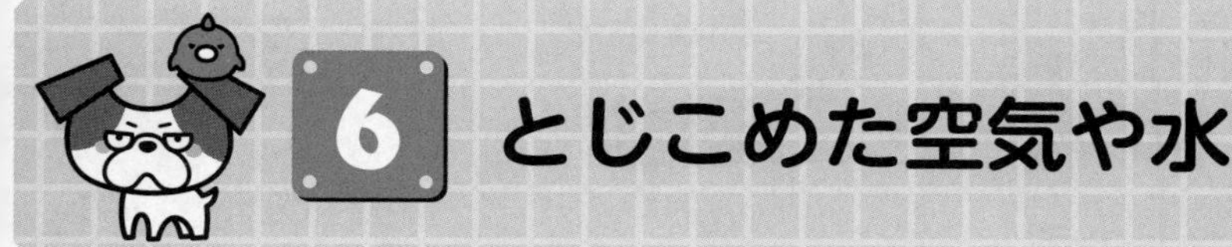

6 とじこめた空気や水

1 空気や水のせいしつを調べました。（　）にあてはまる言葉を書きましょう。

①とじこめた空気をおすと、体積は（　　　　　）なる。
このとき、もとの体積にもどろうとして、
おし返す力(手ごたえ)は（　　　　　）なる。
②とじこめた水をおしても、体積は（　　　　　）。

2 プラスチックのちゅうしゃ器に空気や水をそれぞれ入れて、ピストンをおしました。

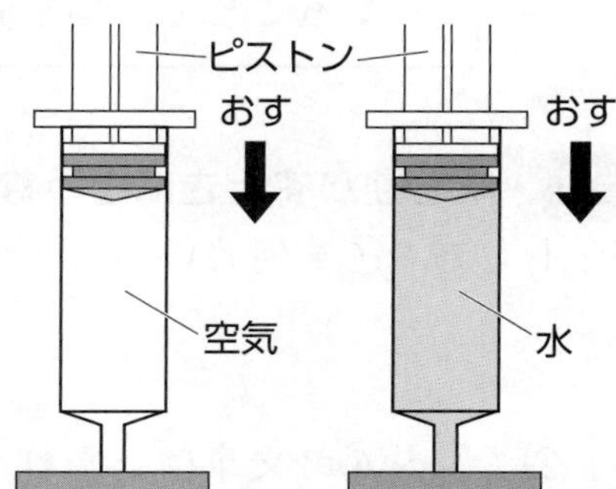

(1) 空気をとじこめたちゅうしゃ器のピストンを手でおしました。
このとき、ピストンをおし下げることはできますか、できませんか。

（　　　　　）

(2) (1)のとき、ピストンから手をはなすと、ピストンはどうなりますか。
正しいものに○をつけましょう。

①（　　）ピストンは下がって止まる。
②（　　）ピストンの位置は変わらない。
③（　　）ピストンはもとの位置にもどる。

(3) 水をとじこめたちゅうしゃ器のピストンを手でおしました。
このとき、ピストンをおし下げることはできますか、できませんか。

（　　　　　）

(4) とじこめた空気や水をおしたときの体積の変化について、
正しいものに○をつけましょう。

①（　　）空気も水も、おして体積を小さくすることができる。
②（　　）空気だけは、おして体積を小さくすることができる。
③（　　）水だけは、おして体積を小さくすることができる。
④（　　）空気も水も、おして体積を小さくすることができない。

7 ヒトの体のつくりと運動

1 **ヒトの体のつくりや体のしくみについて、調べました。( )にあてはまる言葉を書きましょう。**

①ヒトの体には、かたくてじょうぶな( )と、やわらかい( )がある。
②ほねとほねのつなぎ目を( )といい、ここで体を曲げることができる。
③( )がちぢんだりゆるんだりすることで、体を動かすことができる。

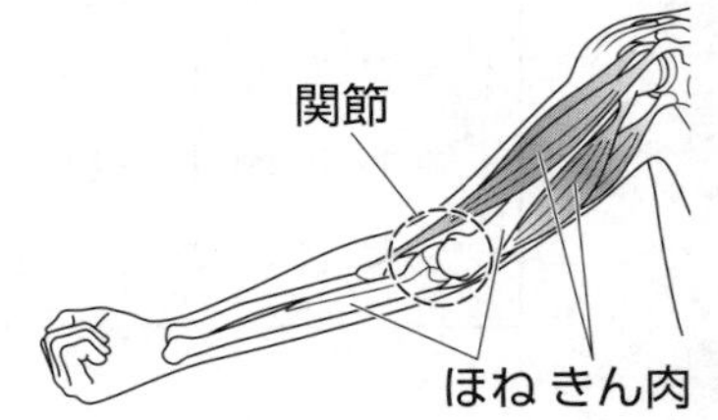

2 **体を動かすときにどうなっているのか、調べました。**

(1) ㋐、㋑を何といいますか。名前を答えましょう。

㋐( )
㋑( )

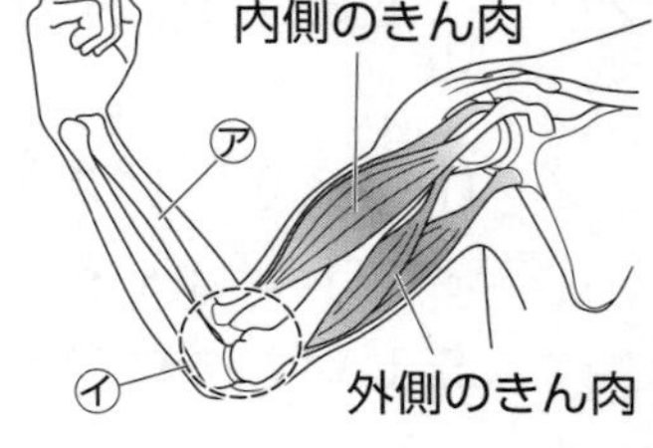

(2) ①～④の文章は、それぞれ㋕内側のきん肉、㋑外側の筋肉のどちらに関係するものですか。㋕、㋑で答えましょう。

①うでをのばすとゆるむ。 ( )

②うでをのばすとちぢむ。 ( )

③うでを曲げるとちぢむ。 ( )

④うでを曲げるとゆるむ。 ( )

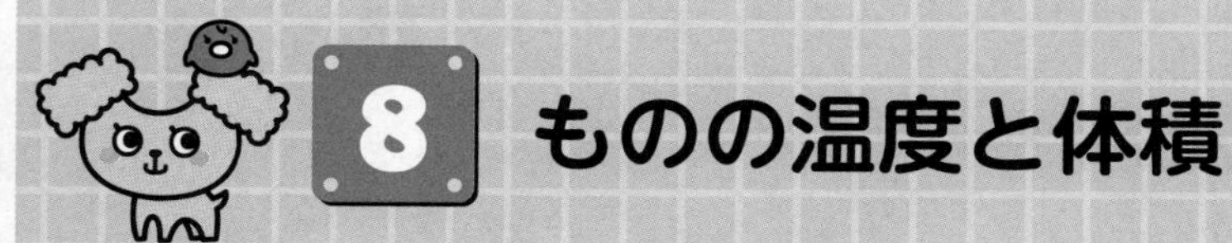

8 ものの温度と体積

1 ものの温度と体積の変化について、調べました。
（　　）にあてはまる言葉をえらんで、〇でかこみましょう。

①空気は、あたためると体積は（　大きく　・　小さく　）なる。
また、冷やすと体積は（　大きく　・　小さく　）なる。
②水は、あたためると体積は（　大きく　・　小さく　）なる。
また、冷やすと体積は（　大きく　・　小さく　）なる。
空気とくらべると、その変化は（　大きい　・　小さい　）。
③金ぞくは、あたためると体積は（　大きく　・　小さく　）なる。
また、冷やすと体積は（　大きく　・　小さく　）なる。
空気や水とくらべると、その変化はとても（　大きい　・　小さい　）。

2 ものの温度と体積の変化を調べて、表にまとめました。

	空気	水	金ぞく
（　㋐　）	体積が小さくなった。	体積が小さくなった。	体積が小さくなった。
（　㋑　）	体積が大きくなった。	体積が大きくなった。	体積が大きくなった。

(1)　㋐、㋑には「温度を高くしたとき」または「温度を低くしたとき」が入ります。
あてはまるものを書きましょう。

㋐（　　　　　　　　）
㋑（　　　　　　　　）

(2)　空気の入っているポリエチレンのふくろを氷水につけたり湯につけたりして、
体積の変化を調べました。
Ⓐ、Ⓘには「あたためたとき」または「冷やしたとき」が入ります。
あてはまるものを書きましょう。

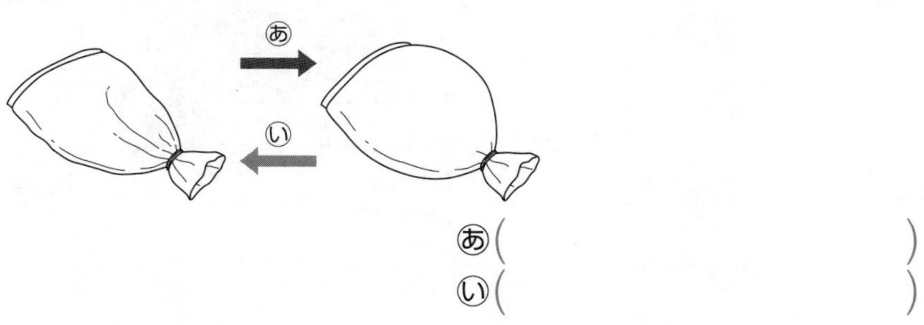

あ（　　　　　　　　）
い（　　　　　　　　）

9 もののあたたまり方

1 もののあたたまり方について、調べました。
(　　)にあてはまる言葉を書きましょう。

①金ぞくは、熱した部分から(　　　　)に熱がつたわって、
全体があたたまる。
②水や空気はあたためられた部分が(　　　　)に動いて、
全体があたたまる。

2 金ぞくぼうを使って、金ぞくのあたたまり方を調べました。
①、②のように熱したとき、㋐～㋔があたたまっていく順を
それぞれ答えましょう。

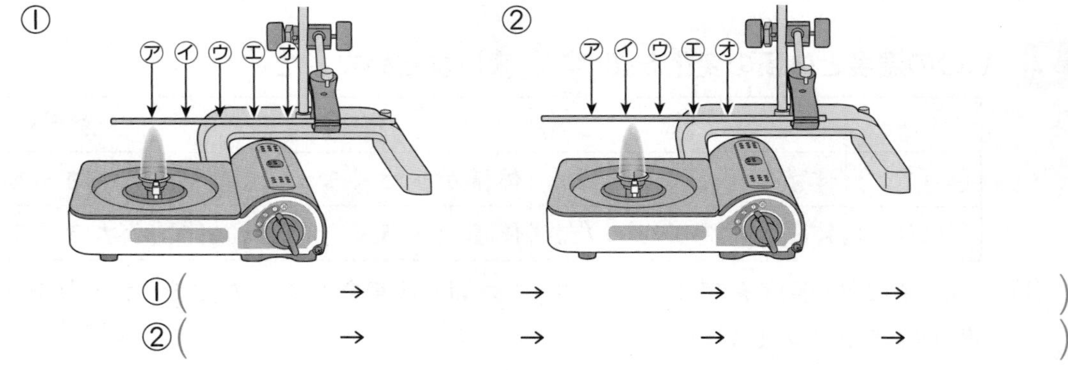

①(　　　→　　　→　　　→　　　→　　　)
②(　　　→　　　→　　　→　　　→　　　)

3 水を入れたビーカーの底のはしを熱して、水のあたたまり方を調べました。
㋐～㋒があたたまっていく順を答えましょう。

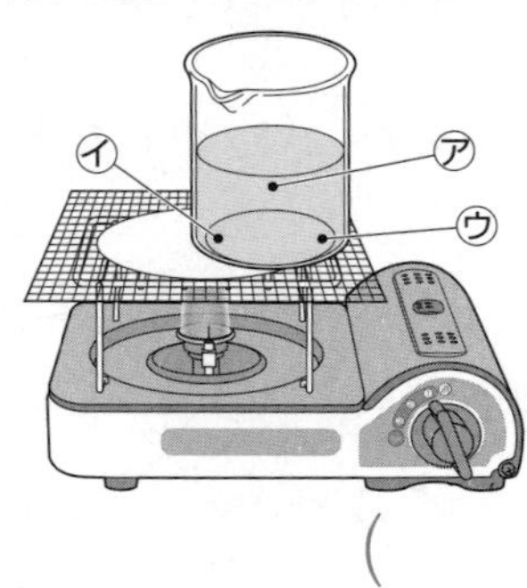

(　　　→　　　→　　　)

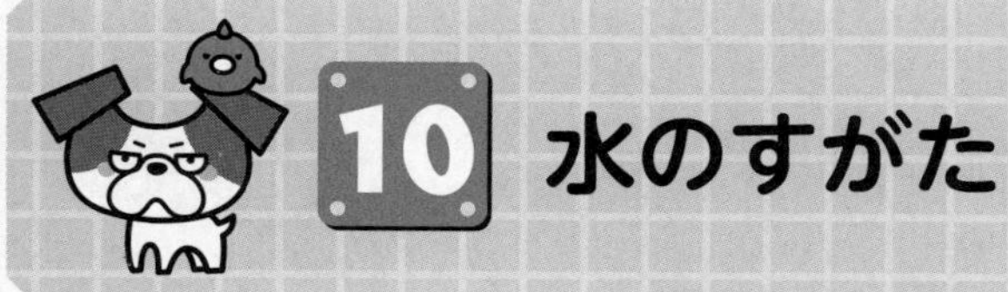

10 水のすがた

1 水のすがたの変化について、調べました。

(1) 水は、熱したり冷やしたりすることで、すがたを変えます。
㋐、㋑にあてはまる言葉を書きましょう。

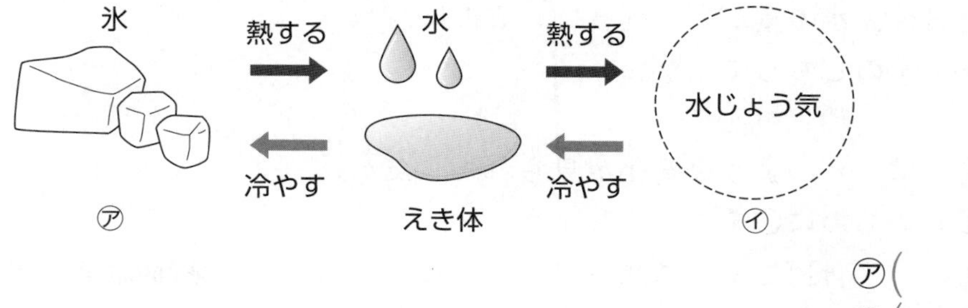

㋐(　　　　　)
㋑(　　　　　)

(2) (　　)にあてはまる言葉を書きましょう。

①水を熱し続けると、(　　　　　℃)近くでさかんにあわを出しながらわき立つ。これを(　　　　　)という。
②水を冷やし続けると、(　　　　　℃)でこおる。
③水が水じょう気や氷になると、体積は(　　　　　)なる。

2 水を熱したときの変化について、調べました。

(1) 水を熱し続けたとき、水の中からさかんに出てくるあわ㋐は何ですか。

(　　　　　　　　)

(2) ㋐は空気中で冷やされて、目に見える水のつぶ㋑になります。㋑は何ですか。

(　　　　　　　　)

(3) 水が㋐になることを、何といいますか。

(　　　　　　　　)

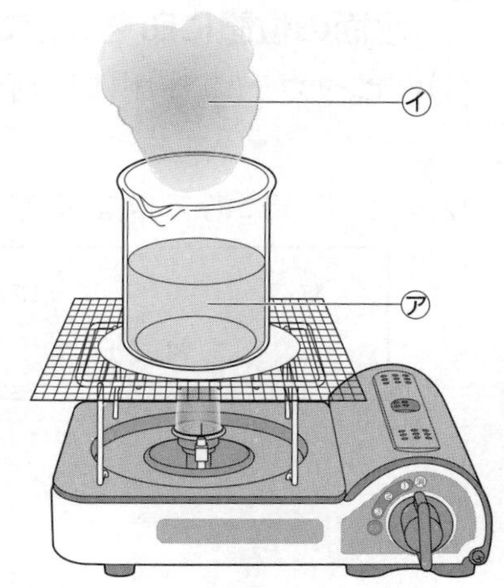

11 水のゆくえ

1 2つの同じコップに同じ量の水を入れて、１つにだけラップシートをかけました。水面の位置に印をつけて、日なたに置いておくと、２日後にはどちらも、水の量がへっていました。

⑴　２日後、水の量が多くへっているのは、
㋐、㋑のどちらですか。

（　　　）

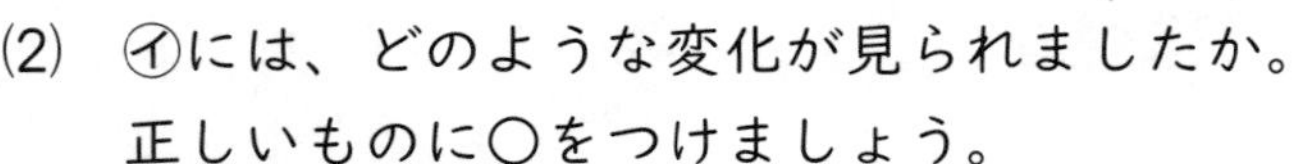

⑵　㋑には、どのような変化が見られましたか。
正しいものに○をつけましょう。

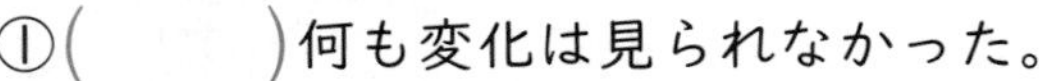

①（　　　）何も変化は見られなかった。

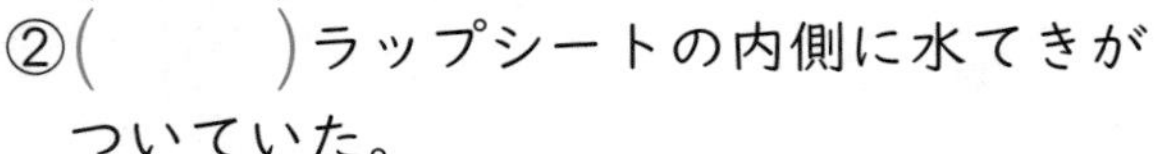

②（　　　）ラップシートの内側に水てきが
ついていた。

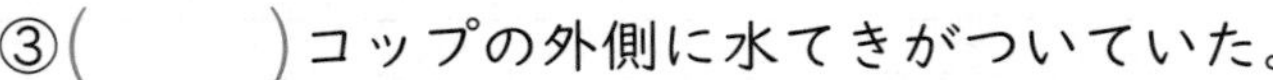

③（　　　）コップの外側に水てきがついていた。

ラップシート
㋐
㋑
輪ゴム
水面の位置につけた印

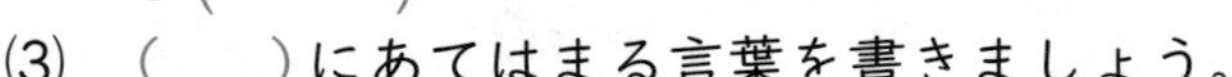

⑶　（　　）にあてはまる言葉を書きましょう。

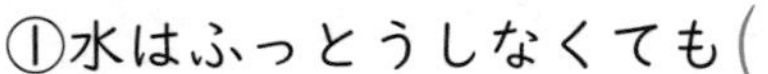

①水はふっとうしなくても（　　　　　　）し、水じょう気に変わる。
②水じょう気に変わった水は、（　　　　　　）に出ていく。

2 コップに氷水を入れて、ラップシートをかけました。水面の位置に印をつけて、しばらく置いておきました。

⑴　ビーカーの外側には何がつきますか。

（　　　　　　）

⑵　（　　）にあてはまる言葉を書きましょう。

○（　　　　　　）には水じょう気が
ふくまれていて、（　　　　　　）と水になる。

答え

1 季節と生き物

1 (1)①成長、活発に
②たね、芽、にぶく
(2)㋐春　㋑冬　㋒秋
(3)㋐秋　㋑冬　㋒春　㋓夏

2 天気と１日の気温

1 ①晴れ
②地面、日光
★気温をはかるとき、温度計に日光がちょくせつ当たらないように、紙などで日かげをつくってはかる。

2 (1)折れ線(グラフ)
(2)㋑
★気温の変化が大きいほうが晴れの日。気温の変化が小さいほうが雨の日。
(3)時こく　午後２(時)
気温　26(℃)
★一日中晴れていた日のグラフは㋐なので、㋐のグラフから読み取る。
(4)晴れ、くもり

3 地面を流れる水のゆくえ

1 (1)①㋑
②㋐(→)㋑
★ビー玉が集まっているほうが地面が低い。
(2)①高い、低い
②低く

2 (1)すな場のすな
(2)大きい、小さい

4 電気のはたらき

1 (1)逆、逆
(2)①左
②㋑
★けん流計のはりのふれる大きさで電流の大きさがわかり、ふれる向きで電流の向きがわかる。

2 (1)①大きく、速く
②変わらない、変わらない
(2)㋐へい列つなぎ
㋑直列つなぎ

5 月や星の動き

1 (1)㋐三日月
㋑満月
(2)①東、西
②同じ

2 (1)①星座(せいざ)
②位置、ならび方
(2)夏の大三角
(3)ちがう。
(4)デネブ　白
アンタレス　赤

6 とじこめた空気や水

1 ①小さく、大きく
②変わらない

2 (1)できる。
(2)③
(3)できない。
(4)②

7 ヒトの体のつくりと運動

1 (1)①ほね、きん肉
②関節
③きん肉

2 (1)㋐ほね　㋑関節
(2)①㋐
②㋑
③㋐
④㋑

8 ものの温度と体積

1 ①大きく、小さく
②大きく、小さく、小さい
③大きく、小さく、小さい

2 (1)㋐温度を低くしたとき
㋑温度を高くしたとき
(2)㋐あたためたとき
㋑冷やしたとき

9 もののあたたまり方

1 ①順
②上

2 ①㋐→㋑→㋒→㋓→㋔
②㋑→㋒→㋐→㋓→㋔
★金ぞくは熱した部分から順に熱がつたわるので、熱しているところから近い順に記号を選ぶ。

3 ㋑→㋐→㋒

10 水のすがた

1 (1)㋐固体
㋑気体
(2)①100(℃)、ふっとう
②0(℃)
③大きく

2 (1)水じょう気
(2)湯気
(3)じょう発

11 水のゆくえ

1 (1)㋐
(2)②
(3)①じょう発
②空気中

2 (1)水てき(水)
(2)空気中、冷やす